教育部高等学校电子信息类专业教学指导委员会规划教材

高等学校电子信息类专业系列教材

Digital Signal Processing

数字信号处理

吕勇　　李昌利　　谭国平　　胡鹤轩　编著
Lü Yong　　Li Changli　　Tan Guoping　　Hu Hexuan

清华大学出版社

北京

内 容 简 介

本书系统介绍了数字信号处理的基本理论和方法。全书可分为两部分：第一部分包括离散周期序列的傅里叶级数表示、离散时间傅里叶变换、离散傅里叶变换、离散傅里叶变换的应用、快速傅里叶变换；第二部分包括滤波器的基本概念、模拟滤波器的设计方法、基于冲激响应不变法和双线性变换法的无限脉冲响应数字滤波器的设计方法、通过模拟滤波器设计无限脉冲响应数字滤波器以及有限脉冲响应数字滤波器的设计方法。

本书可以作为电气工程及其自动化、电子信息工程、电子科学与技术、通信工程、信息工程、自动化、物联网工程等本科专业"数字信号处理"课程的教材，也可以作为相关专业研究生入学考试的参考书，同时可供从事相关领域工作的工程技术人员参考。

图书在版编目（CIP）数据

数字信号处理/李昌利，吕勇等编著.—北京：清华大学出版社，2019
（高等学校电子信息类专业系列教材）
ISBN 978-7-302-52439-7

Ⅰ.①数…　Ⅱ.①李…②吕…　Ⅲ.①数字信号处理－高等学校－教材　Ⅳ.①TN911.72

中国版本图书馆 CIP 数据核字（2019）第 041957 号

责任编辑：梁　颖　李　晔
封面设计：李召霞
责任校对：梁　毅
责任印制：李红英

出版发行：清华大学出版社
网　　　址：http://www.tup.com.cn, http://www.wqbook.com
地　　　址：北京清华大学学研大厦 A 座　　　　　邮　　编：100084
社 总 机：010-62770175　　　　　　　　　　　　邮　　购：010-62786544
投稿与读者服务：010-62776969, c-service@tup.tsinghua.edu.cn
质量反馈：010-62772015, zhiliang@tup.tsinghua.edu.cn
课件下载：http://www.tup.com.cn,010-62795954
印 装 者：北京嘉实印刷有限公司
经　　　销：全国新华书店
开　　本：185mm×260mm　　　　印　张：13　　　　字　　数：311 千字
版　　次：2019 年 9 月第 1 版　　　　　　　　　印　　次：2019 年 9 月第 1 次印刷
定　　价：39.00 元

产品编号：078605-01

高等学校电子信息类专业系列教材

序
FOREWORD

我国电子信息产业销售收入总规模在 2013 年已经突破 12 万亿元,行业收入占工业总体比重已经超过 9%。电子信息产业在工业经济中的支撑作用凸显,更加促进了信息化和工业化的高层次深度融合。随着移动互联网、云计算、物联网、大数据和石墨烯等新兴产业的爆发式增长,电子信息产业的发展呈现了新的特点,电子信息产业的人才培养面临着新的挑战。

(1) 随着控制、通信、人机交互和网络互联等新兴电子信息技术的不断发展,传统工业设备融合了大量最新的电子信息技术,它们一起构成了庞大而复杂的系统,派生出大量新兴的电子信息技术应用需求。这些"系统级"的应用需求,迫切要求具有系统级设计能力的电子信息技术人才。

(2) 电子信息系统设备的功能越来越复杂,系统的集成度越来越高。因此,要求未来的设计者应该具备更扎实的理论基础知识和更宽广的专业视野。未来电子信息系统的设计越来越要求软件和硬件的协同规划、协同设计和协同调试。

(3) 新兴电子信息技术的发展依赖于半导体产业的不断推动,半导体厂商为设计者提供了越来越丰富的生态资源,系统集成厂商的全方位配合又加速了这种生态资源的进一步完善。半导体厂商和系统集成厂商所建立的这种生态系统,为未来的设计者提供了更加便捷却又必须依赖的设计资源。

教育部 2012 年颁布了新版《高等学校本科专业目录》,将电子信息类专业进行了整合,为各高校建立系统化的人才培养体系,培养具有扎实理论基础和宽广专业技能的、兼顾"基础"和"系统"的高层次电子信息人才给出了指引。

传统的电子信息学科专业课程体系呈现"自底向上"的特点,这种课程体系偏重对底层元器件的分析与设计,较少涉及系统级的集成与设计。近年来,国内很多高校对电子信息类专业课程体系进行了大力度的改革,这些改革顺应时代潮流,从系统集成的角度,更加科学合理地构建了课程体系。

为了进一步提高普通高校电子信息类专业教育与教学质量,贯彻落实《国家中长期教育改革和发展规划纲要(2010—2020 年)》和《教育部关于全面提高高等教育质量若干意见》(教高【2012】4 号)的精神,教育部高等学校电子信息类专业教学指导委员会开展了"高等学校电子信息类专业课程体系"的立项研究工作,并于 2014 年 5 月启动了《高等学校电子信息类专业系列教材》(教育部高等学校电子信息类专业教学指导委员会规划教材)的建设工作。其目的是为推进高等教育内涵式发展,提高教学水平,满足高等学校对电子信息类专业人才培养、教学改革与课程改革的需要。

本系列教材定位于高等学校电子信息类专业的专业课程,适用于电子信息类的电子信息工程、电子科学与技术、通信工程、微电子科学与工程、光电信息科学与工程、信息工程及其相近专业。经过编审委员会与众多高校多次沟通,初步拟定分批次(2014—2017 年)建设约 100 门课程教材。本系列教材将力求在保证基础的前提下,突出技术的先进性和科学的前沿性,体现创新教学和工程实践教学;将重视系统集成思想在教学中的体现,鼓励推陈出新,采用"自顶向下"的方法编写教材;将注重反映优秀的教学改革成果,推广优秀的教学经验与理念。

为了保证本系列教材的科学性、系统性及编写质量,本系列教材设立顾问委员会及编审委员会。顾问委员会由教指委高级顾问、特约高级顾问和国家级教学名师担任,编审委员会由教育部高等学校电子信息类专业教学指导委员会委员和一线教学名师组成。同时,清华大学出版社为本系列教材配置优秀的编辑团队,力求高水准出版。本系列教材的建设,不仅有众多高校教师参与,也有大量知名的电子信息类企业支持。在此,谨向参与本系列教材策划、组织、编写与出版的广大教师、企业代表及出版人员致以诚挚的感谢,并殷切希望本系列教材在我国高等学校电子信息类专业人才培养与课程体系建设中发挥切实的作用。

吕志伟 教授

前 言
PREFACE

"数字信号处理"是电气、电子信息类本科专业非常重要的一门专业课,对于信息与通信工程、电子科学与技术、电气工程、控制科学与工程等学科研究生的培养来说也是至关重要的。"数字信号处理"的先修课程为"信号与系统",后续课程有"通信原理""高频电子线路"等。"数字信号处理"主要讲解离散信号的各种分析方法和滤波器的设计方法。具体内容包括离散信号的傅里叶变换、周期离散序列的傅里叶级数表示、离散信号的离散傅里叶变换及其快速算法——快速傅里叶变换、快速傅里叶变换的应用;模拟滤波器的设计方法、有限冲激响应数字滤波器的设计方法以及无限冲激响应数字滤波器的设计方法。

本书结合编者近二十年学习、研究和教学的成果编写而成。紧密结合编者多年的实践和研究成果,参考了大量国内外的同类教材,汲取了大量精辟的论述并重新进行了整理。在主体内容安排上,兼顾简单的和复杂的、基础的和综合性的内容。对学生疑问较多的内容,力求讲解清楚透彻,以增强启发性。写作过程中字斟句酌,反复推敲。力求取得以下效果:

(1)本书的定位是研究性教材,编写风格是启发式的。特别注重离散信号各种分析方法之间的关联与区别。对循环卷积和重叠保留法的叙述融入了编者持续多年思考和钻研的成果。

(2)编者认为"傅里叶变换"在整个电子信息类专业培养中具有非常重要的地位,体现了编者倡导的对"信号与系统"及相关课程进行一体化教学改革的理念。

(3)尽量减少和其他课程特别是"信号与系统"课程在内容上重复,保证课程体系内相关课程之间的无缝衔接。同时力争做到自包容,对"信号与系统"课程中的傅里叶变换、拉普拉斯变换、$\mathcal{Z}$变换进行了简单介绍。

全书由河海大学计算机与信息学院吕勇、李昌利、谭国平、胡鹤轩共同编著,其中前两章主要由李昌利完成,后三章主要由吕勇完成。本书的写作源于王慧斌教授和严勤教授的鼓励、支持和信任,本书的出版得到了河海大学计算机与信息学院的资助,在此一并表示诚挚的感谢。我们深知编写一本令读者喜爱且与众不同的教材从来都不是一项容易的工作,我们从国内外的优秀教材中汲取精华,在此对它们的编著者或译者表示最崇高的敬意。教师理当为讲台而生,这种信念一直激发着我们把问题讲解得更加明了、把原理阐述得更加透彻,这也是我们的永恒追求和不竭动力。

李昌利

2018 年初秋于河海大学

前言
PREFACE

目 录
CONTENTS

第 1 章

离散信号与离散系统

本章内容提要

本章主要讲解离散信号的基本变换及离散系统的简单分析方法。着重讲解离散信号的Z变换、傅里叶级数表示、离散时间傅里叶变换。为了比较和分析,也简单介绍了连续信号的傅里叶级数表示、傅里叶变换和拉普拉斯变换。通过对连续信号的等间隔采样,将连续信号与离散序列关联起来,随之也建立了连续傅里叶变换与离散时间傅里叶变换之间的内在联系。

信号在时域连续或离散、周期或非周期的特性直接影响着它们在频域的频谱是否连续取值、是否周期重复。在某个域上具有周期性,自然意味着在另外一个域上具有对应间隔的离散性;反之亦然。时、频的二重性是正、反变换式在数学上对称性的必然结果。

1.1 连续信号及其变换

1.1.1 连续信号

人类赖以生存的物理世界充满了各类信号,有些是自然界产生的,有些是人类自己的躯体产生的,还有些是人类为了满足某种需求运用智慧产生的。例如,我们用声带发声时气压的变化,一天中空气湿度的变化,在医院里医生给我们作心电图检查时仪器上显示的周期性心电信号。严格来讲,信号和函数是两个截然不同的概念。在信号与系统分析中,信号一般被描述成数学函数。信号是携带信息的真实物理现象,而函数是对信号的描述。信号表示为一个时间的函数。从广义上说,信号是随时间变化的某个物理量。只有变化的物理量才能携带信息。在信号分析与处理中,不考虑信号和函数的细微区别,而把它们混为一体。

按时间函数的确定性,信号可以分为确定性信号和随机信号。确定性信号是指能够以确定的时间函数来表示的信号,这类信号在定义域的任意时刻都有确定的函数值。一个确定性信号的函数表达式或者波形是确定的。例如,$f(t)=2\sin(5\pi t+60°)$就是一个确定性的信号。随机信号需要用概率密度函数进行描述。例如在$f(t)=A\sin(\omega_0 t+\theta)$中,如果$A$、$\omega_0$和$\theta$三个参数中有一个或多个不确定,或者说服从某个概率分布,则$f(t)$就是一个随机信号。在"信号与系统""数字信号处理"等课程中,只涉及确定性的信号,至于随机信号则在"随机信号分析"等课程中专门讲解。

信号还可以分为连续时间信号和离散时间信号。通常的数学函数可以表示成$f(x)$的形式,这里x是自变量,通常可以是连续实数集合中的任意数值。如果自变量是时间t,且可以取任何实数,那么 $f(t)$ 就被称为连续时间信号或连续信号。$f(t)$ 在连续的时间点上有确定值。这里的"连续"是指连续的时间点或者说自变量 t 是连续取值的,与"离散"相对;这里的"连续"与"高等数学"课程中"连续函数"的"连续"是两个不同的概念。离散信号仅仅在离散的时间点上有确定值,记为 $f(n)$,这里自变量 n 只取离散的整数值,所以称之为"离散时间信号""离散信号"或"离散序列"。

在信号分析与处理中,冲激函数 $\delta(t)$ 具有独特的地位,粗略定义如下:

$$\begin{cases} \int_{-\infty}^{\infty} \delta(t)\mathrm{d}t = 1 \\ \delta(t) = 0, \quad \forall\, t \neq 0 \end{cases} \tag{1.1}$$

冲激函数 $\delta(t)$ 的严格定义需要从分配函数的角度理解。对任普通函数 $\varphi(t)$,如果下式成立,则称对应的 $\delta(t)$ 为冲激函数

$$\int_{-\infty}^{\infty} \delta(t)\varphi(t)\mathrm{d}t = \varphi(0) \tag{1.2}$$

从分配函数的角度很容易得到 $\delta(t)$ 的几个主要性质。

(1) 采样性。

移位冲激函数 $\delta(t-t_0)$ 的采样性

$$\int_{-\infty}^{\infty} \delta(t - t_0)\varphi(t)\mathrm{d}t = \varphi(t_0) \tag{1.3}$$

(2) 与普通函数的乘积。

普通函数与冲激函数的乘积依然为冲激函数,具体来说有

$$f(t)\delta(t - t_0) = f(t_0)\delta(t - t_0) \tag{1.4}$$

这表明 $\delta(t-t_0)$ 乘以 $f(t)$ 依然是一个冲激函数,冲激强度为 $f(t)$ 在 $t=t_0$ 时刻的取值 $f(t_0)$。

(3) 冲激函数是偶函数。

冲激函数是偶函数

$$\delta(t) = \delta(-t) \tag{1.5}$$

(4) 尺度变换特性。

尺度变换特性如下:

$$\delta(at) = \delta(t) / |a| \tag{1.6}$$

(5) 冲激偶 $\delta'(t)$。

定义冲激函数 $\delta(t)$ 的一阶导数为冲激偶函数 $\delta'(t)$。冲激偶函数 $\delta'(t)$ 的采样性

$$\int_{-\infty}^{\infty} \delta'(t)\varphi(t)\mathrm{d}t = -\varphi'(0) \tag{1.7}$$

(6) 冲激偶与普通函数的乘积。

冲激偶函数和普通函数的乘积有以下性质:

$$\delta'(t)f(t) = f(0)\delta'(t) - f'(0)\delta(t) \tag{1.8}$$

另一个重要的信号是阶跃函数 $u(t)$,其定义如下:

$$u(t) = \begin{cases} 1, & t > 0 \\ 0, & t < 0 \end{cases} \tag{1.9}$$

在 $t=0$ 处,函数不连续,存在跳变。显然 $u(0^-)=0$ 及 $u(0^+)=1$。函数在 $t=0$ 处没有定义。在信号分析与处理中,$u(t)$ 在 $t=0$ 处的取值无关紧要。阶跃信号常用来描述有突变的

信号或分段函数。

移位形式的阶跃信号 $u(t-t_0)$ 定义为

$$u(t - t_0) = \begin{cases} 1, & t > t_0 \\ 0, & t < t_0 \end{cases} \tag{1.10}$$

设想在 $t = t_0$ 时刻对一个系统施加激励信号 $x(t)$，则 $x(t)u(t-t_0)$ 就可描述对系统起作用的实际激励。一个普通函数 $x(t)$ 和阶跃函数 $u(t-t_0)$ 乘积的结果是：保持了 $x(t)$ 在 $t > t_0$ 之后的值，而剔除了 $t < t_0$ 之前的值，所以 $u(t-t_0)$ 相当于一个在 $t = t_0$ 时闭合的开关。

阶跃信号与冲激信号的关系如下：

$$\frac{\mathrm{d}}{\mathrm{d}t}u(t) = \delta(t) \tag{1.11}$$

也就是说，$u(t)$ 的导数是 $\delta(t)$。类似地有

$$\frac{\mathrm{d}}{\mathrm{d}t}u(t - t_0) = \delta(t - t_0) \tag{1.12}$$

冲激函数和阶跃函数有如下关系：

$$u(t) = \int_{-\infty}^{t} \delta(\tau) \mathrm{d}\tau \tag{1.13}$$

当 $t > 0$ 时，上式右端 $t = 0$ 处的冲激在积分区域内，从而积分为 1，等式成立；当 $t < 0$ 时，上式右端 $t = 0$ 处的冲激在积分区域之外，从而积分为 0，等式也成立。更一般地有

$$u(t - t_0) = \int_{-\infty}^{t - t_0} \delta(\tau) \mathrm{d}\tau \tag{1.14}$$

对任意信号 $x(t)$，由冲激函数的采样性有

$$x(t) = \int_{-\infty}^{\infty} \delta(t - \tau) x(\tau) \mathrm{d}\tau \tag{1.15}$$

实际上，上式给出了用移位冲激函数分解 $x(t)$ 的方法。

1.1.2 连续周期信号的傅里叶级数表示

设 $x(t)$ 是周期为 T 的连续时间周期信号。令

$$\omega_0 = 2\pi/T \tag{1.16}$$

则连续周期信号 $x(t)$ 的**傅里叶级数表示**（展开）形式为

$$\begin{cases} x(t) = \displaystyle\sum_{k=-\infty}^{+\infty} a_k \mathrm{e}^{\mathrm{j}k\omega_0 t} \\ a_n = \dfrac{1}{T} \displaystyle\int_{\langle T \rangle} x(t) \mathrm{e}^{-\mathrm{j}n\omega_0 t} \mathrm{d}t \end{cases} \tag{1.17}$$

后式是展开系数的求解公式，结果与积分区间的选择无关，所以只要积分在长度为 T 的任意连续区间进行即可，在实际计算过程中可以自行选择区间。ω_0 称为**基波频率（基频）**；$k\omega_0$ 称为 **k 次谐波频率**。$a_1 \mathrm{e}^{\mathrm{j}\omega_0 t}$ 称为基波分量；对 $k \geqslant 2$，$a_k \mathrm{e}^{\mathrm{j}k\omega_0 t}$ 称为 k 次谐波分量。系数 $\{a_k\}$ 称为**频谱系数**，a_k 称为 **k 次谐波系数**。

上面的论述可归纳如下：如果周期为 T 的连续时间信号 $x(t)$ 存在一个傅里叶级数表示式(1.16)，那么其傅里叶级数的系数就由式(1.17)确定。这一对关系式就定义了连续周期信号的傅里叶级数表示。

作为一个例子,下面研究周期为 T、脉宽为 τ 的周期矩形脉冲信号的傅里叶级数展开:

$$a_k = \frac{1}{T}\int_{-T/2}^{T/2} x(t)\mathrm{e}^{-\mathrm{j}k\omega_0 t}\,\mathrm{d}t = \frac{1}{T}\int_{-\tau/2}^{\tau/2}\mathrm{e}^{-\mathrm{j}k\omega_0 t}\,\mathrm{d}t$$

进一步计算得

$$a_k = \frac{1}{T}\int_{-\tau/2}^{\tau/2}\mathrm{e}^{-\mathrm{j}k\omega_0 t}\,\mathrm{d}t = \frac{1}{T}\cdot\frac{\mathrm{e}^{-\mathrm{j}k\omega_0 t}}{-\mathrm{j}k\omega_0}\bigg|_{-\tau/2}^{\tau/2} = \frac{2}{T}\cdot\frac{\sin(k\omega_0\tau/2)}{k\omega_0} = \frac{\tau}{T}\mathrm{Sa}(k\omega_0\tau/2) \qquad (1.18)$$

式中 $\mathrm{Sa}(\cdot)$ 为采样信号,定义为

$$\mathrm{Sa}(t) = \sin t / t \qquad (1.19)$$

类似地,定义 sinc 函数(辛格函数):

$$\mathrm{sinc}(t) = \frac{\sin\pi t}{\pi t} = \mathrm{Sa}(\pi t) \qquad (1.20)$$

如图 1-1 所示为周期 T 保持不变而脉宽 τ 变动时周期矩形脉冲信号的傅里叶级数系数 a_k 的变化情况。由图可以看出,频谱出现的位置不变,因为 T 不变,所以基频不变,频谱的间隔也就保持不变。

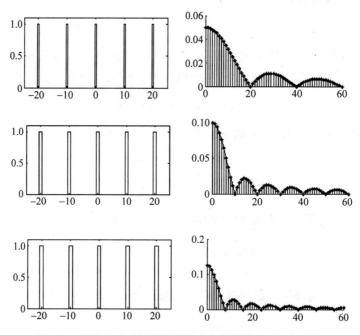

图 1-1　脉宽变动时周期矩形脉冲信号的傅里叶级数系数

如图 1-2 所示为周期 T 变动而脉宽 τ 保持不变时周期矩形脉冲信号的傅里叶级数系数 a_k 的变化情况。由图可以看出,随着 T 的增大,频谱间隔减小,频谱变得密集。

由图 1-1 和图 1-2 可以看出,周期信号的频谱有以下三个特点:第一,它们由不连续的谱线组成,每一条线代表一个频率分量,这样的频谱具有不连续性或离散性;第二,所有的谱线只能出现在基波频率的整数倍处,频谱中不存在基波频率非整数倍的分量,这样的频谱具有协办性;第三,各条谱线的高度,也即谐波振幅的模值,总的趋势是随着谐波次数的增大而逐渐减小,当谐波次数无限增大时,谐波分量的振幅也就无限趋小,这就是其收敛性,同时这使得截取有限项的低次谐波近似表示原始的周期信号成为可能。

连续周期信号的傅里叶级数展开把周期信号分解为无穷多项的级数之和,每一项的频

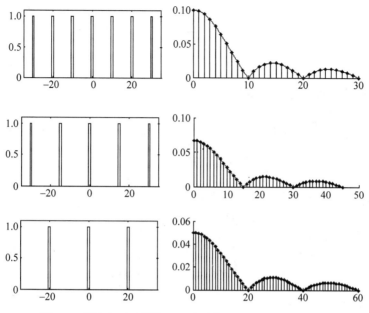

图 1-2　周期变动时周期矩形脉冲信号的傅里叶级数系数

率为信号基频 ω_0 的整数倍。在很多应用中,傅里叶级数表示是有价值的。然而作为一种分析线性系统的依据,存在严重的局限性,这也从根本上制约了它的应用范围。其局限性体现为两点:

(1)傅里叶级数表示只针对周期信号,不能对非周期信号进行傅里叶级数展开。实际上,非周期信号相当于 $T \to \infty$ 的周期信号,此时基频 $\omega_0 = 2\pi/T \to 0$。而任何一个实际系统的输入信号都是有始有终的,即它不可能是周期信号(周期信号在整个时间域都有定义)。

(2)傅里叶级数分析很容易应用于 BIBO 稳定系统(如输入有界、输出也有界的系统),但不能处理不稳定或者边界稳定的系统。

通过对非周期信号进行傅里叶变换(当然周期信号也可以进行傅里叶变换),就可以克服第一点。傅里叶变换把信号变为积分,得到的频谱为连续谱。通过拉普拉斯变换,把傅里叶级数中纯虚指数信号 $e^{jk\omega_0 t}$ 变为复指数信号 e^{st}(其中 s 为复频率),就可以克服第二点。以下两小节分别介绍连续傅里叶变换和拉普拉斯变换。

1.1.3　连续信号的傅里叶变换

在 1.1.2 节中,我们把连续周期信号展开为一组成谐波关系的复指数信号的线性组合。本节将把一般(非周期)信号展开成复指数信号的加权积分,当然对周期信号也可以进行分析。

设 $\tilde{x}(t)$ 是周期为 T 的连续时间信号,$x(t)$ 是非周期信号,且在某个周期内 $\tilde{x}(t) = x(t)$,而在其他时间区域内 $x(t)$ 恒为零。不失一般性,设

$$x(t) = \begin{cases} \tilde{x}(t), & -T/2 \leqslant t \leqslant T/2 \\ 0, & 其他 \end{cases} \tag{1.21}$$

令 $\omega_0 = 2\pi/T$,对 $\tilde{x}(t)$ 进行傅里叶级数展开得

$$\begin{cases} \tilde{x}(t) = \sum_{k=-\infty}^{+\infty} a_k \mathrm{e}^{\mathrm{j}k\omega_0 t} \\ a_k = \dfrac{1}{T} \int_{(T)} \tilde{x}(t) \mathrm{e}^{-\mathrm{j}k\omega_0 t} \mathrm{d}t \end{cases} \tag{1.22}$$

当上式右边的积分区间选为 $-T/2 \leqslant t \leqslant T/2$ 时,可得

$$a_k = \frac{1}{T} \int_{-T/2}^{T/2} \tilde{x}(t) \mathrm{e}^{-\mathrm{j}k\omega_0 t} \mathrm{d}t = \frac{1}{T} \int_{-T/2}^{T/2} x(t) \mathrm{e}^{-\mathrm{j}k\omega_0 t} \mathrm{d}t$$

$$= \frac{1}{T} \int_{-\infty}^{\infty} x(t) \mathrm{e}^{-\mathrm{j}k\omega_0 t} \mathrm{d}t \tag{1.23}$$

令:

$$X(\mathrm{j}\Omega) = \int_{-\infty}^{\infty} x(t) \mathrm{e}^{-\mathrm{j}\Omega t} \mathrm{d}t \tag{1.24}$$

则由以上两式可得

$$a_k = \frac{1}{T} X(\mathrm{j}k\omega_0) = \frac{\omega_0}{2\pi} X(\mathrm{j}k\omega_0) \tag{1.25}$$

把式(1.25)代入式(1.22)得

$$\tilde{x}(t) = \sum_{k=-\infty}^{+\infty} \frac{\omega_0}{2\pi} X(\mathrm{j}k\omega_0) \mathrm{e}^{\mathrm{j}k\omega_0 t} = \frac{1}{2\pi} \sum_{k=-\infty}^{+\infty} X(\mathrm{j}k\omega_0) \mathrm{e}^{\mathrm{j}k\omega_0 t} \omega_0 \tag{1.26}$$

随着 $T \to \infty$(即 $\omega_0 \to 0$),$\tilde{x}(t)$ 将趋近于 $x(t)$,此时上式右边的求和就变为一个积分,从而有

$$x(t) = \frac{1}{2\pi} \int_{-\infty}^{\infty} X(\mathrm{j}\Omega) \mathrm{e}^{\mathrm{j}\Omega t} \mathrm{d}\Omega \tag{1.27}$$

这就得到了连续信号的傅里叶变换对:

$$\begin{cases} X(\mathrm{j}\Omega) = \int_{-\infty}^{\infty} x(t) \mathrm{e}^{-\mathrm{j}\Omega t} \mathrm{d}t \\ x(t) = \dfrac{1}{2\pi} \int_{-\infty}^{\infty} X(\mathrm{j}\Omega) \mathrm{e}^{\mathrm{j}\Omega t} \mathrm{d}\Omega \end{cases} \tag{1.28}$$

用符号 $\mathcal{F}$ 表示傅里叶变换为: $x(t) \overset{\mathcal{F}}{\longleftrightarrow} X(\mathrm{j}\Omega)$。$X(\mathrm{j}\Omega)$ 称为 $x(t)$ 的**傅里叶变换**。与周期信号傅里叶级数系数所用的术语类似,$X(\mathrm{j}\Omega)$ 常常称为 $x(t)$ 的**频谱**。$X(\mathrm{j}\Omega)$ 的模(记为 $|X(\mathrm{j}\Omega)|$)称为 $x(t)$ 的**幅度谱**;$X(\mathrm{j}\Omega)$ 的相位(记为 $\angle X(\mathrm{j}\Omega)$)称为 $x(t)$ 的**相位谱**。

如果在傅里叶变换式中,令 $\Omega = 0$,得到

$$X(\mathrm{j}0) = \int_{-\infty}^{\infty} x(t) \mathrm{d}t \tag{1.29}$$

上式右边是 $x(t)$ 在整个时域围的面积,是直流分量或平均值,其大小等于 $X(\mathrm{j}\Omega)$ 在 $\Omega = 0$ 处的取值。

同样,如果在傅里叶反变换式中令 $t = 0$,得到

$$2\pi x(0) = \int_{-\infty}^{\infty} X(\mathrm{j}\Omega) \mathrm{d}\Omega \tag{1.30}$$

上式右边为 $X(\mathrm{j}\Omega)$ 在整个频率域围的面积,其大小等于 $x(t)$ 在 $t = 0$ 处取值的 2π 倍。

设 $x(t)$ 是能量型信号,它的能量为

$$E = \int_{-\infty}^{\infty} |x(t)|^2 \mathrm{d}t \tag{1.31}$$

设 $x(t) \overset{\mathcal{F}}{\leftrightarrow} X(j\Omega)$，则有

$$x(t) = \frac{1}{2\pi} \int_{-\infty}^{\infty} X(j\Omega) e^{j\Omega t} d\Omega \tag{1.32}$$

将式(1.32)代入式(1.31)得

$$E = \int_{-\infty}^{\infty} x(t) x^*(t) dt = \int_{-\infty}^{\infty} x(t) \left[\frac{1}{2\pi} \int_{-\infty}^{\infty} X(j\Omega) e^{j\Omega t} d\Omega \right]^* dt$$

$$= \frac{1}{2\pi} \int_{-\infty}^{\infty} x(t) \left[\int_{-\infty}^{\infty} X^*(j\Omega) e^{-j\Omega t} d\Omega \right] dt \tag{1.33}$$

在上边右边中交换对 Ω 和对 t 的积分次序，得

$$E = \frac{1}{2\pi} \int_{-\infty}^{\infty} X^*(j\Omega) \left[\int_{-\infty}^{\infty} x(t) e^{-j\Omega t} dt \right] d\Omega \tag{1.34}$$

由傅里叶变换定义式知，上式右边中括号内即为 $x(t)$ 的傅里叶变换 $X(j\Omega)$，所以上式可写为

$$E = \frac{1}{2\pi} \int_{-\infty}^{\infty} X(j\Omega) X^*(j\Omega) d\Omega = \frac{1}{2\pi} \int_{-\infty}^{\infty} |X(j\Omega)|^2 d\Omega \tag{1.35}$$

这样就得到能量型连续信号的**帕斯瓦尔关系式**：

$$\int_{-\infty}^{\infty} |x(t)|^2 dt = \frac{1}{2\pi} \int_{-\infty}^{\infty} |X(j\Omega)|^2 d\Omega \tag{1.36}$$

它表明信号在时域和频域的能量是守恒的。令 $S(\Omega) = |X(j\Omega)|^2$，则 $S(\Omega)$ 代表了信号能量随着频率变化的分布情况，称为 $x(t)$ 的**能量谱密度**。

常见的典型信号的傅里叶变换介绍如下：

(1) 单边指数信号。

单边指数信号 $e^{-\alpha t} u(t)$ 的傅里叶变换为

$$e^{-\alpha t} u(t) \overset{\mathcal{F}}{\leftrightarrow} \frac{1}{\alpha + j\Omega}, \quad \alpha > 0 \tag{1.37}$$

显然 $\alpha < 0$ 时 $e^{-\alpha t} u(t)$ 的傅里叶变换不存在。当 $\alpha = 0$ 时，$e^{-\alpha t} u(t)$ 变为 $u(t)$，其傅里叶变换在后面给出。

(2) 双边指数信号。

双边指数信号 $e^{-\alpha|t|}$ 的傅里叶变换为

$$e^{-\alpha|t|} \overset{\mathcal{F}}{\leftrightarrow} \frac{2\alpha}{\alpha^2 + \Omega^2}, \quad \alpha > 0 \tag{1.38}$$

(3) 矩形脉冲信号。

矩形脉冲信号 $u(t+\tau/2) - u(t-\tau/2)$ 的傅里叶变换为

$$u(t+\tau/2) - u(t-\tau/2) \overset{\mathcal{F}}{\leftrightarrow} \frac{2\sin(\Omega\tau/2)}{\Omega} = \tau \cdot \mathrm{Sa}(\Omega\tau/2) \tag{1.39}$$

当 $\tau = 2$ 时，上式变为

$$u(t+1) - u(t-1) \overset{\mathcal{F}}{\leftrightarrow} 2\mathrm{Sa}(\Omega) \tag{1.40}$$

利用式 $2\pi x(0) = \int_{-\infty}^{\infty} X(j\Omega) d\Omega$，可得

$$\int_{-\infty}^{\infty} \mathrm{Sa}(\Omega) d\Omega = \pi \left[u(t+1) - u(t-1) \right] \big|_{t=0} = \pi \tag{1.41}$$

把 Ω 换成 t，上式变为

$$\int_{-\infty}^{\infty} \frac{\sin t}{t} dt = \pi \tag{1.42}$$

（4）冲激信号。

$\delta(t)$ 的傅里叶变换为

$$\delta(t) \overset{\mathcal{F}}{\leftrightarrow} 1 \tag{1.43}$$

这表明冲激函数的频谱在整个频率域都是平坦的。

由傅里叶反变换定义得

$$\delta(t) = \frac{1}{2\pi} \int_{-\infty}^{+\infty} 1 \cdot e^{j\Omega t} d\Omega = \frac{1}{2\pi} \int_{-\infty}^{+\infty} e^{j\Omega t} d\Omega \tag{1.44}$$

此即：

$$\int_{-\infty}^{+\infty} e^{j\Omega t} d\Omega = 2\pi\delta(t) \tag{1.45}$$

将上式中的变量 Ω 和 t 互换得

$$\int_{-\infty}^{+\infty} e^{j\Omega t} dt = 2\pi\delta(\Omega) \tag{1.46}$$

考虑到冲激函数为偶函数，上式变为

$$\int_{-\infty}^{+\infty} e^{\pm j\Omega t} d\Omega = 2\pi\delta(t) \tag{1.47}$$

下面来求常数 1 的傅里叶变换。由傅里叶变换定义得

$$\mathcal{F}[1] = \int_{-\infty}^{+\infty} 1 \cdot e^{-j\Omega t} dt = \int_{-\infty}^{+\infty} e^{-j\Omega t} dt \tag{1.48}$$

由式（1.47）可得

$$\mathcal{F}[1] = 2\pi\delta(\Omega) \tag{1.49}$$

（5）正弦信号。

正弦信号 $\sin(\omega_0 t)$ 的傅里叶变换为

$$\sin(\omega_0 t) \overset{\mathcal{F}}{\leftrightarrow} \pi j[\delta(\Omega + \omega_0) - \delta(\Omega - \omega_0)] \tag{1.50}$$

余弦信号 $\cos(\omega_0 t)$ 的傅里叶变换为

$$\cos(\omega_0 t) \overset{\mathcal{F}}{\leftrightarrow} \pi[\delta(\Omega + \omega_0) + \delta(\Omega - \omega_0)] \tag{1.51}$$

从以上两式可以看出，正弦信号和余弦信号的傅里叶变换为两个冲激。

（6）符号函数。

符号函数定义的傅里叶变换为

$$\text{sgn}(t) = \begin{cases} 1, & t > 0 \\ 0, & t = 0 \\ -1, & t < 0 \end{cases} \overset{\mathcal{F}}{\leftrightarrow} \frac{2}{j\Omega} \tag{1.52}$$

（7）阶跃信号。

阶跃信号的傅里叶变换为

$$u(t) \overset{\mathcal{F}}{\leftrightarrow} \pi\delta(\Omega) + \frac{1}{j\Omega} \tag{1.53}$$

下面介绍连续傅里叶的基本性质。

(1) 对偶性。

设 $x(t) \overset{\mathcal{F}}{\leftrightarrow} X(j\Omega)$，则有

$$X(t) \overset{\mathcal{F}}{\leftrightarrow} 2\pi \cdot x(-j\Omega) \tag{1.54}$$

或：

$$X(t)/2\pi \overset{\mathcal{F}}{\leftrightarrow} x(-j\Omega) \tag{1.55}$$

例 1-1 已知傅里叶变换对 $\mathcal{F}[u(t+\tau)-u(t-\tau)] = 2\tau\mathrm{Sa}(\omega\tau)$。利用对偶性，求 $X(j\Omega) = u(\Omega+\omega_0) - u(\Omega-\omega_0)$ 的傅里叶反变换 $x(t)$。

解：已知傅里叶变换对：

$$u(t+\tau) - u(t-\tau) \overset{\mathcal{F}}{\leftrightarrow} 2\tau\mathrm{Sa}(\Omega\tau)$$

利用对偶性，由上式可得

$$\begin{aligned}
\mathcal{F}[2\tau\mathrm{Sa}(t\tau)] &= 2\pi[u(-\Omega+\tau) - u(-\Omega-\tau)] \\
&= 2\pi[(1-u(\Omega+\tau)) - (1-u(\Omega-\tau))] \\
&= 2\pi[u(\Omega-\tau) - u(\Omega+\tau)]
\end{aligned}$$

在上式中令 $\tau=\omega_0$，得

$$2\omega_0\mathrm{Sa}(t\omega_0) \overset{\mathcal{F}}{\leftrightarrow} 2\pi[u(\Omega+\omega_0) - u(\Omega-\omega_0)]$$

此即

$$\frac{\sin(\omega_0 t)}{\pi t} \overset{\mathcal{F}}{\leftrightarrow} u(\Omega+\omega_0) - u(\Omega-\omega_0) \tag{1.56}$$

(2) 时移特性。

若 $x(t) \overset{\mathcal{F}}{\leftrightarrow} X(j\Omega)$，则对任意常数 t_0 有

$$x(t-t_0) \overset{\mathcal{F}}{\leftrightarrow} X(j\Omega)\mathrm{e}^{-j\Omega t_0} \tag{1.57}$$

显然 $|X(j\Omega)\mathrm{e}^{-j\Omega t_0}| = |\mathrm{e}^{-j\Omega t_0}||X(j\Omega)| = |X(j\Omega)|$，这表明时移不影响信号的幅度谱。

(3) 频移特性。

若 $x(t) \overset{\mathcal{F}}{\leftrightarrow} X(j\Omega)$，则对任意常数 t_0 有

$$x(t)\mathrm{e}^{\pm j\omega_0 t} \overset{\mathcal{F}}{\leftrightarrow} X(j(\Omega \mp \omega_0)) \tag{1.58}$$

傅里叶变换的频移特性表明信号在时域乘以因子 $\mathrm{e}^{j\omega_0 t}$ 对应于频谱在频域的频移，搬移量为右移 ω_0。

(4) 尺度变换特性。

若 $x(t) \overset{\mathcal{F}}{\leftrightarrow} X(j\Omega)$，则对任意非零的实数 α 有

$$x(\alpha t) \overset{\mathcal{F}}{\leftrightarrow} \frac{1}{|\alpha|} X\left(j\frac{\Omega}{\alpha}\right) \tag{1.59}$$

尺度变换特性的一个重要影响就是：在某个域内的压缩(拉伸)必然导致另一个域内的拉伸(压缩)。

特别地，当 $\alpha=-1$ 时，尺度变换特性变为

$$x(-t) \overset{\mathcal{F}}{\leftrightarrow} X(-j\Omega) \tag{1.60}$$

上式表明时域的反转导致频域的反转，这称为傅里叶变换的**反转特性**。

(5) 微分特性。

若 $x(t) \overset{\mathcal{F}}{\leftrightarrow} X(\mathrm{j}\Omega)$，则有时域微分特性为

$$\frac{\mathrm{d}}{\mathrm{d}t} x(t) \overset{\mathcal{F}}{\leftrightarrow} \mathrm{j}\Omega \cdot X(\mathrm{j}\Omega) \tag{1.61}$$

对任意正整数 n，更一般的时域微分特性为

$$\frac{\mathrm{d}^n}{\mathrm{d}t^n} x(t) \overset{\mathcal{F}}{\leftrightarrow} (\mathrm{j}\Omega)^n X(\mathrm{j}\Omega) \tag{1.62}$$

若 $x(t) \overset{\mathcal{F}}{\leftrightarrow} X(\mathrm{j}\Omega)$，则有频域微分特性为

$$-\mathrm{j}t \cdot x(t) \overset{\mathcal{F}}{\leftrightarrow} \frac{\mathrm{d}}{\mathrm{d}\Omega} X(\mathrm{j}\Omega) \tag{1.63}$$

或

$$t \cdot x(t) \overset{\mathcal{F}}{\leftrightarrow} \mathrm{j}\frac{\mathrm{d}}{\mathrm{d}\Omega} X(\mathrm{j}\Omega)$$

对任意正整数 n，更一般的频域微分特性为

$$(-\mathrm{j}t)^n x(t) \overset{\mathcal{F}}{\leftrightarrow} \frac{\mathrm{d}^n}{\mathrm{d}\Omega^n} X(\mathrm{j}\Omega) \tag{1.64}$$

(6) 积分特性。

若 $x(t) \overset{\mathcal{F}}{\leftrightarrow} X(\mathrm{j}\Omega)$，则有时域积分特性为

$$\int_{-\infty}^{t} x(\tau)\mathrm{d}\tau \overset{\mathcal{F}}{\leftrightarrow} \pi X(\mathrm{j}0)\delta(\Omega) + \frac{X(\mathrm{j}\Omega)}{\mathrm{j}\Omega} \tag{1.65}$$

考虑到 $X(\mathrm{j}0) = \displaystyle\int_{-\infty}^{\infty} x(t)\mathrm{d}t$ 为 $x(t)$ 的直流分量，上式右边冲激函数项反映了积分所产生的直流分量。

若 $X(\mathrm{j}\Omega)|_{\Omega=0} = 0$，则上式变为

$$\int_{-\infty}^{t} x(\tau)\mathrm{d}\tau \overset{\mathcal{F}}{\leftrightarrow} \frac{X(\mathrm{j}\Omega)}{\mathrm{j}\Omega} \tag{1.66}$$

此式说明，若信号无直流分量，则信号在时域的积分相当于频谱函数在频域除以 $\mathrm{j}\Omega$。

若 $x(t) \overset{\mathcal{F}}{\leftrightarrow} X(\mathrm{j}\Omega)$，则有频域积分特性为

$$\pi x(0)\delta(t) - \frac{x(t)}{\mathrm{j}t} \overset{\mathcal{F}}{\leftrightarrow} \int_{-\infty}^{\Omega} X(\mathrm{j}\upsilon)\mathrm{d}\upsilon \tag{1.67}$$

(7) 奇偶性。

记 $x(t) \overset{\mathcal{F}}{\leftrightarrow} X(\mathrm{j}\Omega)$。若 $x(t)$ 是偶信号，即 $x(t) = x(-t)$，两边取傅里叶变换得 $X(\mathrm{j}\Omega) = \mathcal{F}[x(-t)]$。考虑到 $\mathcal{F}[x(-t)] = X(-\mathrm{j}\Omega)$，所以有 $X(\mathrm{j}\Omega) = X(-\mathrm{j}\Omega)$。这表明偶信号的傅里叶变换同样是偶信号。

同理可得，奇信号的傅里叶变换同样是奇信号。

(8) 共轭性。

若 $x(t) \overset{\mathcal{F}}{\leftrightarrow} X(\mathrm{j}\Omega)$，则有

$$x^*(t) \overset{\mathcal{F}}{\leftrightarrow} X^*(-\mathrm{j}\Omega) \tag{1.68}$$

进一步可得，实信号傅里叶变换的实部是偶函数，虚部是奇函数；纯虚信号傅里叶变换的实部是奇函数，虚部是偶函数。

如果 $x(t)$ 是实信号,则其幅度谱 $|X(j\Omega)|$ 是 Ω 的偶函数;实信号 $x(t)$ 的相频响应 $\angle X(j\Omega)$ 为 Ω 的奇函数。

(9) 帕斯瓦尔定理。

若 $x(t) \overset{\mathcal{F}}{\leftrightarrow} X(j\Omega)$,$y(t) \overset{\mathcal{F}}{\leftrightarrow} Y(j\Omega)$,帕斯瓦尔定理的一般形式为

$$\int_{-\infty}^{+\infty} x(t)y^*(t)\mathrm{d}t = \frac{1}{2\pi}\int_{-\infty}^{+\infty} X(j\Omega)Y^*(j\Omega)\mathrm{d}\Omega \tag{1.69}$$

当 $x(t) = y(t)$ 时,作为一个特例,上式变为

$$\int_{-\infty}^{+\infty} |x(t)|^2 \mathrm{d}t = \frac{1}{2\pi}\int_{-\infty}^{+\infty} |X(j\Omega)|^2 \mathrm{d}\Omega \tag{1.70}$$

这表明信号在时域的能量和频域的能量相等。

(10) 卷积定理。

若 $x_1(t) \overset{\mathcal{F}}{\leftrightarrow} X_1(j\Omega)$ 和 $x_2(t) \overset{\mathcal{F}}{\leftrightarrow} X_2(j\Omega)$,则有时域卷积定理:

$$x_1(t) * x_2(t) \overset{\mathcal{F}}{\leftrightarrow} X_1(j\Omega)X_2(j\Omega) \tag{1.71}$$

傅里叶变换的时域卷积定理为求 $x(t)$ 和 $y(t)$ 的卷积提供了另外一个方法。

若 $x_1(t) \overset{\mathcal{F}}{\leftrightarrow} X_1(j\Omega)$ 和 $x_2(t) \overset{\mathcal{F}}{\leftrightarrow} X_2(j\Omega)$,则有频域卷积定理:

$$x_1(t)x_2(t) \overset{\mathcal{F}}{\leftrightarrow} \frac{1}{2\pi}X_1(j\Omega) * X_2(j\Omega) \tag{1.72}$$

例 1-2 下面利用频域卷积定理证明一个信号不可能既是时限的,又是带限的。

证明: 假设任意信号 $x(t)$ 是时限的,不妨设其持续期为 $t_1 \leqslant t \leqslant t_2$,则 $x(t)$ 可以写为

$$x(t) = x(t)\mathrm{rect}\left(\frac{t - t_0}{\Delta t}\right)$$

式中 $t_0 = (t_1 + t_2)/2$,$\Delta t = t_2 - t_1$,$\mathrm{rect}(t)$ 为矩形脉冲信号:

$$\mathrm{rect}(t) = \begin{cases} 1, & |t| < 0.5 \\ 0, & |t| > 0.5 \end{cases} = u(t + 0.5) - u(t - 0.5)$$

对上式两边取傅里叶变换得

$$X(j\Omega) = \frac{1}{2\pi}X(j\Omega) * \left[\Delta t \cdot \mathrm{Sa}(0.5\Omega\Delta t)\mathrm{e}^{-j\Omega t_0}\right] \tag{1.73}$$

先看上式右边的卷积,不管 $X(j\Omega)$ 何时开始何时结束,由于 $\mathrm{Sa}(\Omega)$ 是无限长的(或者说起始时刻为 $-\infty$,终止时刻为 ∞),所以它与 $X(j\Omega)$ 卷积的起始时刻必然是 $-\infty$,终止时刻必然是 ∞,即 $X(j\Omega)$ 是无限长的,这就证明了如果 $x(t)$ 是时限的,那么它不可能同时是带限的。同理可以证明,如果 $x(t)$ 是带限的,那么它不可能同时是时限的。

实际中的信号总是有始有终的,即是时限信号,所以它的频谱是无限宽的,即不可能是带限的。一般来说,实际信号的幅度谱在高频时很小,可以忽略,从而可以认为是带限的。

$x(t)$ 是周期为 T 的信号,现在求其傅里叶变换。设 $x(t)$ 的傅里叶级数表示为

$$x(t) = \sum_{k=-\infty}^{+\infty} a_k \mathrm{e}^{jk\omega_0 t} \tag{1.74}$$

k 次谐波系数为

$$a_k = \frac{1}{T}\int_{\langle T \rangle} x(t)\mathrm{e}^{-jk\omega_0 t}\mathrm{d}t \tag{1.75}$$

对傅里叶级数展开式(1.74)两边进行傅里叶变换得

$$X(j\Omega) = \sum_{k=-\infty}^{\infty} a_k \mathcal{F}[e^{jk\omega_0 t}] \tag{1.76}$$

考虑到 $e^{j\omega_0 t} \overset{\mathcal{F}}{\leftrightarrow} 2\pi\delta(\Omega-\omega_0)$，所以 $e^{jk\omega_0 t} \overset{\mathcal{F}}{\leftrightarrow} 2\pi\delta(\Omega-k\omega_0)$，将此代入上式右边得

$$X(j\Omega) = \sum_{k=-\infty}^{\infty} 2\pi a_k \delta(\Omega-k\omega_0) \tag{1.77}$$

由此可见，周期信号的傅里叶变换是由冲激脉冲串组成，并且冲激出现在 k 次谐波频率(即 $\Omega = k\omega_0$)处，冲激强度为相应谐波系数 a_k 的 2π 倍。实际上，以上的论述提供了求周期信号傅里叶变换的方法，即先求得信号的傅里叶级数展开系数，再由上式即可得傅里叶变换。

例 1-3 求周期冲激串 $\delta_T(t) = \sum_{k=-\infty}^{\infty} \delta(t-kT)$ 的傅里叶变换。

解：先求 $\delta_T(t)$ 的傅里叶级数展开 $\delta_T(t) = \sum_{k=-\infty}^{+\infty} a_k e^{jk\omega_0 t}$ $(\omega_0 = 2\pi/T)$，展开系数 a_k 为

$$a_k = \frac{1}{T}\int_{(T)} \delta_T(t)e^{-jk\omega_0 t}dt = \frac{1}{T}\int_{(T)}\left[\sum_{k=-\infty}^{\infty}\delta(t-kT)\right]e^{-jk\omega_0 t}dt$$

显然在任意一个间隔为 T 的积分区间内，上式右边对 k 求和时，只有一项使得积分不为零。为了说明这一点，我们把积分区间选为 $(-T/2, T/2)$，上式右边交换求和与积分的次序得

$$a_k = \frac{1}{T}\sum_{k=-\infty}^{\infty}\left[\int_{-T/2}^{T/2}\delta(t-kT)e^{-jk\omega_0 t}dt\right]$$

显然上式右边对 k 求和时，只有 $k=0$ 这一项使得中括号内的积分不为零，所以

$$a_k = \frac{1}{T}\int_{-T/2}^{T/2}\delta(t)e^{-jk\omega_0 t}dt = \frac{1}{T}$$

从而，周期冲激串的傅里叶变换为

$$X(j\Omega) = \frac{2\pi}{T}\sum_{k=-\infty}^{\infty}\delta(\Omega-k\omega_0) = \omega_0\sum_{k=-\infty}^{\infty}\delta(\Omega-k\omega_0)$$

事实上，还可以得到另一个结果。前面已经得到傅里叶变换对 $\mathcal{F}[\delta(t)]=1$，由傅里叶变换的时移特性可得

$$\mathcal{F}[\delta(t-kT)] = 1\cdot e^{-jkT\Omega} = e^{-jkT\Omega}$$

从而

$$\mathcal{F}\left[\sum_{k=-\infty}^{\infty}\delta(t-kT)\right] = \sum_{k=-\infty}^{\infty}e^{-jkT\Omega} \tag{1.78}$$

周期冲激串的傅里叶变换的这种表示式没有太大的意义，而 $2\pi\sum\delta(\Omega-k\omega_0)/T$ 这种表示式在讲解采样定理时则非常有效。

至此，便得到了周期冲激串傅里叶变换结果的两种不同表述：

$$\delta_T(t) \overset{\mathcal{F}}{\leftrightarrow} \frac{2\pi}{T}\sum_{k=-\infty}^{\infty}\delta(\Omega-k\omega_0)$$

$$\delta_T(t) \overset{\mathcal{F}}{\leftrightarrow} \sum_{k=-\infty}^{\infty}e^{-jkT\Omega}$$

由两种表述的等价性，得到以下关系式：

$$\frac{2\pi}{T}\sum_{k=-\infty}^{\infty}\delta(\Omega-k\omega_0) = \sum_{k=-\infty}^{\infty}e^{-jkT\Omega} \tag{1.79}$$

例 1-4 已知 $x(t) \overset{\mathcal{F}}{\leftrightarrow} X(\mathrm{j}\Omega), \omega_0 = 2\pi/T$。利用傅里叶变换的频域、时域卷积定理证明时域、频域泊松求和公式：

$$\sum_{k=-\infty}^{\infty} X(\mathrm{j}(\Omega - k\omega_0)) = T \sum_{k=-\infty}^{\infty} x(kT) \mathrm{e}^{-\mathrm{j}kT\Omega} \tag{1.80}$$

$$\sum_{k=-\infty}^{\infty} x(t - kT) = \frac{1}{T} \sum_{k=-\infty}^{\infty} X(\mathrm{j}k\omega_0) \mathrm{e}^{-\mathrm{j}k\omega_0 t} \tag{1.81}$$

证明： 前面已经得到傅里叶变换对为

$$\delta_T(t) = \sum_{k=-\infty}^{\infty} \delta(t - kT) \overset{\mathcal{F}}{\leftrightarrow} \omega_0 \sum_{k=-\infty}^{\infty} \delta(\Omega - k\omega_0)$$

$$\delta(t - kT) \overset{\mathcal{F}}{\leftrightarrow} \mathrm{e}^{-\mathrm{j}kT\Omega}$$

利用傅里叶变换的频域卷积定理计算 $x(t)\delta_T(t)$ 的傅里叶变换得

$$x(t)\delta_T(t) \overset{\mathcal{F}}{\leftrightarrow} \frac{1}{2\pi} \mathcal{F}[x(t)] * \mathcal{F}[\delta_T(t)]$$

$$= \frac{1}{2\pi} X(\mathrm{j}\Omega) * \omega_0 \sum_{k=-\infty}^{\infty} \delta(\Omega - k\omega_0)$$

$$= \frac{1}{T} X(\mathrm{j}(\Omega - k\omega_0)) \tag{1.82}$$

考虑到

$$x(t)\delta_T(t) = x(t) \sum_{k=-\infty}^{\infty} \delta(t - kT) = \sum_{k=-\infty}^{\infty} x(kT)\delta(t - kT) \tag{1.83}$$

对上式右边直接计算 $x(t)\delta_T(t)$ 的傅里叶变换得

$$x(t)\delta_T(t) \overset{\mathcal{F}}{\leftrightarrow} \sum_{k=-\infty}^{\infty} x(kT) \mathrm{e}^{-\mathrm{j}kT\Omega} \tag{1.84}$$

比较以上两种方法计算 $x(t)\delta_T(t)$ 傅里叶变换所得结果即可得要证明的第一式。

下面用两种方法计算下式的傅里叶变换：

$$x(t) * \delta_T(t) = x(t) * \sum_{k=-\infty}^{\infty} \delta(t - kT) = \sum_{k=-\infty}^{\infty} x(t - kT) \tag{1.85}$$

利用傅里叶变换的时域卷积定理直接计算得

$$x(t) * \delta_T(t) \overset{\mathcal{F}}{\leftrightarrow} \mathcal{F}[x(t)] \cdot \mathcal{F}[\delta_T(t)]$$

$$= X(\mathrm{j}\Omega) \cdot \left[\omega_0 \sum_{k=-\infty}^{\infty} \delta(\Omega - k\omega_0)\right]$$

$$= \omega_0 \sum_{k=-\infty}^{\infty} X(\mathrm{j}k\omega_0)\delta(\Omega - k\omega_0) \tag{1.86}$$

显然 $x(t) * \delta_T(t) = \sum_{k=-\infty}^{\infty} x(t - kT)$ 是周期为 T 的周期信号，设其傅里叶级数展开为

$$x(t) * \delta_T(t) = \sum_{k=-\infty}^{\infty} x(t - kT) = \sum_{k=-\infty}^{\infty} a_k \mathrm{e}^{-\mathrm{j}k\omega_0 t} \tag{1.87}$$

对上式两边取傅里叶变换得

$$x(t) * \delta_T(t) \overset{\mathcal{F}}{\leftrightarrow} 2\pi \sum_{k=-\infty}^{\infty} a_k \delta(\Omega - k\omega_0) \tag{1.88}$$

比较式(1.86)和上式可得

$$a_k = \frac{\omega_0}{2\pi} X(jk\omega_0) = \frac{1}{T} X(jk\omega_0) \tag{1.89}$$

这样周期信号 $\sum\limits_{k=-\infty}^{\infty} x(t-kT)$ 的傅里叶级数展开式(1.87)变为

$$\sum_{k=-\infty}^{\infty} x(t-kT) = \frac{1}{T} \sum_{k=-\infty}^{\infty} X(jk\omega_0) e^{-jk\omega_0 t} \tag{1.90}$$

作为一个特例,令 $x(t)=1$,此时 $X(j\Omega)=2\pi\delta(\Omega)$,式(1.80)变为

$$\sum_{k=-\infty}^{\infty} 2\pi\delta(\Omega - k\omega_0) = T \sum_{k=-\infty}^{\infty} e^{-jkT\Omega}$$

这就得到了式(1.79):

$$\frac{2\pi}{T} \sum_{k=-\infty}^{\infty} \delta(\Omega - k\omega_0) = \sum_{k=-\infty}^{\infty} e^{-jkT\Omega}$$

1.1.4　连续信号的拉普拉斯变换

连续信号 $x(t)$ 的**拉普拉斯变换** $X(s)$ 定义如下:

$$X(s) = \int_{-\infty}^{\infty} x(t) e^{-st} dt \tag{1.91}$$

式中 s 为复变量

$$s = \sigma + j\Omega \tag{1.92}$$

其中 σ 为 s 的实部, Ω 为 s 的虚部。将式(1.92)代入式(1.91)得

$$X(s) = \int_{-\infty}^{\infty} x(t) e^{-(\sigma+j\Omega)t} dt = \int_{-\infty}^{\infty} [x(t) e^{-\sigma t}] e^{-j\Omega t} dt \tag{1.93}$$

上式表明 $x(t)$ 的拉普拉斯变换 $X(s)$ 可以看作 $x(t)e^{-\sigma t}$ 的傅里叶变换。

对 $X(s)$ 求傅里叶反变换有

$$x(t) e^{-\sigma t} = \frac{1}{2\pi} \int_{-\infty}^{\infty} X(s) e^{j\Omega t} d\Omega \tag{1.94}$$

考虑到 $e^{-\sigma t}$ 不是 Ω 的函数,把它移到上式右边的积分中得

$$x(t) = \frac{1}{2\pi} \int_{-\infty}^{\infty} X(s) e^{(\sigma+j\Omega)t} d\Omega \tag{1.95}$$

考虑到 $s=\sigma+j\Omega$,则 $d\Omega=ds/j$。对上式右边进行换元得

$$x(t) = \frac{1}{2\pi j} \int_{\sigma-j\Omega}^{\sigma+j\Omega} X(s) e^{st} ds \tag{1.96}$$

上式定义了拉普拉斯变换反变换。

在实际中,激励信号一般都是有始信号,或者说信号都是在 $t \geqslant 0$ 才有值,这样拉普拉斯变换的积分限就变为 $0 \sim \infty$,即有

$$X(s) = \int_{0}^{\infty} x(t) e^{-st} dt \tag{1.97}$$

考虑到在 $t=0$ 时刻可能有冲激及其各阶导数激励作用于系统,所以积分区间选为包括 $t=0$ 这一点,这样积分下限就变为 0^-。为方便起见,以后把单边拉普拉斯变换的积分下限写为 0。至于双边拉普拉斯反变换,积分区间不变。上式定义的是**单边拉普拉斯变换**,式(1.93)

定义的是**双边拉普拉斯变换**。显然,就因果信号而言,其单边拉普拉斯变换和双边拉普拉斯变换相等。反因果信号的单边拉普拉斯变换为零,所以对反因果信号不求单边拉普拉斯变换。以后如果没有特别说明,双边拉普拉斯变换简称为拉普拉斯变换;在不至于引起混淆的情况下,单边拉普拉斯变换也简称为拉普拉斯变换。用符号 $\mathcal{L}$ 表示拉普拉斯变换为

$$X(s) = \mathcal{L}[x(t)] \tag{1.98}$$

下面通过一个例子来讲解拉普拉斯变换的收敛域。

例 1-5　设 $x(t) = \mathrm{e}^{-2t}u(t) + \mathrm{e}^{3t}u(-t)$,求其拉普拉斯变换。

解: $x(t)$ 的拉普拉斯变换为

$$X(s) = \int_{-\infty}^{\infty} [\mathrm{e}^{-2t}u(t) + \mathrm{e}^{3t}u(t)]\mathrm{e}^{-st}\mathrm{d}t = \int_{0}^{\infty} \mathrm{e}^{-(s+2)t}\mathrm{d}t + \int_{0}^{\infty} \mathrm{e}^{-(s-3)t}\mathrm{d}t$$

先计算上式右边的第一个积分得

$$\int_{0}^{\infty} \mathrm{e}^{-(s+2)t}\mathrm{d}t = \int_{0}^{\infty} \mathrm{e}^{-(\sigma+\mathrm{j}\Omega+2)t}\mathrm{d}t = \lim_{t\to\infty} \frac{1 - \mathrm{e}^{-(\sigma+\mathrm{j}\Omega+2)t}}{\sigma+\mathrm{j}\Omega+2}$$

$$= \frac{1}{\sigma+\mathrm{j}\Omega+2}\left[1 - \lim_{t\to\infty}\mathrm{e}^{-(\sigma+\mathrm{j}\Omega+2)t}\right]$$

当 $\sigma = \mathrm{Re}\{s\} > -2$(Re 表示实部)时:

$$\lim_{t\to\infty} |\mathrm{e}^{-(\sigma+\mathrm{j}\Omega+2)t}| = \lim_{t\to\infty}[|\mathrm{e}^{-(\sigma+2)t}| \cdot |\mathrm{e}^{-\mathrm{j}\Omega t}|] = \lim_{t\to\infty} |\mathrm{e}^{-(\sigma+2)t}| = 0$$

因此 $\lim_{t\to\infty}\mathrm{e}^{-(\sigma+\mathrm{j}\Omega+2)t} = 0$。而当 $\sigma \leqslant -2$ 时,$\lim_{t\to\infty}|\mathrm{e}^{-(\sigma+\mathrm{j}\Omega+2)t}| \to \infty$,此时极限 $\lim_{t\to\infty}\mathrm{e}^{-(\sigma+\mathrm{j}\Omega+2)t}$ 不存在。综上所述,$\sigma = \mathrm{Re}\{s\} > -2$ 是第一个积分存在的充要条件。同理可得,$\sigma = \mathrm{Re}\{s\} > 3$ 是第二个积分存在的充要条件。当且仅当 $\mathrm{Re}\{s\} > -2$ 和 $\mathrm{Re}\{s\} > 3$ 时,即 $\mathrm{Re}\{s\} > 3$ 时,$X(s)$ 存在且为

$$X(s) = \frac{1}{s+2} + \frac{1}{s-3} = \frac{2s-1}{(s+2)(s-3)}, \quad \mathrm{Re}\{s\} > 3$$

拉普拉斯变换的收敛域具有以下性质。

性质 1: 拉普拉斯变换的收敛域在 s 平面内由平行于虚轴的带状区域组成。

性质 2: 对有理拉普拉斯变换来说,收敛域内不能包括任何极点。

性质 3: 如果 $x(t)$ 是时限信号且存在拉普拉斯变换 $X(s)$,则其收敛域为整个 s 平面。

性质 4: 如果右边信号 $x(t)$ 的拉普拉斯变换 $X(s)$ 是有理函数,则其收敛域为 $\mathrm{Re}\{s\} > \beta$ 的右边平面,其中 β 为 $X(s)$ 的某个极点。

综合性质 2 和性质 4,右边信号拉普拉斯变换收敛域是某个极点右边的平面。这表明,如果右边信号 $x(t)$ 的拉普拉斯变换 $X(s)$ 是有理函数,则所有的极点都在收敛域的左侧。

性质 5: 如果左边信号 $x(t)$ 的拉普拉斯变换 $X(s)$ 是有理函数,则存在 $X(s)$ 的极点 α,收敛域为 $\mathrm{Re}\{s\} < \alpha$ 的左边平面。

性质 6: 如果 $x(t)$ 是双边信号,则 $X(s)$ 的收敛域为 s 平面内的带状区域。

综合以上所有性质,如果已知有理函数 $X(s)$ 所有的极点,就可以给出所有可能的收敛域。从拉普拉斯变换的定义式可以看出,当 $\sigma = 0$ 时,$x(t)$ 的拉普拉斯变换 $X(s)$ 就变成 $x(t)$ 的傅里叶变换 $X(\mathrm{j}\Omega)$,换句话说,如果拉普拉斯变换 $X(s)$ 的收敛域包括 s 平面的虚轴,则傅里叶变换 $X(\mathrm{j}\Omega)$ 一定存在。

1.1.5　连续信号傅里叶变换与拉普拉斯变换之间的关系

回顾连续信号 $x(t)$ 的傅里叶变换 $X(\mathrm{j}\Omega)$ 与拉普拉斯变换 $X(s)$：

$$X(\mathrm{j}\Omega) = \int_{-\infty}^{\infty} x(t)\mathrm{e}^{-\mathrm{j}\Omega t}\,\mathrm{d}t$$

$$X(s) = \int_{-\infty}^{\infty} x(t)\mathrm{e}^{-st}\,\mathrm{d}t$$

傅里叶变换式中的被积函数为 $x(t)\mathrm{e}^{-\mathrm{j}\Omega t}$，拉普拉斯变换式中的被积函数为 $x(t)\mathrm{e}^{-st}$，表面上看如果拉普拉斯变换存在，傅里叶变换也一定存在，并且只要把所求得的拉普拉斯式 $X(s)$ 中的 s 用 $\mathrm{j}\Omega$ 替换即可得到傅里叶变换 $X(\mathrm{j}\Omega)$。事实上，这是不对的，后面会具体说明这一点。准确地说，拉普拉斯变换存在是傅里叶变换存在的必要条件，而不是充分条件。因为拉普拉斯变换有收敛域的限定，如果收敛域包括 s 平面的虚轴，则其傅里叶变换就存在，否则其傅里叶变换就不存在。

比如给定拉普拉斯变换

$$X(s) = \frac{1}{(s+1)(s-2)}, \quad -1 < \mathrm{Re}\{s\} < 2 \tag{1.99}$$

显然收敛域 $-1 < \mathrm{Re}\{s\} < 2$ 包括 s 平面的虚轴 $\mathrm{Re}\{s\}=0$，所以对应时域信号 $x(t)$ 的傅里叶变换 $X(\mathrm{j}\Omega)$ 也存在。下面验证这一点。

将 $X(s)$ 进行部分分式展开得

$$X(s) = \frac{1}{3}\left(\frac{1}{s-2} - \frac{1}{s+1}\right), \quad -1 < \mathrm{Re}\{s\} < 2 \tag{1.100}$$

对应的时域信号为

$$x(t) = -\frac{1}{3}\left[\mathrm{e}^{-t}u(t) + \mathrm{e}^{2t}u(-t)\right] \tag{1.101}$$

显然单边指数信号 $\mathrm{e}^{-t}u(t)$ 的傅里叶变换存在，并且为 $1/(\mathrm{j}\Omega+1)$。现在看看 $\mathrm{e}^{2t}u(-t)$ 的傅里叶变换是否存在。由傅里叶变换的定义得

$$\int_{-\infty}^{+\infty} \mathrm{e}^{2t}u(-t)\mathrm{e}^{-\mathrm{j}\Omega t}\,\mathrm{d}t = \int_{-\infty}^{0} \mathrm{e}^{2t}\mathrm{e}^{-\mathrm{j}\Omega t}\,\mathrm{d}t = \frac{1}{2-\mathrm{j}\Omega} \tag{1.102}$$

这表明 $\mathrm{e}^{2t}u(-t)$ 的傅里叶变换也存在。

综合以上，$x(t)$ 的傅里叶变换 $X(\mathrm{j}\Omega)$ 存在且为

$$X(\mathrm{j}\Omega) = \frac{1}{3}\left(\frac{1}{\mathrm{j}\Omega-2} - \frac{1}{\mathrm{j}\Omega+1}\right) \tag{1.103}$$

观察式(1.100)和式(1.101)可以看出，只要把式(1.100)右边中的 s 用 $\mathrm{j}\Omega$ 替换，就可以得到上式的右边。

但是 $X(s)$ 与 $X(\mathrm{j}\Omega)$ 的关系并非总是如此。例如，阶跃信号的拉普拉斯变换与傅里叶变换分别为

$$\mathcal{L}[u(t)] = 1/s \tag{1.104}$$

$$\mathcal{F}[u(t)] = \frac{1}{\mathrm{j}\Omega} + \pi\delta(\Omega) \tag{1.105}$$

以上两式就不满足前述关系。如果 $X(s)$ 在虚轴上存在单重极点 $s=\mathrm{j}\omega_0$，则 $X(s)$ 包含 $X_0(s) = 1/(s-\mathrm{j}\omega_0)$ 这一项，对应的时域信号为 $x_0(t) = \mathrm{e}^{\mathrm{j}\omega_0 t}u(t)$。下面求 $x_0(t) = \mathrm{e}^{\mathrm{j}\omega_0 t}u(t)$ 的傅里叶变换

$$\mathcal{F}\left[e^{j\omega_0 t}u(t)\right] = \frac{1}{2\pi}\mathcal{F}\left[e^{j\omega_0 t}\right] * \mathcal{F}\left[u(t)\right] = \delta(\Omega-\omega_0) * \left[\frac{1}{j\Omega} + \pi\delta(\Omega)\right] \quad (1.106)$$

进一步可得

$$\mathcal{F}\left[e^{j\omega_0 t}u(t)\right] = \frac{1}{j(\Omega-\omega_0)} + \pi\delta(\Omega-\omega_0) \quad (1.107)$$

这表明 $x_0(t) = e^{j\omega_0 t}u(t)$ 的傅里叶变换包含两项：第一项就是把 $X_0(s) = 1/(s-j\omega_0)$ 中 s 用 $j\Omega$ 替换而得；第二项是极点 $s = j\omega_0$ 对应频率 ω_0 处的冲激。

以上结论具有一般性。如果拉普拉斯变换在虚轴上存在多重极点,则对应的傅里叶变换包含冲激函数的导数项。

1.2　从连续信号到离散信号

1.2.1　常用的离散信号

单位脉冲(单位样值、单位冲激)序列 $\delta(n)$ 定义如下：

$$\delta(n) = \begin{cases} 1, & n = 0 \\ 0, & n \neq 0 \end{cases} \quad (1.108)$$

从以上对 $\delta(n)$ 的定义可知,它在 $n=0$ 的取值是有限的确定值 1,这一点与单位冲激函数 $\delta(t)$ 不同。为了方便起见,"单位脉冲序列"通常简称为"脉冲序列"。同样可以定义延时单位样值序列：

$$\delta(n-n_0) = \begin{cases} 1, & n = n_0 \\ 0, & n \neq n_0 \end{cases} \quad (1.109)$$

由脉冲序列的定义,很容易验证 $\delta(n-n_0)$ 具有采样特性：

$$\sum_{n=-\infty}^{\infty} \delta(n-n_0)x(n) = x(n_0) \quad (1.110)$$

单位阶跃序列 $u(n)$ 定义如下：

$$u(n) = \begin{cases} 1, & n \geqslant 0 \\ 0, & n < 0 \end{cases} \quad (1.111)$$

由定义可知, $n=0$ 时 $u(n)$ 的取值是确定值 1,这一点也和阶跃函数 $u(t)$ 不同。

显然有下列关系式：

$$u(n) = \sum_{k=-\infty}^{n} \delta(k) = \sum_{m=0}^{\infty} \delta(n-m) \quad (1.112)$$

$$\delta(n) = u(n) - u(n-1) \quad (1.113)$$

长度为 N 的矩形脉冲序列定义如下：

$$R_N(n) = \begin{cases} 1, & 0 \leqslant n \leqslant N-1 \\ 0, & 其他 \end{cases} \quad (1.114)$$

用阶跃序列表示矩阵序列得：

$$R_N(n) = u(n) - u(n-N) \quad (1.115)$$

1.2.2 从连续信号到离散信号——采样定理

数字通信系统较模拟通信系统有很多优越性,所以模拟的连续信号通常经过采样、量化和编码得到数字信号再在信道上传输。接收端通过解码、反量化和重构得到发送端的原始信号。采样在整个传输过程中处于第一步,而接收端的重构过程是终极。当满足什么条件时,由采样信号(当然要经过量化、编码、解码和反量化)可以精确重构出原始的连续信号?这个条件由采样定理给出。可以说,采样定理是连续信号和离散信号之间的桥梁和纽带。当采样定理所要求的条件满足时,采样信号和原始的连续信号所包含的信息是等价的,但采样信号可以通过数字方式进行传输。

1. 采样

如图 1-3 所示,采样信号 $f_s(t)$(下标 s 代表 sample,意为"采样")是原始的连续信号 $f(t)$ 和周期采样脉冲信号 $p(t)$ 在时域的乘积,即

$$f_s(t) = f(t)p(t) \qquad (1.116)$$

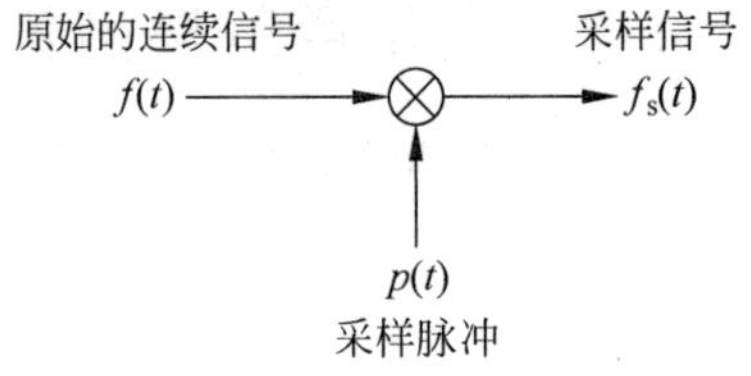

对上式两边进行傅里叶变换,由傅里叶变换的频域卷积定理得

$$F_s(j\Omega) = \frac{1}{2\pi}F(j\Omega) * P(j\Omega) \qquad (1.117)$$

图 1-3 对模拟信号的采样

式中 $F_s(j\Omega)$ 和 $F(j\Omega)$ 分别为 $f_s(t)$ 和 $f(t)$ 的傅里叶变换。

设周期采样脉冲 $p(t)$ 的周期为 T,并设其傅里叶级数表示为

$$p(t) = \sum_{k=-\infty}^{\infty} a_k e^{jk\omega_s t} \qquad (1.118)$$

式中 $\Omega_s = 2\pi/T$,展开系数为

$$a_k = \frac{1}{T}\int_0^T x(t)e^{-jk\omega_s t}dt \qquad (1.119)$$

这样 $p(t)$ 的傅里叶变换为

$$P(j\Omega) = \sum_{k=-\infty}^{\infty} 2\pi a_k \delta(\Omega - k\Omega_s) \qquad (1.120)$$

将上式代入式(1.117)得

$$F_s(j\Omega) = \frac{1}{2\pi}F(j\Omega) * \sum_{k=-\infty}^{\infty} 2\pi a_k \delta(\Omega - k\Omega_s) = \sum_{k=-\infty}^{\infty} a_k F(j(\Omega - k\Omega_s)) \qquad (1.121)$$

这表明采样信号的频谱 $F_s(j\Omega)$ 为原始连续信号频谱 $F(j\Omega)$ 移位加权和,权重为 a_k,重复的间隔为 Ω_s。考虑到权重 a_k 是采样脉冲的傅里叶级数展开的系数,它与 $F(j\Omega)$ 没有关系,所以 $F_s(j\Omega)$ 的波形是 $F(j\Omega)$ 波形的等间隔重复,只是幅度不同而已。

图 1-4(a)给出了频带限制在 $(-\Omega_m, \Omega_m)$ 的带限实信号 $f(t)$ 的幅度谱 $|F(j\Omega)|$。我们知道实际的信号都是时限的,所以其频谱必然是无限的,这里假设频谱为带限的,其合理性和附带的问题在后面会加以说明。图 1-4(b)给出了 $\Omega_s > 2\Omega_m$ 时采样信号的频谱。图中标示的 a_0、a_1 和 a_{-1} 表示频谱幅度与原始的连续信号相比放大的倍数,它们为采样信号的傅里叶级数展开系数,由式(1.117)给出。图中很清楚地标记了由 $F(j\Omega)$ 搬移后形成的各个频谱的截止频率,现在对右移 Ω_s 形成的频谱作一个说明。式(1.119)中 $k=1$ 的求和项为 $a_1 F(j(\Omega - \Omega_s))$,它由

$F(\mathrm{j}\Omega)$ 右移 Ω_s 形成的,幅度变为原来的 a_1 倍。$a_1 F(\mathrm{j}(\Omega-\Omega_s))$ 左边的截止频率为采样频率 Ω_s 和 $a_0 F(\mathrm{j}\Omega)$ 左边截止频率 $-\Omega_m$ 之和 $\Omega_s-\Omega_m$;$a_1 F(\mathrm{j}(\Omega-\Omega_s))$ 右边的截止频率为采样频率 Ω_s 和 $a_0 F(\mathrm{j}\Omega)$ 右边截止频率 Ω_m 之和 $\Omega_s+\Omega_m$。当 $a_1 F(\mathrm{j}(\Omega-\Omega_s))$ 左边的截止频率点在 $a_0 F(\mathrm{j}\Omega)$ 右边截止频率点的右边,即当且仅当下式满足时

$$\Omega_s-\Omega_m>\Omega_m \Leftrightarrow \Omega_s>2\Omega_m \tag{1.122}$$

$a_1 F(\mathrm{j}(\Omega-\Omega_s))$ 和 $a_0 F(\mathrm{j}\Omega)$ 不发生混叠。在同样的条件下,任意的频谱分量 $a_k F(\mathrm{j}(\Omega-k\Omega_s))$ 都是孤立分开,彼此之间互不混叠。如图 1-4(c)所示,当 $\Omega_s=2\Omega_m$ 时,这些频谱刚好互不混叠、互相邻接在一起。相反,如果 $\Omega_s<2\Omega_m$,$a_k F(\mathrm{j}(\Omega-k\Omega_s))$ 之间会发生混叠,如图 1-4(d)所示。

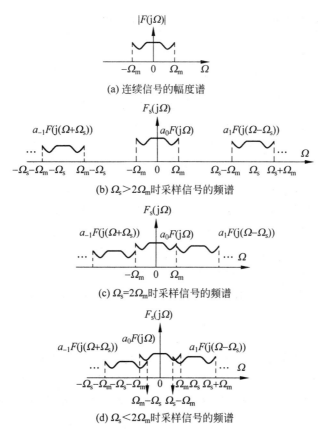

(a) 连续信号的幅度谱

(b) $\Omega_s>2\Omega_m$ 时采样信号的频谱

(c) $\Omega_s=2\Omega_m$ 时采样信号的频谱

(d) $\Omega_s<2\Omega_m$ 时采样信号的频谱

图 1-4　采样信号的频谱

考虑到信号的幅度谱存在时相位谱才存在,如果采样信号的幅度谱不发生重叠,则相位谱也不会发生重叠。为方便起见,在图示中都省略了相位谱,而只画出了幅度谱。

当 $\Omega_s>2\Omega_m$ 时通过一个低通滤波器就能从采样信号恢复出原始信号的频谱,也就能得到原始的信号。当然若要求信号的幅度保持不变,则低通滤波器的增益为 $1/a_0$。低通滤波器的频率响应如图 1-5 所示,显然其截止频率 Ω_c 要满足以下关系式:

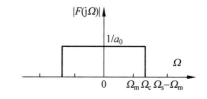

图 1-5　$\Omega_s>2\Omega_m$ 时接收滤波器的频率响应

$$\Omega_m \leqslant \Omega_c \leqslant \Omega_s - \Omega_m \tag{1.123}$$

由于 $\Omega_s = 2\pi/T$，所以由 $\Omega_s > 2\Omega_m$ 可得采样间隔 T 要满足以下关系式：

$$T < \pi/\Omega_m \tag{1.124}$$

在前面的论述中，并没有具体要求采样脉冲的波形，不同的采样脉冲构成了常用的三种采样方式：冲激采样、自然采样和平顶采样。在冲激采样中，采样脉冲 $p(t)$ 为周期冲激串序列，即

$$p(t) = \sum_{n=-\infty}^{\infty} \delta(t - nT) \tag{1.125}$$

这时采样信号为

$$f_s(t) = f(t) \sum_{n=-\infty}^{\infty} \delta(t - nT) = \sum_{n=-\infty}^{\infty} f(t)\delta(t - nT) = \sum_{n=-\infty}^{\infty} f(nT)\delta(t - nT) \tag{1.126}$$

前面已经得到 $p(t)$ 的傅里叶变换为

$$P(j\Omega) = \frac{1}{T} \sum_{n=-\infty}^{\infty} 2\pi\delta(\Omega - n\Omega_s) \tag{1.127}$$

式中 $\Omega_s = 2\pi/T$。所以采样信号的频谱为

$$F_s(j\Omega) = \frac{1}{T} \sum_{n=-\infty}^{\infty} F(j(\Omega - n\Omega_s)) \tag{1.128}$$

接收端低通滤波器的增益为 T 就可以完全恢复原始的连续信号 $f(t)$。

下面给出采样定理的详细内容：设 $x(t)$ 为某个带限信号，即当 $|\Omega| > \Omega_m$ 时 $X(j\Omega) = 0$。如果采样频率 Ω_s 足够大并满足 $\Omega_s \geqslant 2\Omega_m$ 或采样间隔 T 足够小并满足 $T \leqslant \pi/\Omega_m$（其中 $\Omega_s = 2\pi/T$），那么 $x(t)$ 就唯一地由其样本 $x(nT)$（n 为整数）所确定。已知这些样本值，可以通过以下办法重建 $x(t)$：产生一个周期冲激串，其冲激强度就是这些依次而来的样本值；然后将该冲激串通过一个增益为 T、截止频率大于 Ω_m 且小于 $(\Omega_s - \Omega_m)$ 的理想低通滤波器，则该滤波器的输出就是 $x(t)$。

2. 重建

从样本重建一个连续时间信号的过程也称为**内插**。就数学基础而言，内插和数值分析中的插值问题实际上是一个问题。采样定理告诉我们，对一个带限于 Ω_m 的信号 $f(t)$，如果采样间隔 T 小于 $1/2\Omega_m$，那么通过这些样本就可以得到真正的**重建**（内插）。如图 1-6 所示，这个重建是将采样信号通过一个增益为 T、截止频率 Ω_c 满足 $\Omega_m \leqslant \Omega_c \leqslant \Omega_s - \Omega_m$ 的低通滤波器来实现的。从实际的角度讲，如果截止频率 Ω_c 与两侧的频谱边界有相同的带宽冗余，则低通滤波器在截止频率两边都容许与理想滤波器的特性有小的偏差，此时满足

$$(\Omega_s - \Omega_m) - \Omega_c = \Omega_c - \Omega_m \tag{1.129}$$

此即 $\Omega_c = 0.5\Omega_s$。

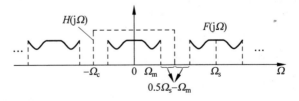

图 1-6 采样信号的重建

在采样信号的频谱彼此不发生重叠的情况下,在接收端通过一个增益为 T 的理想低通滤波器过滤得到重建信号 $f_r(t)$。设滤波器的冲激响应为 $h(t)$(称连续 LTI 系统对冲激信号 $\delta(t)$ 的响应为系统的冲激响应 $h(t)$),则重建信号为

$$f_r(t) = f_s(t) * h(t) = \left[\sum_{k=-\infty}^{\infty} f(kT)\delta(t-kT) \right] * h(t)$$

$$= \sum_{k=-\infty}^{\infty} f(kT)h(t-kT) \tag{1.130}$$

滤波器的频率响应为

$$H(j\Omega) = T \cdot \left[u(\Omega+\Omega_c) - u(\Omega-\Omega_c) \right] \tag{1.131}$$

对上式进行傅里叶反变换就可以得到理想低通滤波器的冲激响应:

$$h(t) = T \frac{\sin(\Omega_c t)}{\pi t} = \frac{\Omega_c T}{\pi} \mathrm{Sa}(\Omega_c t) \tag{1.132}$$

如图 1-7 所示为理想低通滤波器的频率响应与冲激响应。最终得到的重建信号为

$$f_r(t) = \frac{\Omega_c T}{\pi} \sum_{k=-\infty}^{\infty} f(kT)\mathrm{Sa}[\Omega_c(t-kT)] \tag{1.133}$$

上式给出了通过等间隔离散采样序列的插值得到原始连续模拟信号的方法。在采样点 $t=nT$ 处,插值是完全精确的。但是,要计算任意时刻的 $f_r(t)$,需要知道全部采样时刻 $t=nT$ 的采样值,因此这种重构不能实时地实现,究其原因是这种滤波器的非因果性。

若令 $c_k = (\Omega_c T/\pi) f(kT)$ 和 $\phi_k(t) = \mathrm{Sa}[\Omega_c(t-kT)]$,则采样信号的重建公式(1.133)可以归结为一般的插值形式

$$f_r(t) = \sum_{k=-\infty}^{\infty} c_k \phi_k(t)$$

事实上,$\phi_k(t)$ 可以取正弦函数、Laquerre 函数、Legendre 多项式等,它们都能把时域连续信号表示(展开)成离散序列的加权和。然而,并非所有形式的表示都是有意义的、有用的。表示成式(1.133)的形式具有两个优点:

(1) 展开系数就是离散的采样值,所以可以直接通过连续信号得到,算法的效率和实时性得到了保障;

(2) 它使得 LTI 系统的响应保持了卷积运算的形式,这是说如果 $y(t)$ 是 $f_r(t)$ 和 $h(t)$ 的卷积,则 $y(nT)$ 就是 $f_r(nT)$ 和 $h(nT)$ 的卷积。因此,可以通过离散 LTI 系统近似实现连续 LTI 系统。

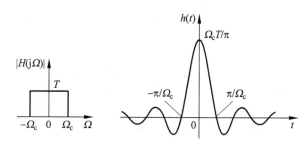

图 1-7　用于采样信号重建的理想低通滤波器

　　内插中存在两个实际问题：

　　（1）理想滤波器是物理不可实现的，实际的滤波器都有一个过渡带，在通带内增益也不可能做到完全恒定不变，在阻带内不可能做到完全为零，所以得到的副本存在幅度失真和混叠。

　　（2）由于实际信号都是时限的，所以频谱是无限宽的，如果要采样信号的频谱不发生混叠，则要求无穷高的采样频率，这显然是不可行的。考虑到实际信号的频谱在高于一定的频率后，频谱的幅度很小，所以可以忽略高于这个特定频率的频谱。设这个根据实际要求确定好的最高频率为 Ω_m，以采样频率 Ω_s（$\Omega_s \geqslant 2\Omega_m$）对原始信号进行采样，采样信号的频谱 $F_s(j\Omega)$ 如图 1-8 所示。采样信号的频谱发生了小范围的混叠。之后通过一个理想低通滤波器处理，由图 1-9 可以清楚地看到，原始信号频谱幅度较小的高频部分（图中深灰色部分）被截断了，而由于部分混叠，被截断部分的副本（图中浅灰色部分）又折回来进行了叠加。最终得到的频谱 $\widetilde{F}_r(j\Omega)$ 因为幅度较小的尾部丢失造成了高频损失，而尾部被折回又造成了低频失真。

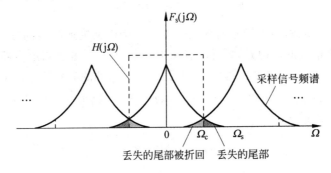

图 1-8　实际信号采样后的频谱

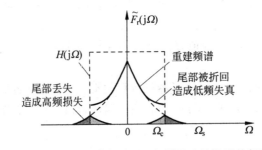

图 1-9　实际信号采样通过理想低通滤波器后的频谱

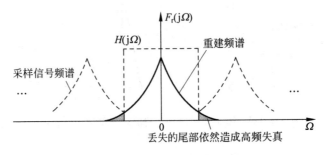

图 1-10　重建信号的频谱失真

解决以上两个问题的办法是：在采用之前先接入抗混叠滤波器用以抑制高频部分，最终得到的重建频谱为 $F_r(j\Omega)$，如图 1-10 所示。抗混叠滤波器的截止频率为 $\Omega_s/2$。这样损失了频率高于 $\Omega_s/2$ 的高频分量，但这些被抑制掉的高频分量就不再会被折回而造成低频失真。由于噪声具有很宽的带宽，所以抗混叠滤波器的附带作用是抑制了带外的噪声。需要强调的是，抗混叠滤波器必须在信号被采样前接入系统。

1.3 线性卷积与循环卷积

1.3.1 线性卷积

离散序列 $x(n)$ 和 $h(n)$ 的线性卷积（也简称为"卷积"）定义为

$$x(n) * h(n) = \sum_{m=-\infty}^{\infty} x(m)h(n-m) \tag{1.134}$$

很容易验证线性卷积满足交换律、结合律和分配律。

观察 $x(n)$ 和 $h(n)$ 线性卷积的定义式：

$$y(n) = x(n) * h(n) = \sum_{m=-\infty}^{\infty} x(m)h(n-m) \tag{1.135}$$

对任意固定的 n，不管 m 怎么变，上式右边的求和项（乘积项）$x(m)h(n-m)$ 中的两个序号之和均为 $m+(n-m)=n$，即恒定为 n，恰好等于卷积 $y(n)$ 的序号。由此可见，卷积结果 $y(n)$ 的起始序号（在这个序号之前全部为零）是 $x(n)$ 和 $h(n)$ 起始序号之和，$y(n)$ 的终止序号（在这个序号之后全部为零）是 $x(n)$ 和 $h(n)$ 终止序号之和。

下面讨论两个有限长序列 $x(n)$ 和 $h(n)$ 线性卷积 $y(n)=x(n)*h(n)$ 的长度。设有限长序列 $x(n)(n_1 \leqslant n \leqslant n_2)$ 的长度为 M_1，$h(n)(n_3 \leqslant n \leqslant n_4)$ 的长度为 M_2，则由于 $y(n)$ 的起止序号分别为 n_1+n_3 和 n_2+n_4，所以 $y(n)$ 的长度 L 为

$$\begin{aligned} L &= (n_2+n_4) - (n_1+n_3) + 1 = (n_2-n_1+1) + (n_4-n_3+1) - 1 \\ &= M_1 + M_2 - 1 \end{aligned} \tag{1.136}$$

这表明卷积的长度比参与卷积的两个序列长度之和小 1。

下面介绍用序号和匹配法求解有限长序列的线性卷积。从卷积定义可以看出，对 m 求和时，不管 m 怎么变，但参与求和的每一项 $x(m)y(n-m)$ 的两个序号之和保持不变且为 n，即有 $m+(n-m)=n$，这称为序号和的不变性。表 1-1 直观地给出了一个计算实例。第 1 行、第 2 行分别为序列 $x(n)$ 和 $y(n)$。第 3 行为 $y(n)$ 的第 1 个序列值与 $x(n)$ 的各个序列值之乘积，依次往右排列。第 4 行为 $y(n)$ 的第 2 个序列值与 $x(n)$ 的各个序列值之乘积，依次往右排列。第 5 行为 $y(n)$ 的第 3 个序列值与 $x(n)$ 的各个序列值之乘积，依次往右排列。其余类推。这样排列的结果是，第 3 行至第 6 行同一列上的乘积项的两个序号之和相等，并且这些序号和依次增大 1，所以把同一列上的乘积项相加就得到对应序号和处的卷积。

表 1-1 序号和匹配法求有限长序列的线性卷积

x	$x(0)$	$x(1)$	$x(2)$	$x(3)$	$x(4)$	
y	$y(0)$	$y(1)$	$y(2)$	$y(3)$		
	$y(0)x(0)$	$y(0)x(1)$	$y(0)x(2)$	$y(0)x(3)$	$y(0)x(4)$	
		$y(1)x(0)$	$y(1)x(1)$	$y(1)x(2)$	$y(1)x(3)$	$y(1)x(4)$

续表

x	$x(0)$	$x(1)$	$x(2)$	$x(3)$	$x(4)$	
y	$y(0)$	$y(1)$	$y(2)$	$y(3)$		
			$y(2)x(0)$	$y(2)x(1)$	$y(2)x(2)$	$y(2)x(3)$ $y(2)x(4)$
			$y(3)x(0)$	$y(3)x(1)$	$y(3)x(2)$	$y(3)x(3)$ $y(3)x(4)$

例 1-6   用序号和匹配法计算 $x_1(n)=\{2,3,5,6\}$ 和 $x_2(n)=\{2,0,6,3\}$ 的线性卷积。已知 $x_1(n)$ 的起始序号为 -2，$x_2(n)$ 的起始序号为 1。

解: 求解过程如表 1-2 所示。卷积结果的起始序号为 $x_1(n)$ 和 $x_2(n)$ 起始序号之和 -1。

表 1-2   序号和匹配法求有限长序列的线性卷积实例

$x_1(n)$	2	3	5	6			
$x_2(n)$	2	0	6	3			
	4	6	10	12			
		12	18	30	36		
			6	9	15	18	
线性卷积	4	6	22	36	39	51	18

1.3.2   循环卷积

1. 模运算符

首先定义模运算。对任意整数 m，m 对 N 取模的运算符定义如下:

$$\langle m \rangle_N = m + \ell N \tag{1.137}$$

模运算 $\langle m \rangle_N$ 旨在寻找一个整数 ℓ，使得 $0 \leqslant m + \ell N \leqslant N-1$，这样 m 对 N 取模后取值就限定在区间 $[0, N-1]$ 了。例如，$\langle 23 \rangle_6 = 5$，只要 $\ell = -3$ 即可。又例如，$\langle -10 \rangle_6 = 2$，只要 $\ell = 2$ 即可。若 $m_1 - m_2 = kN$，其中 k 为整数，则 $\langle m_1 \rangle_N = \langle m_2 \rangle_N$。证明如下。设

$$\langle m_1 \rangle_N = m_1 + \ell_1 N$$

$$\langle m_2 \rangle_N = m_2 + \ell_2 N$$

以上两式两边分别相减得

$$\langle m_1 \rangle_N - \langle m_2 \rangle_N = (m_1 - m_2) + (\ell_1 - \ell_2) N$$

考虑到 $m_1 - m_2 = kN$，上式变为

$$\langle m_1 \rangle_N - \langle m_2 \rangle_N = (\ell_1 - \ell_2 + k) N$$

显然有: $-(N-1) \leqslant (\langle m_1 \rangle_N - \langle m_2 \rangle_N) \leqslant N-1$，上式右边是 N 的整倍数，所以方程平衡的条件为: $\langle m_1 \rangle_N - \langle m_2 \rangle_N$ 且 $\ell_1 - \ell_2 + k = 0$。例如，$\langle -2 \rangle_6 = \langle 4 \rangle_6$。

2. 循环移位与循环反转

为了方便起见或不失一般性，通常把有限长序列 $x(n)$ 的序号约束在 $0 \leqslant n \leqslant N-1$ 内。但是对 $x(n)$ 进行简单的平移后，新序列的序号就不在或不全部在 $0 \leqslant n \leqslant N-1$ 内，所以需要定义序列的循环移位: $x(\langle n-m \rangle_N)$。通过定义循环移位就将移位后序列的序号范围限

定在与原序列相同的范围内了,这样便于处理。

图 1-11 给出了循环移位的实例。其中图 1-11(a)为原序列 $x(n)$,图 1-11(b)为 $x_1(n)=x(\langle n-2\rangle_6)$,图 1-11(c)为 $x_2(n)=x(\langle n+2\rangle_6)$。图 1-11 中的 n 表示序列的序号,序号依顺时针依次排列。$x(\langle n-2\rangle_6)$ 使得 $x(n)$ 的所有取值依顺时针移位 2 个点;而 $x(\langle n+2\rangle_6)$ 使得 $x(n)$ 的所有取值依逆时针移位 2 个点。这样移动的结果是所有取值的相对位置不变,而对应的新序列的序号保持不动。把序号与取值对应起来就构成了新序列。例如在图 1-11(b)中,新的序列为:$x_1(0)=x(4)$,$x_1(1)=x(5)$,$x_1(2)=x(0)$,$x_1(3)=x(1)$,$x_1(4)=x(2)$,$x_1(5)=x(3)$。因为 $x(\langle n+2\rangle_6)=x(\langle n-4\rangle_6)$,这表明 $x(\langle n+2\rangle_6)$ 等同于 $x(\langle n-4\rangle_6)$,通过对 $x(n)$ 的所有取值依顺时针移位 4 个点完成。

3. 循环卷积的定义

$x(n)$ 和 $h(n)$ 的长度分别为 M_1 和 M_2,对任意 $N\geqslant\max(M_1,M_2)$(即 N 至少取 M_1 和 M_2 中的最大者),定义如下的 N 点循环卷积运算:

$$x(n)\bigotimes h(n)=\sum_{m=0}^{N-1}x(m)h(\langle n-m\rangle_N),\quad 0\leqslant n\leqslant N-1 \tag{1.138}$$

记 $y_c(n)=x(n)\bigotimes h(n)$,可以把上式写成以下矩阵形式:

$$\begin{bmatrix} y_c(0) \\ y_c(1) \\ y_c(2) \\ \vdots \\ y_c(N-1) \end{bmatrix}=\begin{bmatrix} x(0) & x(N-1) & x(N-2) & \cdots & x(1) \\ x(1) & x(0) & x(N-1) & \cdots & x(2) \\ x(2) & x(1) & x(0) & \cdots & x(3) \\ \vdots & \vdots & \vdots & \ddots & \vdots \\ x(N-1) & x(N-2) & x(N-1) & \cdots & x(0) \end{bmatrix}\begin{bmatrix} h(0) \\ h(1) \\ h(2) \\ \vdots \\ h(N-1) \end{bmatrix} \tag{1.139}$$

循环卷积要求点数 $N\geqslant\max(M_1,M_2)$,所以在以上矩阵中,当 $M_1\leqslant n\leqslant N-1$ 时 $x(n)=0$,当 $M_2\leqslant n\leqslant N-1$ 时 $h(n)=0$。这就得到循环卷积的矩阵求法。显然两个相同序列不同长度的循环卷积不相等。

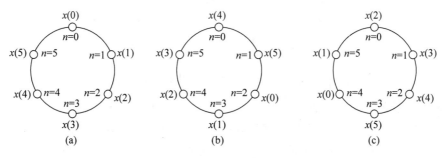

图 1-11　循环移位

如果单纯从数学的角度考虑,很容易看出 N 点循环卷积 $y_c(n)$ 是周期为 N 的周期序列,这是因为对任意整数 ℓ 有

$$y_c(n+\ell N)=\sum_{m=0}^{N-1}x(m)h(\langle n+\ell N-m\rangle_N)=\sum_{m=0}^{N-1}x(m)h(\langle n-m\rangle_N)$$
$$=y_c(n)$$

所以将 N 点循环卷积 $y_c(n)$ 的序号范围限定在周期 $0\leqslant n\leqslant N-1$ 内。

例 1-7　分别计算 $x(n)=\{2,1,0,1\}$ 和 $h(n)=\{2,3,0,1,2\}$ 的 5 点循环卷积 $y_{c5}(n)$ 和 6

点循环卷积 $y_{c6}(n)$。

解：先计算 5 点循环卷积 $y_{c5}(n)$。写成矩阵的形式为

$$\begin{bmatrix} y_{c5}(0) \\ y_{c5}(1) \\ y_{c5}(2) \\ y_{c5}(3) \\ y_{c5}(4) \end{bmatrix} = \begin{bmatrix} x(0) & x(4) & x(3) & x(2) & x(1) \\ x(1) & x(0) & x(4) & x(3) & x(2) \\ x(2) & x(1) & x(0) & x(4) & x(3) \\ x(3) & x(2) & x(1) & x(0) & x(4) \\ x(4) & x(3) & x(2) & x(1) & x(0) \end{bmatrix} \begin{bmatrix} h(0) \\ h(1) \\ h(2) \\ h(3) \\ h(4) \end{bmatrix}$$

将序列的取值代入得

$$\begin{bmatrix} y_{c5}(0) \\ y_{c5}(1) \\ y_{c5}(2) \\ y_{c5}(3) \\ y_{c5}(4) \end{bmatrix} = \begin{bmatrix} 2 & 0 & 1 & 0 & 1 \\ 1 & 2 & 0 & 1 & 0 \\ 0 & 1 & 2 & 0 & 1 \\ 1 & 0 & 1 & 2 & 0 \\ 0 & 1 & 0 & 1 & 2 \end{bmatrix} \begin{bmatrix} 2 \\ 3 \\ 0 \\ 1 \\ 2 \end{bmatrix} = \begin{bmatrix} 6 \\ 9 \\ 5 \\ 4 \\ 8 \end{bmatrix}$$

接着计算 6 点循环卷积 $y_{c6}(n)$。写成矩阵的形为

$$\begin{bmatrix} y_{c6}(0) \\ y_{c6}(1) \\ y_{c6}(2) \\ y_{c6}(3) \\ y_{c6}(4) \\ y_{c6}(5) \end{bmatrix} = \begin{bmatrix} x(0) & x(5) & x(4) & x(3) & x(2) & x(1) \\ x(1) & x(0) & x(5) & x(4) & x(3) & x(2) \\ x(2) & x(1) & x(0) & x(5) & x(4) & x(3) \\ x(3) & x(2) & x(1) & x(0) & x(5) & x(4) \\ x(4) & x(3) & x(2) & x(1) & x(0) & x(5) \\ x(5) & x(4) & x(3) & x(2) & x(1) & x(0) \end{bmatrix} \begin{bmatrix} h(0) \\ h(1) \\ h(2) \\ h(3) \\ h(4) \\ h(5) \end{bmatrix}$$

将序列的取值代入得

$$\begin{bmatrix} y_{c6}(0) \\ y_{c6}(1) \\ y_{c6}(2) \\ y_{c6}(3) \\ y_{c6}(4) \\ y_{c6}(5) \end{bmatrix} = \begin{bmatrix} 2 & 0 & 0 & 1 & 0 & 1 \\ 1 & 2 & 0 & 0 & 1 & 0 \\ 0 & 1 & 2 & 0 & 0 & 1 \\ 1 & 0 & 1 & 2 & 0 & 0 \\ 0 & 1 & 0 & 1 & 2 & 0 \\ 0 & 0 & 1 & 0 & 1 & 2 \end{bmatrix} \begin{bmatrix} 2 \\ 3 \\ 0 \\ 1 \\ 2 \\ 0 \end{bmatrix} = \begin{bmatrix} 5 \\ 10 \\ 3 \\ 4 \\ 8 \\ 2 \end{bmatrix}$$

4. 循环卷积的列表求解法

下面介绍用列表法计算 $N=6$ 点循环卷积 $y_c(n)=x(n)\otimes h(n)$ 的方法。表 1-3 的第 1 行和第 2 行分别为两个序列依次排列而成，排列时要对 $x(n)$ 补零，即当 $M_1 \leqslant n \leqslant N-1$ 时令 $x(n)=0$。首先用序号和匹配法计算线性卷积时相同的方法产生其余各行——第 3 行至第 6 行。然后把第 N 列后边的元素整体水平左移并填充前面 N 列左边的空格，前面 N 列已有的元素保持不动。比如最后一行，虚线框内对应的元素从左至右为：$h(3)x(3)$、$h(3)x(4)$ 和 0，用它们填充该行的最左边三个空格，最后得到

| $h(3)x(3)$ | $h(3)x(4)$ | 0 | $h(3)x(0)$ | $h(3)x(1)$ | $h(3)x(2)$ |

最终得到表 1-4。然后将同一列的乘积相加，结果即为对应序号的循环卷积结果。很容易验证，这样处理后同一列的乘积构成矩阵法展开式中的各项，相加的结果自然就是循环卷积的结果。这样处理后，粗线框内第一列的元素从上到下依次为

$$h(0)x(0),h(1)x(N-1),h(2)x(N-2),\cdots,h(N-1)x(1)$$

很显然,这些元素之和与矩阵法求得的 $y_c(0)$ 完全一致。粗线框内第二列的元素依次为:

$$h(0)x(1),h(1)x(0),\cdots,h(3)x(N-2),h(2)x(N-1)$$

很显然,这些元素之和与矩阵法求得的 $y_c(1)$ 完全一致。其余类推。这就证明了列表法的正确性。

表 1-3　用列表法计算循环卷积

$x(0)$	$x(1)$	$x(2)$	$x(3)$	$x(4)$	0			
$h(0)$	$h(1)$	$h(2)$	$h(3)$					
$h(0)x(0)$	$h(0)x(1)$	$h(0)x(2)$	$h(0)x(3)$	$h(0)x(4)$	0			
	$h(1)x(0)$	$h(1)x(1)$	$h(1)x(2)$	$h(1)x(3)$	$h(1)x(4)$	0		
		$h(2)x(0)$	$h(2)x(1)$	$h(2)x(2)$	$h(2)x(3)$	$h(2)x(4)$	0	
			$h(3)x(1)$	$h(3)x(1)$	$h(3)x(2)$	$h(3)x(3)$	$h(3)x(4)$	0

表 1-4　用列表法计算循环卷积

$h(0)x(0)$	$h(0)x(1)$	$h(0)x(2)$	$h(0)x(3)$	$h(0)x(4)$	0
0	$h(1)x(0)$	$h(1)x(1)$	$h(1)x(2)$	$h(1)x(3)$	$h(1)x(4)$
$h(2)x(4)$	0	$h(2)x(0)$	$h(2)x(1)$	$h(2)x(2)$	$h(2)x(3)$
$h(3)x(3)$	$h(3)x(4)$	0	$h(3)x(0)$	$h(3)x(1)$	$h(3)x(2)$

事实上,得到表 1-3 后,对表格右侧从 $N=6$ 开始的部分整体平移至表格的最左侧(显然刚好将左侧的空格填满),就可得到如表 1-4 所示的结果,然后按列相加就可以得到 $N=6$ 点循环卷积的结果。很容易验证,当循环卷积的点数增大到一定的程度(这个例子中,增大到8),需要平移的右侧部分全部为零,平移也就无须进行了,整个表格按列相加就是循环卷积的最终结果。

例 1-8　用列表法计算上一个例题中的两个序列 $x(n)=\{2,1,0,1\}$ 和 $h(n)=\{2,3,0,1,2\}$ 的 5 点循环卷积 $y_{c5}(n)$ 和 6 点循环卷积 $y_{c6}(n)$。

解：先计算 5 点循环卷积 $y_{c5}(n)$。首先按序号和匹配法得到表 1-5。

表 1-5　用列表法计算循环卷积(一)

2	1	0	1	0				
2	3	0	1	2				
4	2	0	2	0				
	6	3	0	3	0			
		2	1	0	1	0		
			4	2	0	2	0	

对表 1-5 第 5 列之后的元素整体左移填充后得到表 1-6,再对同一列的元素相加得到最后一行所示的循环卷积结果。

表 1-6　用列表法计算循环卷积（二）

4	2	0	2	0
0	6	3	0	3
0	1	0	2	1
2	0	2	0	4
6	9	5	4	8

下面计算 6 点循环卷积 $y_{c5}(n)$。首先按序号和匹配法得到表 1-7。

对表 1-7 第 6 列之后的元素整体左移填充后得到表 1-8，再对同一列的元素相加得到最后一行所示的循环卷积结果。

表 1-7　用列表法计算循环卷积（三）

2	1	0	1	0	0				
2	3	0	1	2					
4	2	0	2	0	0				
	6	3	0	3	0				
		2	1	0		0			
			4	2		1	0	0	
						0	2	0	0

表 1-8　用列表法计算循环卷积（四）

4	2	0	2	0	0
0	6	3	0	3	0
1	0	0	2	1	0
0	2	0	0	4	2
5	10	3	4	8	2

1.3.3　线性卷积与循环卷积的联系

比较两个序列的线性卷积与循环卷积的定义，可以初步看出两点不同：线性卷积的长度由参与运算的两个序列完全确定，而循环卷积的长度由循环卷积计算预先确定的点数决定；线性卷积的结果也由参与运算的两个序列完全确定，而不同点数的循环卷积结果并不相同。由列表法计算循环卷积的过程可以看出，当循环卷积的点数增大到一定的程度，则平移过程就不存在了，这时循环卷积就不再随着点数的增大而发生变化。设想一下，如果循环卷积的点数与线性卷积的长度相等，循环卷积与线性卷积就相等了吗？

以下假设有限长序列 $x_1(n)$ 的序号范围为 $0 \leqslant n \leqslant M_1 - 1$，有限长序列 $x_2(n)$ 的序号范围为 $0 \leqslant n \leqslant M_2 - 1$。

先计算 $x_1(n)$ 和 $x_2(n)$ 的线性卷积 $y_L(n)$ 得

$$y_L(n) = \sum_{m=-\infty}^{\infty} x_1(m) x_2(n-m), \quad 0 \leqslant n \leqslant M_1 + M_2 - 2 \qquad (1.140)$$

考虑到 $x_1(n)$ 和 $x_2(n)$ 的序号范围，上式右边的求和变为

$$y_L(n) = \sum_{m=0}^{\infty} x_1(m) x_2(n-m) = \sum_{m=0}^{n} x_1(m) x_2(n-m), \quad 0 \leqslant n \leqslant M_1 + M_2 - 2$$

$$(1.141)$$

即 $x_1(m) x_2(n-m)$ 对 m 求和的范围变为 $0 \leqslant m \leqslant n$（此即 $n-m \geqslant 0$），在此区间之外 $x_2(n-m)=0$，进而卷积为零。

接着计算 $x_1(n)$ 和 $x_2(n)$ 两者的 N 点循环卷积 $y_c(n)$ 得

$$y_c(n) = x_1(n) \bigotimes x_2(n) = \sum_{m=0}^{N-1} x_1(m) x_2(\langle n-m \rangle_N) \qquad (1.142)$$

式中 $N \geqslant \max(M_1, M_2)$。考虑到循环卷积结果 $y_c(n)$ 的序号范围为 $0 \leqslant n \leqslant N-1$，现在据此把上式右边对 m 求和的范围分为两部分：$0 \leqslant m \leqslant n$ 和 $n+1 \leqslant m \leqslant N-1$。在前述两个区间内，$\langle n-m \rangle_N$ 分别对应于 $n-m$ 和 $N+n-m$，循环卷积 $y_c(n)$ 可写为

$$y_c(n) = \sum_{m=0}^{n} x_1(m) x_2(n-m) + \sum_{m=n+1}^{N-1} x_1(m) x_2(N+n-m) \qquad (1.143)$$

当 $0 \leqslant n \leqslant N-1$ 时，$x_1(n)$ 和 $x_2(n)$ 的线性卷积式(1.141)变为

$$y_L(n) = \sum_{m=0}^{N-1} x_1(m) x_2(n-m) \qquad (1.144)$$

这里将线性卷积式(1.141)求和上限从 n 增大到 $N-1$，显然在扩大的区间 $n < m \leqslant N-1$ 内，$n-m < 0$ 恒成立，此时 $x_2(n-m)=0$，所以求和上限的增大不影响求和的结果。

在上式两边中用 $n+N$ 替换 n 得

$$y_L(n+N) = \sum_{m=0}^{N-1} x_1(m) x_2(n+N-m) \qquad (1.145)$$

由以上三式知下式成立：

$$y_c(n) = y_L(n) + y_L(n+N), \quad 0 \leqslant n \leqslant N-1 \qquad (1.146)$$

图 1-12(a)和(b)分别给出了当循环卷积点数 N 和线性卷积长度 $L = M_1 + M_2 - 1$ 满足关系式 $\max(M_1, M_2) \leqslant N < L$ 和 $M_1 + M_2 - 1 \leqslant N$ 时 $y_L(n)$ 和 $y_L(n+N)$ 的关系图，虚线框为区间 $0 \leqslant n \leqslant N-1$ 内 $y_L(n) + y_L(n+N)$ 的最终结果。

当 $N < L$ 时，参考图 1-12(a)，先考虑序号范围 $0 \leqslant n \leqslant L-1-N$。此时循环卷积 $y_c(n)$ 由线性卷积 $y_L(n)$ 及其移位 $y_L(n+N)$ 叠加而成：

$$y_c(n) = y_L(n) + y_L(n+N), \quad 0 \leqslant n \leqslant L-1-N \qquad (1.147)$$

循环卷积 $y_c(n)$ 与线性卷积 $y_L(n)$ 不相等。接着考虑序号范围 $L-N \leqslant n \leqslant N-1$，此时 $y_L(n)$ 与 $y_L(n+N)$ 不存在重叠，所以循环卷积 $y_c(n)$ 与线性卷积 $y_L(n)$ 在此区间内一致，即

$$y_c(n) = y_L(n), \quad L-N \leqslant n \leqslant N-1 \qquad (1.148)$$

当 $N \geqslant L$ 时，从图 1-12(b)可以看出，此时 $y_L(n+N)$ 最右边的序号 $M_1+M_2-2-N \leqslant -1$，即 $y_L(n+N)$ 在 $0 \leqslant n \leqslant N-1$ 内 $y_L(n+N)$ 恒为零，所以循环卷积 $y_c(n)$ 与线性卷积 $y_L(n)$ 一致，两者完全相等，即有

$$y_c(n) = y_L(n), \quad 0 \leqslant n \leqslant L \qquad (1.149)$$

也可以从以下角度推导出上述条件。回顾用列表法求解循环卷积的过程。在把第 N 列后边的元素整体水平左移并填充前面 N 列左边的空格，同一列的任意一个乘积项的两个序号之和都相等，所以这些乘积项之和就是线性卷积在此序号和处的值。显然如果 N 足够大，

则很可能所有的乘积项全部都落在粗线框内,整体水平移动的元素全部为零(所以根本无须这个操作),循环卷积与线性卷积相等。下面来讨论 N 足够大的具体取值。先通过序号和匹配法得到线性卷积表,该表最后一行的最右边一个元素对应的序号和是线性卷积的终止序号——参与线性卷积的两个序列终止序号之和 $(M_1-1)+(M_2-1)=M_1+M_2-2$,如果 N 比这个值大,则不会发生整体水平左移与填充的过程。这个约束条件为:$N>M_2+M_1-2$,此即

$$N \geqslant M_1 + M_2 - 1 \tag{1.150}$$

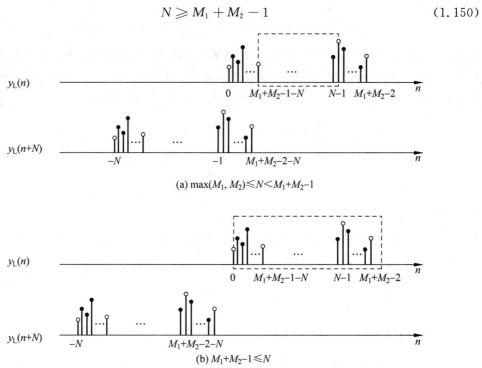

图 1-12 线性卷积与循环卷积的关系

以上说明了两个有限长序列的循环卷积与线性卷积相等的条件,也就是说,只要循环卷积的点数 $N \geqslant M_1+M_2-1$,两者就相等。

关系式 $y_c(n)=y_L(n)+y_L(n+N)$,$0 \leqslant n \leqslant N-1$ 表明,循环卷积 $y_c(n)$ 是线性卷积 $y_L(n)$ 及其移位 $y_L(n+N)$ 在 $0 \leqslant n \leqslant N-1$ 内叠加而成。通过此式可以解释用列表法计算循环卷积的原理。在用列表法求循环卷积时,首先用序号和匹配法得到线性卷积 $y_L(n)$(暂时没有按列相加),如表 1-9 所示。

表 1-9 用列表法计算线性卷积

$h(0)x(0)$	$h(0)x(1)$	$h(0)x(2)$	$h(0)x(3)$	$h(0)x(4)$	0		
	$h(1)x(0)$	$h(1)x(1)$	$h(1)x(2)$	$h(1)x(3)$	$h(1)x(4)$	0	
		$h(2)x(0)$	$h(2)x(1)$	$h(2)x(2)$	$h(2)x(3)$	$h(2)x(4)$	0
			$h(3)x(0)$	$h(3)x(1)$	$h(3)x(2)$	$h(3)x(3)$	$h(3)x(4)$	0

在区间 $0 \leqslant n \leqslant N-1$ 内的 $y_L(n)$ 如表 1-10 所示(即表 1-9 中的粗线框)。

表 1-10 用列表法计算循环卷积(一)

$h(0)x(0)$	$h(0)x(1)$	$h(0)x(2)$	$h(0)x(3)$	$h(0)x(4)$	0
	$h(1)x(0)$	$h(1)x(1)$	$h(1)x(2)$	$h(1)x(3)$	$h(1)x(4)$
		$h(2)x(0)$	$h(2)x(1)$	$h(2)x(2)$	$h(2)x(3)$
			$h(3)x(0)$	$h(3)x(1)$	$h(3)x(2)$

将表 1-9 左移 N 列得到 $y_L(n+N)$,在 $0 \leqslant n \leqslant N-1$ 内 $y_L(n+N)$ 的值如表 1-11 所示。应注意:粗线框的宽度是 N 列,所以整体水平左移后,粗线框内的元素全部移到粗线框最左边去了,即对应的序号 $n<0$,所以与循环卷积没有关联;而原来粗线框右侧的元素全部移到粗线框内,并且与粗线框最左侧对齐。

表 1-11 用列表法计算循环卷积(二)

0		
$h(2)x(4)$	0	
$h(3)x(3)$	$h(3)x(4)$	0

将表 1-10 和表 1-11 重叠相加即可得到表 1-12,这与把表 1-9 第 N 列右边的元素整体水平左移并进行填充得到的结果一致。

表 1-12 用列表法计算循环卷积(三)

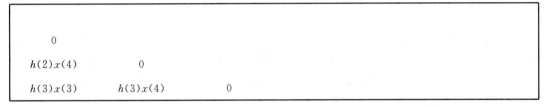

$h(0)x(0)$	$h(0)x(1)$	$h(0)x(2)$	$h(0)x(3)$	$h(0)x(4)$	0
0	$h(1)x(0)$	$h(1)x(1)$	$h(1)x(2)$	$h(1)x(3)$	$h(1)x(4)$
$h(2)x(4)$	0	$h(2)x(0)$	$h(2)x(1)$	$h(2)x(2)$	$h(2)x(3)$
$h(3)x(3)$	$h(3)x(4)$	0	$h(3)x(0)$	$h(3)x(1)$	$h(3)x(2)$

前面已经得到两个序列 $x(n)=\{2,1,0,1\}$ 和 $h(n)=\{2,3,0,1,2\}$ 的 5 点循环卷积结果 $y_{c5}(n)=\{6,9,5,4,8\}$ 和 6 点循环卷积结果 $y_{c6}(n)=\{5,10,3,4,8,2\}$。用序号和匹配法可以求得两者的线性卷积为 $y_L(n)=\{4,8,3,4,8,2,1,2\}$。把这些结果放在表格中,结果如表 1-13 和表 1-14 所示。线性卷积长度为 $L=8$,当循环卷积点数 $N<L=8$ 时,循环卷积与线性卷积结果不一致。由表 1-13 可以看出,序号在范围 $0 \leqslant n \leqslant L-1-N$ 内时,$y_c(n)=y_L(n)+y_L(n+N)$;序号在范围 $L-N \leqslant n \leqslant N-1$ 内时,$y_c(n)=y_L(n)$。这表明,尽管从整体上看两者并不一致,但是在 $L-N \leqslant n \leqslant N-1$ 内两者却完全一致。

表 1-13 线性卷积与循环卷积关系实例 1

$y_L(n+5)$	4	8	3	4	8	2	1	2		
$y_L(n)$						4	8	3	4	8	2	1	2
$y_{c5}(n)$						6	9	5	**4**	**8**
序号 n						0	1	2	3	4

表 1-14 线性卷积与循环卷积关系实例 2

$y_L(n+6)$	4	8	3	4	8	2	1	2						
$y_L(n)$									4	8	3	4	8	2	1	2
$y_{c6}(n)$									5	10	**3**	**4**	**8**	**2**		
序号 n									0	1	2	3	4	5		

1.3.4 线性时不变系统的响应

系统可分为时变系统和时不变系统。时变系统含有参数随着时间而变化的元件；时不变系统不含有参数随着时间而变化的元件，所有元件的性质都是恒定不变的。设某个离散时间系统对输入 $x(n)$ 的响应为 $y(n)$，表示为 $x(n) \rightarrow y(n)$。若对任意 k 有

$$x(n-k) \rightarrow y(n-k)$$

则该系统具有时不变性。这表明对时不变系统的输入延迟 k，则相应的响应也存在同样的延迟。除此之外，响应没有任何变化。最简单的一类系统同时具有线性和时不变性，称为线性时不变 (*Linear Time Invariant*, LTI) 系统。任意正整数 N、整数 k_i 和常数 α_i，若 $x_i(n) \rightarrow y_i(n)$，则对该离散时间线性时不变系统有

$$\sum_{i=1}^{N} \alpha_i \cdot x_i(n-k_i) \rightarrow \sum_{i=1}^{N} \alpha_i \cdot y_i(n-k_i)$$

线性卷积在线性时不变离散系统分析中具有重要的地位。设离散 LTI 系统的冲激响应为 $h(n)$（离散 LTI 系统对冲激序列 $\delta(n)$ 的响应），则该系统对任意输入 $x(n)$ 的响应 $y(n)$ 为两者的线性卷积：

$$y(n) = x(n) * h(n) \tag{1.151}$$

证明如下。考虑到 $\delta(n) \rightarrow h(n)$，由系统的时不变性有

$$\delta(n-m) \rightarrow h(n-m) \tag{1.152}$$

再由系统的线性特性（更具体地说，是比例性、齐次性）有

$$x(m)\delta(n-m) \rightarrow x(m)h(n-m) \tag{1.153}$$

再次由系统的线性特性（更具体地说是叠加性）有

$$\sum_{m=-\infty}^{\infty} x(m)\delta(n-m) \rightarrow \sum_{m=-\infty}^{\infty} x(m)h(n-m) = x(n) * h(n) \tag{1.154}$$

此即

$$x(n) \rightarrow x(n) * h(n) \tag{1.155}$$

对连续时间 LTI 结论如下：设连续时间 LTI 系统的冲激响应为 $h(t)$，则该系统对任意输入 $x(t)$ 的响应 $y(t)$ 为两者的卷积。

$$y(t) = x(t) * h(t) \tag{1.156}$$

1.4 $\mathcal{Z}$ 变换

1.4.1 $\mathcal{Z}$ 变换的定义

对任意离散序列 $x(n)$，定义其双边 $\mathcal{Z}$ 变换如下：

$$X(z) = \sum_{n=-\infty}^{\infty} x(n) z^{-n} \qquad (1.157)$$

式中 z 为复变量。

对因果序列(序号非负整数时序列值恒为零)$x(n)$,则定义其单边 $\mathcal{Z}$ 变换如下:

$$X(z) = \sum_{n=0}^{\infty} x(n) z^{-n} \qquad (1.158)$$

因果序列的双边 $\mathcal{Z}$ 变换与单边 $\mathcal{Z}$ 变换相等。但由于单边 $\mathcal{Z}$ 变换的求和范围限定为 $n \geqslant 0$,所以只对因果序列进行。如果对非因果序列求单边 $\mathcal{Z}$ 变换,则在 $n < 0$ 的序列值没能参与求和,所以信息有所损失。就因果序列来说,其双边 $\mathcal{Z}$ 变换与单边 $\mathcal{Z}$ 变换完全相同。

下面从另一个角度引出 $\mathcal{Z}$ 变换。对连续时间信号 $x(t)$ 进行间隔为 T 的脉冲采样得到 $x_s(t)$,则有

$$x_s(t) = x(t) \sum_{n=-\infty}^{+\infty} \delta(t - nT) = \sum_{n=-\infty}^{+\infty} x(nT) \delta(t - nT) \qquad (1.159)$$

对上式两边取双边拉普拉斯变换得

$$X_s(s) = \int_{-\infty}^{+\infty} \left[\sum_{n=-\infty}^{+\infty} x(nT) \delta(t - nT) \right] e^{-st} dt \qquad (1.160)$$

在上式右边交换求积分与求和的次序得

$$X_s(s) = \sum_{n=-\infty}^{+\infty} x(nT) \left[\int_{-\infty}^{+\infty} \delta(t - nT) e^{-st} dt \right] = \sum_{n=-\infty}^{+\infty} x(nT) e^{-snT} \qquad (1.161)$$

若令 $z = e^{-sT}$ 和 $x(n) \overset{\Delta}{=} x(nT)$,则上式变为 z 的函数,用 $X(z)$ 表示为

$$X(z) = \sum_{n=-\infty}^{+\infty} x(n) z^{-n} \qquad (1.162)$$

这就得到了序列 $x(n)$ 的双边 $\mathcal{Z}$ 变换。比较以上两式可得

$$X_s(s) \big|_{z = e^{-sT}} = X(z) \qquad (1.163)$$

其中复变量 z 和复变量 s 的关系是

$$z = e^{-sT} \qquad (1.164)$$

如图 1-13 所示为脉冲采样信号拉普拉斯变换与采样序列 $\mathcal{Z}$ 变换之间的关系。

1.4.2 $\mathcal{Z}$ 变换的收敛域

正如 $x_s(t)$ 的拉普拉斯变换存在收敛域,$x(n)$ 的 $\mathcal{Z}$ 变换也存在收敛域。$\mathcal{Z}$ 变换式中的 z 是复变量,在平面上表示复变量需要实部和虚部两个参数。$\mathcal{Z}$ 变换式中的复变量 z 构成的平面称为"z 平面",实轴标示为 $\mathrm{Re}(z)$,虚轴标示为 $\mathrm{Im}(z)$。把复变量 z 表示成极坐标形式

$$z = r e^{j\Omega} \qquad (1.165)$$

式中 r 为 z 的模,即 $r = |z|$;Ω 为 z 的相角。z 平面上 $r = 1$ 的圆称为"单位圆"。

在 z 平面上,使 $X(z)$ 的取值有界,或者说使式(1.155)或式(1.156)右边的积分收敛的 z 所构成的区域,称为 $X(z)$ 的收敛域。在 z 平面内,$\mathcal{Z}$ 变换的收敛域以过极点的圆环为界(当然不包括边界处的圆环),并且收敛域内不存在任何极点。下面通过一个例子来说明 $\mathcal{Z}$ 变换的收敛域。

例 1-9 对序列 $x(n) = a^n u(n)$,求其 $\mathcal{Z}$ 变换。

解:$x(n) = a^n u(n)$ 为因果序列,所以求其单边 $\mathcal{Z}$ 变换,由单边变换的定义得

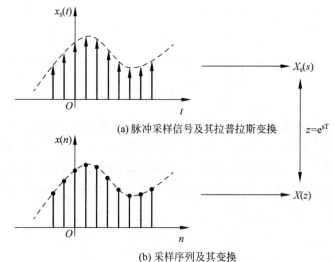

(a) 脉冲采样信号及其拉普拉斯变换

$z = e^{sT}$

(b) 采样序列及其变换

图 1-13 拉普拉斯变换与$\mathcal{Z}$变换的关系

$$a^n u(n) \leftrightarrow \sum_{n=0}^{+\infty} a^n u(n) z^{-n} = \sum_{n=0}^{+\infty} (az^{-1})^n$$

$\{(az^{-1})^n\}$是一个公比为$q = az^{-1}$的无穷等比数列,$X(z)$存在的充要条件是:$|az^{-1}| < 1$(这里取模,考虑到a为复数的一般情况),即$|z| > |a|$。在z平面上,$X(z)$的收敛域为以$|a|$为半径的圆外部分。当$|z| > |a|$时得

$$a^n u(n) \leftrightarrow \frac{1}{1 - az^{-1}}, \quad |z| > |a|$$

当$a = 1$时,$x(n)$变为单位阶跃序列$u(n)$,其$\mathcal{Z}$变换为

$$u(n) \leftrightarrow \frac{1}{1 - z^{-1}}, \quad |z| > 1$$

下面分别讨论各种序列$\mathcal{Z}$变换的收敛域。

(1) 有限长序列。

有限长序列$\mathcal{Z}$变换的收敛域至少$0 < |z| < \infty$。但当$|z| \to 0$时,涉及z的负幂次的那些项就变成无界的,收敛域不包括$z = 0$;当$|z| \to \infty$时,涉及z的正幂次的那些项就变成无界的,收敛域不包括$z = \infty$。

(2) 右边序列。

右边序列$x(n)$是指存在某个整数k,当$n < k$时$x(n) = 0$;或者说当$n \geqslant k$时$x(n)$才取非零值。右边序列双边$\mathcal{Z}$变换的收敛域变为

$$|z| > \alpha$$

在z平面上收敛域是半径为α的圆外部分。

(3) 左边序列。

左边序列$x(n)$是指存在某个整数m,当$n > m$时$x(n) = 0$;或者说当$n \leqslant m$时$x(n)$才取非零值。左边序列双边$\mathcal{Z}$变换的收敛域为

$$|z| < \beta$$

在z平面上收敛域是半径为β的圆内部分。

（4）双边序列。

双边序列 $x(n)$ 在整个时间域都可能取非零值。双边序列 $\mathscr{Z}$ 变换的收敛域为

$$\alpha < |z| < \beta$$

在 z 平面上收敛域是一个圆环，边界处的两个圆分别以 α 和 β 为半径。

1.4.3　$\mathscr{Z}$ 变换的性质

1. 移位特性

先看双边 $\mathscr{Z}$ 变换的移位特性。给定 $\mathscr{Z}$ 变换 $x(n) \leftrightarrow X(z)$，则对任意整数 m 有

$$x(n-m) \leftrightarrow z^{-m}X(z) \tag{1.166}$$

下边看单边 $\mathscr{Z}$ 变换的移位特性。设因果序列 $x(n)$ 的单边 $\mathscr{Z}$ 变换为 $X(z)$。由于因果序列 $x(n)$ 右移 $m>0$ 得到的序列 $x(n-m)$ 依然是因果序列，如图 1-14 所示，所以在求 $x(n-m)$ 的单边 $\mathscr{Z}$ 变换时 $x(n)$ 所有的序列值都参与了求和，所以式（1.164）对单边 $\mathscr{Z}$ 变换成立，重写如下：

$$x(n-m) \leftrightarrow z^{-m}X(z), \quad m > 0 \tag{1.167}$$

设因果序列 $x(n)$ 在 $n>k \geqslant 0$（k 为某个正整数）时才有非零值，显然对 $x(n)$ 左移 $0 < m < k$ 得到的序列 $x(n+m)$ 依然是因果序列，所以在求 $x(n+m)$ 的单边 $\mathscr{Z}$ 变换时 $x(n)$ 所有的序列值都参与了求和，所以式（1.164）对单边 $\mathscr{Z}$ 变换成立，重写如下：

$$x(n+m) \leftrightarrow z^m X(z), \quad m > 0 \tag{1.168}$$

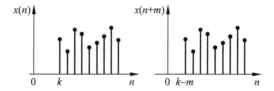

图 1-14　因果序列左移后依然是因果序列的情形（$k>m>0$）

但是如果因果序列 $x(n)$ 左移变成了非因果序列，如图 1-15 所示。这时左移得到的序列在求单边 $\mathscr{Z}$ 变换时，虚线框内的序列值没有参与求和，所以式（1.166）不成立。设因果序列 $x(n)$ 的单边 $\mathscr{Z}$ 变换为 $X(z)$，则对任意 $m>0$ 有以下单边 $\mathscr{Z}$ 变换对：

$$x(n+m) \leftrightarrow z^m \left[X(z) - \sum_{n=0}^{m-1} x(n)z^{-n} \right], \quad m > 0 \tag{1.169}$$

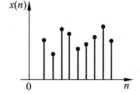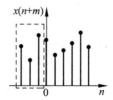

图 1-15　因果序列左移变成非因果序列的情形

现在非因果序列 $x(n)$ 右移变成因果序列的情形，如图 1-16 所示，虚线框内的序列值在没有移动之前求单边 $\mathscr{Z}$ 变换时没有参与求和，但右移后对应的序号为正整数，所以求 $\mathscr{Z}$ 变换时参与了求和。设非因果序列 $x(n)$ 的单边 $\mathscr{Z}$ 变换为 $X(z)$，则对任意 $m>0$ 有以下单边 $\mathscr{Z}$ 变换对：

$$x(n-m) \leftrightarrow z^{-m}\left[X(z) + \sum_{n=-m}^{-1} x(n)z^{-n}\right], \quad m > 0 \tag{1.170}$$

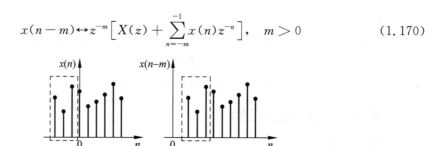

图 1-16 非因果序列右移变成因果序列的情形

$\mathcal{Z}$ 变换的移位特性总结如下：

序列的双边 $\mathcal{Z}$ 变换的移位特性很简单。$\mathcal{Z}$ 变换的求和项 $x(n)z^{-n}$ 中 z^{-n} 的幂次数是序号的相反数，右移 $m > 0$ 使得序列 n 的序号增大 m，所以 $\mathcal{Z}$ 变换要乘以因子 z^{-m}；左移 $m > 0$（右移 $-m$）使得序列 n 的序号减小 m，所以 $\mathcal{Z}$ 变换要乘以因子 z^m。由此可见，右移 $m(m > 0)$ 时是真正的右移，$m < 0$ 时实质上是左移 $-m$）使得 $\mathcal{Z}$ 变换乘以因子 z^{-m}。

因果序列右移或者因果序列左移得到的序列还是因果序列时，移动 m 也使得单边 $\mathcal{Z}$ 变换乘以因子 z^{-m}。因果序列左移变成非因果序列后，在求单边 $\mathcal{Z}$ 变换时有部分序列值没有参与求和，所以要把这部分序列值的影响从新序列的单边 $\mathcal{Z}$ 变换中去除，具体情况由式(1.169)给出。非因果序列右移变成因果序列后，在求单边 $\mathcal{Z}$ 变换时，有部分序列值原来没有参与求和但是现在参与了求和，所以在新序列的单边 $\mathcal{Z}$ 变换中要对这部分序列值的影响加以考虑，具体情况由式(1.170)给出。

2. 尺度变换特性

给定 $\mathcal{Z}$ 变换对 $x(n) \leftrightarrow X(z), \alpha < |z| < \beta$。对任意常数 $a \neq 0$，有

$$a^n x(n) \leftrightarrow X\left(\frac{z}{a}\right), \quad \alpha|a| < |z| < \beta|a| \tag{1.171}$$

例 1-10 已知 $x(n)$ 的 $\mathcal{Z}$ 变换为 $X(z)$。新序列 $y(n)$ 由 $x(n)$ 的偶数采样点的样值构成，即 $y(n) = x(2n)$，试用 $X(z)$ 表示 $y(n)$ 的 $\mathcal{Z}$ 变换 $Y(z)$。

解： 先构造一个新序列 $v(n)$ 可写为

$$v(n) = \frac{1}{2}x(n)[1 + (-1)^n]$$

由尺度变换特性可得，$(-1)^n x(n)$ 的 $\mathcal{Z}$ 变换为 $X(-z)$，因此 $v(n)$ 的 $\mathcal{Z}$ 变换为

$$V(z) = 0.5[X(z) + X(-z)]$$

显然 $y(n) = v(2n)$，因此 $y(n)$ 的 $\mathcal{Z}$ 变换为

$$Y(z) = \sum_n v(2n)z^{-n} = \sum_m v(m)z^{-m/2} = \sum_m v(m)\left((z)^{1/2}\right)^m = V\left((z)^{1/2}\right)$$

最终可得

$$Y(z) = 0.5[X(z^{1/2}) + X(-z^{1/2})]$$

3. 时域卷积定理

给定 $\mathcal{Z}$ 变换对 $x(n) \leftrightarrow X(z), R_{x1} < |z| < R_{x2}$；$y(n) \leftrightarrow Y(z), R_{y1} < |z| < R_{y2}$。则有

$$x(n) * y(n) \leftrightarrow X(z)Y(z) \tag{1.172}$$

4. $\mathcal{Z}$ 域卷积定理

给定 $\mathcal{Z}$ 变换对 $x(n) \leftrightarrow X(z), R_{x1} < |z| < R_{x2}$；$y(n) \leftrightarrow Y(z), R_{y1} < |z| < R_{y2}$，则有

$$x(n)y(n) \leftrightarrow \frac{1}{2\pi j} \oint_{C_1} \frac{1}{\upsilon} X(\upsilon) Y(z/\upsilon) \mathrm{d}\upsilon \tag{1.173}$$

式中 C_1 为 $X(\upsilon)$ 和 $Y(z/\upsilon)$ 收敛域重叠部分内任意逆时针旋转的闭合围线。或者有

$$x(n)y(n) \leftrightarrow \frac{1}{2\pi j} \oint_{C_2} \frac{1}{\upsilon} X(z/\upsilon) Y(\upsilon) \mathrm{d}\upsilon \tag{1.174}$$

式中 C_2 为 $X(z/\upsilon)$ 和 $Y(\upsilon)$ 收敛域重叠部分内任意逆时针旋转的闭合围线。

用 z 域卷积定理求乘积的 $\mathcal{Z}$ 变换,难点在于确定被积函数的哪些极点位于积分围线内部。

5. 初值定理和终值定理

若 $x(n)$ 为因果序列且 $x(n) \leftrightarrow X(z)$,则有以下初值定理:

$$x(0) = \lim_{z \to \infty} X(z) \tag{1.175}$$

若 $y(n)$ 为因果序列且 $y(n) \leftrightarrow Y(z)$,则有以下终值定理:

$$\lim_{n \to \infty} x(n) = \lim_{z \to 1} [(z-1)X(z)] \tag{1.176}$$

需要说明的是,终值定理仅在 $\lim\limits_{n \to \infty} x(n)$ 存在时才能应用。

6. $\mathcal{Z}$ 域微分

给定 $\mathcal{Z}$ 变换对 $x(n) \leftrightarrow X(z)$,则有

$$n \cdot x(n) \leftrightarrow -z \frac{\mathrm{d}}{\mathrm{d}z} X(z) \tag{1.177}$$

更一般地有

$$n^m x(n) \leftrightarrow \left(-z \frac{\mathrm{d}}{\mathrm{d}z}\right)^m X(z) \tag{1.178}$$

式中 $\left(-z \dfrac{\mathrm{d}}{\mathrm{d}z}\right)^m$ 表示:

$$\underbrace{-z \frac{\mathrm{d}}{\mathrm{d}z} \left(-z \frac{\mathrm{d}}{\mathrm{d}z} \left(-z \frac{\mathrm{d}}{\mathrm{d}z} \cdots \left(-z \frac{\mathrm{d}}{\mathrm{d}z} X(z)\right)\right)\right)}_{m \text{ 次}} \tag{1.179}$$

即对 $X(z)$ 求导之后乘以 $(-z)$ 的运算进行 m 次。

7. 序列时域反转

给定 $\mathcal{Z}$ 变换对: $x(n) \leftrightarrow X(z)$,$\alpha < |z| < \beta$,则有

$$x(-n) \leftrightarrow X(z^{-1}), \quad \beta^{-1} < |z| < \alpha^{-1} \tag{1.180}$$

8. 序列的共轭

给定 $\mathcal{Z}$ 变换对: $x(n) \leftrightarrow X(z)$,$\alpha < |z| < \beta$,则有

$$x^*(n) \leftrightarrow X^*(z^*), \quad \alpha < |z| < \beta \tag{1.181}$$

9. 序列的奇偶虚实性

若 $x(n)$ 为偶序列,即 $x(n) = x(-n)$,两边取 $\mathcal{Z}$ 变换,并利用序列时域反转特性得

$$X(z) = X(z^{-1}) \tag{1.182}$$

若 $z = z_0$ 是 $X(z)$ 的零点,即满足等式 $X(z_0) = 0$。由上式知 $X(z_0^{-1}) = 0$,从而 z_0^{-1} 也是 $X(z)$ 的零点。同理,若 $z = z_0$ 是 $X(z)$ 的极点,z_0^{-1} 亦是 $X(z)$ 的极点。

显然若 $x(n)$ 为奇序列,则上述结论依然成立。

若 $x(n)$ 为实序列,即 $x(n) = x^*(n)$,两边取 $\mathcal{Z}$ 变换,并利用共轭特性得

$$X(z) = X^* (z^*) \tag{1.183}$$

若 $z=z_0$ 是 $X(z)$ 的零点，即满足等式 $X(z_0)=0$。由上式知 $X^*(z_0^*)=0$，从而 $X(z_0^*)=0$，这意味着 z_0^* 也是 $X(z)$ 的零点。类似地，若 $z=z_0$ 是 $X(z)$ 的极点，则 z_0^* 亦是 $X(z)$ 的极点。

显然若 $x(n)$ 为纯虚序列，则上述结论依然成立。

1.4.4 $\mathcal{Z}$ 变换和拉普拉斯变换的联系

为了说明 s 平面和 z 平面的映射关系，把 s 表示成直角坐标形式

$$s = \sigma + j\Omega \tag{1.184}$$

把 z 表示成极坐标形式

$$z = re^{j\theta}, \quad 0 \leqslant \theta \leqslant 2\pi \tag{1.185}$$

将以上两式代入 $z=e^{sT}$ 得

$$re^{j\theta} = e^{(\sigma+j\Omega)T} = e^{\sigma T} e^{j\Omega T} \tag{1.186}$$

从而

$$\begin{cases} r = e^{\sigma T} \\ e^{j\theta} = e^{j\Omega T} \end{cases} \tag{1.187}$$

分析式(1.185)可得：

(1) $\sigma>0$ 时，由第一式可知 $r>1$。这表明 s 平面上的右半平面映射成 z 平面的单位圆外部分，如图 1-17 所示。

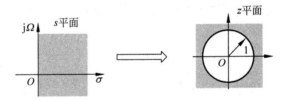

图 1-17 s 平面上的右半平面映射成 z 平面的单位圆外部分

(2) $\sigma=0$ 时，由第一式知 $r=1$。这表明 s 平面上的虚轴映射成 z 平面的单位圆。

(3) $\sigma<0$ 时，由第一式知 $r<1$。这表明 s 平面上的左半平面映射成 z 平面的单位圆内部分，如图 1-18 所示。

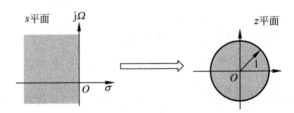

图 1-18 s 平面上的左半平面映射成 z 平面的单位圆内部分

(4) 由于 $e^{j\Omega T}$ 是以 $\Omega_s=2\pi/T$ 为周期的周期函数，因此在 s 平面上沿着平行于虚轴的方向移动对应于 z 平面上沿着圆周旋转。在 s 平面上沿着平行于虚轴的方向每移动 Ω_s，则对应于 z 平面上沿着圆周旋转一周。这表明 z 平面到 s 平面的映射关系不是一一映射，而是

一对多映射。当在 s 平面上从 2π 的整数倍出发平行于虚轴移动 Ω_s，则 z 平面沿着圆周从正半轴上一点逆时针旋转一周。图 1-19～图 1-22 给出了这种映射关系。

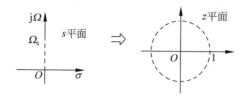

图 1-19 s 平面上的长为 Ω_s 的一段虚轴映射成 z 平面的单位圆

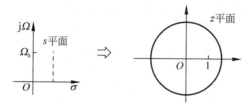

图 1-20 s 平面右半平面上的平行于虚轴的长为 Ω_s 的线段映射成 z 平面的半径大于 1 的圆

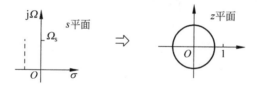

图 1-21 s 平面左半平面上的平行于虚轴的长为 Ω_s 的线段映射成 z 平面的半径小于 1 的圆

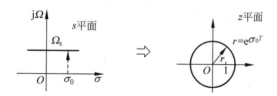

图 1-22 s 平面上的实部为 σ_0 的长为 Ω_s 的线段映射成 z 平面的半径为 $r = e^{\sigma_0 T}$ 的圆

1.5 离散周期序列的傅里叶级数表示

1.5.1 离散周期序列的傅里叶级数表示方法

显然复指数序列 $e^{j(2\pi/N)n}$ 是周期的，且周期为 N，这是因为对任意整数 ℓ 有

$$e^{j2\pi(n+N\ell)/N} = e^{j2\pi n/N}e^{j2\pi\ell} = e^{j2\pi n/N} \tag{1.188}$$

这表明复指数序列集合 $\{e^{j2\pi n/N}\}$ 只有互不相同的 N 个元素。同样，对任意整数 k，序列 $e^{j2\pi kn/N}$ 也是周期的，且周期为 N。和连续时间周期信号可以展开为傅里叶级数的加权和一样，离散的周期序列 $x(n)$ 也可以进行类似的展开。但是周期为 N 的离散周期序列 $\tilde{x}(n)$ 的傅里叶级数展开只包括 N 项，即

$$\tilde{x}(n) = \sum_{k=0}^{N-1} a_k e^{j2\pi kn/N} \tag{1.189}$$

下面来确定展开系数 $a_k(0 \leqslant k \leqslant N-1)$。上式两边同乘以 $e^{-j2\pi\ell n/N}(0 \leqslant \ell \leqslant N-1)$ 得

$$\tilde{x}(n) e^{-j2\pi\ell n/N} = \sum_{k=0}^{N-1} a_k e^{j2\pi(k-\ell)n/N} \tag{1.190}$$

上式右边在长度为 N 的区间上对 n 求和得

$$\sum_{n=0}^{N-1} \tilde{x}(n) e^{-j2\pi\ell n/N} = \sum_{n=0}^{N-1} \sum_{k=0}^{N-1} a_k e^{j2\pi(k-\ell)n/N} \tag{1.191}$$

交换上式右边对 n 和对 k 求和的次序得

$$\sum_{n=0}^{N-1} \tilde{x}(n) e^{-j2\pi\ell n/N} = \sum_{k=0}^{N-1} a_k \sum_{n=0}^{N-1} e^{j2\pi(k-\ell)n/N} \tag{1.192}$$

显然 $s(n) = e^{j2\pi(k-\ell)n/N}$ 是一个公比为 $e^{j2\pi(k-\ell)/N}$ 的等比数列,当 $k \neq \ell$ 时,有 *

$$\sum_{n=0}^{N-1} e^{j2\pi(k-\ell)n/N} = \frac{1 - e^{j2\pi(k-\ell)N/N}}{1 - e^{j2\pi(k-\ell)/N}} = \frac{1 - e^{j2\pi(k-\ell)}}{1 - e^{j2\pi(k-\ell)/N}} = 0$$

当 $k = \ell$ 时,有

$$\sum_{n=0}^{N-1} e^{j2\pi(k-\ell)n/N} = N$$

综合以上两种情况得

$$\sum_{n=0}^{N-1} e^{j(k-\ell)2\pi n/N} = N \cdot \delta(k-\ell) \tag{1.193}$$

由式(1.191),式(1.192)变为

$$\sum_{n=0}^{N-1} \tilde{x}(n) e^{-j2\pi\ell n/N} = \sum_{k=0}^{N-1} a_k N \cdot \delta(k-\ell) = N a_\ell \tag{1.194}$$

此即

$$a_\ell = \frac{1}{N} \sum_{n=0}^{N-1} \tilde{x}(n) e^{-j2\pi\ell n/N} \tag{1.195}$$

由此得到展开式中 ℓ 次谐波的系数 a_ℓ。

这就得到了离散周期序列的傅里叶级数(Discrete Time Fourier Series,DTFS)变换对:

$$\begin{cases} a_k = \dfrac{1}{N} \sum\limits_{n=0}^{N-1} \tilde{x}(n) e^{-j2\pi kn/N} \\ \tilde{x}(n) = \sum\limits_{k=0}^{N-1} a_k e^{j2\pi n/N} \end{cases} \tag{1.196}$$

若记 $\tilde{x}(k) = N a_k$,并记 $W_N = e^{-j2\pi/N}$,则离散周期序列的傅里叶级数可以写为

---

* 设公比 q 不为1的等比数列 $a, aq, \cdots, aq^{N-1}$ 的和为 S,即:

$$S = a + aq + \cdots + aq^{N-1}$$

上式两边同乘 q 得:

$$qS = aq + aq^2 + \cdots + aq^N$$

以上两式两边分别相减得:

$$S = qS = a - aq^N$$

从而得到 $S = (a - aq^N)/(1-q)$。当公比 $q=1$ 时,数列中各项相等,此时 $S = aN$。

$$\begin{cases} \widetilde{X}(k) = \sum_{n=0}^{N-1} \widetilde{x}(n) W_N^{kn} \\ \widetilde{x}(n) = \frac{1}{N} \sum_{k=0}^{N-1} \widetilde{X}(k) W_N^{-kn} \end{cases} \qquad (1.197)$$

由于周期为 N 的离散周期序列的傅里叶级数展开只包括 N 项,所以也只需求 $0 \leqslant k \leqslant N-1$ 对应的 N 个展开系数 a_k,需要指出的是,如果不限定 a_k 的下标 k 的取值范围,a_k 也是周期序列,这是因为对任意整数 ℓ 有

$$a_{k+\ell N} = \frac{1}{N} \sum_{n=0}^{N-1} \widetilde{x}(n) \mathrm{e}^{-\mathrm{j}2\pi(k+\ell N)n/N} = \frac{1}{N} \sum_{n=0}^{N-1} \widetilde{x}(n) \mathrm{e}^{-\mathrm{j}2\pi kn/N} = a_k$$

这表明离散的周期序列的傅里叶级数系数也是离散的周期序列。

1.5.2 离散时间傅里叶级数的性质

下面不加证明地给出傅里叶级数的性质。记周期为 N 的离散序列 $\widetilde{x}(n)$ 和 $\widetilde{y}(n)$ 的离散傅里叶级数变换式为

$$\widetilde{x}(n) \overset{\mathrm{DTFS}}{\leftrightarrow} \widetilde{X}(k)$$

$$\widetilde{y}(n) \overset{\mathrm{DTFS}}{\leftrightarrow} \widetilde{Y}(k)$$

1. 时移特性

对任意整数 m 有

$$\widetilde{x}(n-m) \overset{\mathrm{DTFS}}{\leftrightarrow} \widetilde{X}(k) W_N^{km} \qquad (1.198)$$

2. 频移特性

对任意整数 m 有

$$\widetilde{x}(n) W_N^{-mn} \overset{\mathrm{DTFS}}{\leftrightarrow} \widetilde{X}(k-m) \qquad (1.199)$$

3. 周期卷积特性

周期均为 N 的离散序列 $\widetilde{x}_1(n)$ 和 $\widetilde{x}_2(n)$ 的周期卷积定义为

$$\widetilde{y}(n) = \widetilde{x}_1(n) \otimes \widetilde{x}_2(n) = \sum_{m=0}^{N-1} \widetilde{x}_1(m) \widetilde{x}_2(n-m) \qquad (1.200)$$

显然 $\widetilde{y}(n)$ 是周期为 N 的离散序列,因而称为"周期卷积"。证明如下。

由以上对周期卷积的定义,对任意整数 ℓ 有

$$\widetilde{y}(n+\ell N) = \sum_{m=0}^{N-1} \widetilde{x}_1(m) \widetilde{x}_2(n+\ell N-m) = \sum_{m=0}^{N-1} \widetilde{x}_1(m) \widetilde{x}_2(n-m) = \widetilde{y}(n) \qquad (1.201)$$

对任意固定的整数 n,当 m 变动时,$\widetilde{x}_1(m)$ 是周期为 N 的序列,$\widetilde{x}_2(n-m)$ 也是周期为 N 的序列,所以 $\widetilde{x}_1(m)\widetilde{x}_2(n-m)$ 也是周期为 N 的序列,所以在周期卷积的定义中对 m 的求和只在一个周期内进行。

(1) 时域周期卷积性质:

$$\widetilde{x}_1(n) \otimes \widetilde{x}_2(n) \overset{\mathrm{DTFS}}{\leftrightarrow} \widetilde{X}_1(k) \widetilde{X}_2(k) \qquad (1.202)$$

(2) 频域周期卷积性质:

$$\widetilde{x}_1(n) \widetilde{x}_2(n) \overset{\mathrm{DTFS}}{\leftrightarrow} \frac{1}{N} \widetilde{X}_1(k) \otimes \widetilde{X}_2(k) \qquad (1.203)$$

作为例子,下面给出时域周期卷积的证明过程。由 DTFS 反变换的定义得

$$\mathrm{IDTFS}[\tilde{X}_1(k)\tilde{X}_2(k)] = \frac{1}{N}\sum_{k=0}^{N-1}[\tilde{X}_1(k)\tilde{X}_2(k)]W_N^{-kn} \tag{1.204}$$

将 $\tilde{X}_1(k) = \sum_{m=0}^{N-1}\tilde{x}_1(m)W_N^{km}$ 代入上式右边得

$$\mathrm{IDTFS}[\tilde{X}_1(k)\tilde{X}_2(k)] = \frac{1}{N}\sum_{k=0}^{N-1}\left[\sum_{m=0}^{N-1}\tilde{x}_1(m)W_N^{km}\right]\tilde{X}_2(k)W_N^{-kn} \tag{1.205}$$

在上式右边交换对 m 和对 k 求和的次序得

$$\mathrm{IDTFS}[\tilde{X}_1(k)\tilde{X}_2(k)] = \frac{1}{N}\sum_{m=0}^{N-1}\tilde{x}_1(m)\sum_{k=0}^{N-1}\tilde{X}_2(k)W_N^{-kn}W_N^{km} \tag{1.206}$$

整理得

$$\mathrm{IDTFS}[\tilde{X}_1(k)\tilde{X}_2(k)] = \frac{1}{N}\sum_{m=0}^{N-1}\tilde{x}_1(m)\sum_{k=0}^{N-1}\tilde{X}_2(k)W_N^{-k(n-m)} \tag{1.207}$$

考虑到 $\tilde{x}_2(n) = \frac{1}{N}\sum_{k=0}^{N-1}\tilde{X}_2(k)W_N^{-kn}$,所以 $\frac{1}{N}\sum_{k=0}^{N-1}\tilde{X}_2(k)W_N^{k(m-n)} = \tilde{x}_2(n-m)$,上式变为

$$\mathrm{IDTFS}[\tilde{X}_1(k)\tilde{X}_2(k)] = \sum_{m=0}^{N-1}\tilde{x}_1(m)\tilde{x}_2(n-m) = \tilde{x}_1(n)\bigotimes\tilde{x}_2(n) \tag{1.208}$$

已知 $\tilde{x}_1(n)$ 和 $\tilde{x}_2(n)$ 为周期 N 的两个周期序列。设 $x_a(n)$ 和 $x_b(n)$ 分别为它们在区间 $0\leqslant n\leqslant N-1$ 内对应的序列,则有以下关系式:

$$\tilde{x}_1(n) = \sum_{l=-\infty}^{\infty}x_a(n+lN) \tag{1.209}$$

$$\tilde{x}_2(n) = \sum_{l=-\infty}^{\infty}x_b(n+lN) \tag{1.210}$$

有限长序列 $x_a(n)$ 和 $x_b(n)$ 的线性卷积为

$$y(n) = x_a(n)*x_b(n) = \sum_{m=-\infty}^{\infty}x_a(m)x_b(n-m) = \sum_{m=0}^{N-1}x_a(m)x_b(n-m) \tag{1.211}$$

最后一步考虑到 $x_a(n)$ 序号范围为 $0\leqslant n\leqslant N-1$。则周期卷积和线性卷积存在以下关系:

$$\tilde{x}_1(n)\bigotimes\tilde{x}_2(n) = \sum_{l=-\infty}^{\infty}y(n+lN) \tag{1.212}$$

证明如下。由周期卷积的定义:

$$\tilde{y}(n) = \tilde{x}_1(n)\bigotimes\tilde{x}_2(n) = \sum_{m=0}^{N-1}\tilde{x}_1(m)\tilde{x}_2(n-m) \tag{1.213}$$

由式(1.210)可得 $\tilde{x}_2(n-m) = \sum_{l=-\infty}^{\infty}x_b(n-m+lN)$,在区间 $0\leqslant m\leqslant N-1$ 内 $\tilde{x}_1(m) = x_a(m)$。考虑到这两点,上式变为

$$\tilde{y}(n) = \sum_{m=0}^{N-1}x_a(m)\sum_{l=-\infty}^{\infty}x_b(n-m+lN) \tag{1.214}$$

在上式右边中交换对 l 和对 m 求和的次序得

$$\tilde{y}(n) = \sum_{l=-\infty}^{\infty}\sum_{m=0}^{N-1}x_a(m)x_b(n+lN-m) \tag{1.215}$$

考虑到 $y(n) = \sum\limits_{m=0}^{N-1} x_a(m)x_b(n-m)$，所以 $\sum\limits_{m=0}^{N-1} x_a(m)x_b(n-m+\ell N) = y(n+\ell N)$，上式变为

$$\tilde{y}(n) = \sum_{\ell=-\infty}^{\infty} y(n+\ell N) \tag{1.216}$$

这表明周期卷积是线性卷积的周期延拓，重复的周期为 N。由于 $y(n)$ 的有效范围为 $0 \leqslant n \leqslant 2N-2$，所以周期延拓过程存在重叠。

1.6　离散时间傅里叶变换

1.6.1　离散时间傅里叶变换的定义

离散序列 $x(n)$ 的离散时间傅里叶变换（Discrete Time Fourier Transform，DTFT）定义为：

$$X(\mathrm{e}^{\mathrm{j}\omega}) = \sum_{n=-\infty}^{\infty} x(n)\mathrm{e}^{-\mathrm{j}\omega n} \tag{1.217}$$

下面推导反变换式。上式两边同乘以 $\mathrm{e}^{\mathrm{j}\omega m}$ 得

$$X(\mathrm{e}^{\mathrm{j}\omega})\mathrm{e}^{\mathrm{j}\omega m} = \sum_{n=-\infty}^{\infty} x(n)\mathrm{e}^{\mathrm{j}\omega(m-n)} \tag{1.218}$$

上式两边在长度为 2π 的区间上积分得

$$\int_{\langle 2\pi \rangle} X(\mathrm{e}^{\mathrm{j}\omega})\mathrm{e}^{\mathrm{j}\omega m}\,\mathrm{d}\omega = \int_{\langle 2\pi \rangle} \sum_{n=-\infty}^{\infty} x(n)\mathrm{e}^{\mathrm{j}\omega(m-n)}\,\mathrm{d}\omega$$

交换上式右边求和与积分的次序得

$$\int_{\langle 2\pi \rangle} X(\mathrm{e}^{\mathrm{j}\omega})\mathrm{e}^{\mathrm{j}\omega m}\,\mathrm{d}\omega = \sum_{n=-\infty}^{\infty} x(n) \int_{\langle 2\pi \rangle} \mathrm{e}^{\mathrm{j}\omega(m-n)}\,\mathrm{d}\omega$$

考虑到 $\int_{\langle 2\pi \rangle} \mathrm{e}^{\mathrm{j}\omega(m-n)}\,\mathrm{d}\omega = 2\pi\delta(n-m)$，上式变为

$$\int_{\langle 2\pi \rangle} X(\mathrm{e}^{\mathrm{j}\omega})\mathrm{e}^{\mathrm{j}\omega m}\,\mathrm{d}\omega = \sum_{n=-\infty}^{\infty} x(n)2\pi\delta(n-m) = 2\pi x(m)$$

此即

$$x(m) = \frac{1}{2\pi}\int_{\langle 2\pi \rangle} X(\mathrm{e}^{\mathrm{j}\omega})\mathrm{e}^{\mathrm{j}\omega m}\,\mathrm{d}\omega \tag{1.219}$$

这就得到了离散时间傅里叶反变换式。

最终得到了以下离散时间傅里叶变换对：

$$\begin{cases} X(\mathrm{e}^{\mathrm{j}\omega}) = \sum\limits_{n=-\infty}^{\infty} x(n)\mathrm{e}^{-\mathrm{j}\omega n} \\[2mm] x(n) = \dfrac{1}{2\pi}\int_{\langle 2\pi \rangle} X(\mathrm{e}^{\mathrm{j}\omega})\mathrm{e}^{\mathrm{j}\omega n}\,\mathrm{d}\omega \end{cases} \tag{1.220}$$

尽管离散序列 $x(n)$ 的自变量 n 只取离散整数，但是其离散时间傅里叶变换自变量 ω 却是连续取值的。为方便起见，可以将离散序列的"离散时间傅里叶变换"称为离散序列的"傅里叶变换"，这与连续信号的"傅里叶变换"一致。在名称上，离散序列的"傅里叶变换"与第 2 章的"离散傅里叶变换"易于区别。

以下给出另外一种推导反变换的方法。离散时间傅里叶变换 $X(e^{j\omega})$ 隐含着周期性,这是因为对任意整数 ℓ 有

$$X(e^{j(\omega+2\pi\ell)}) = \sum_{n=-\infty}^{\infty} x(n)e^{-j(\omega+2\pi\ell)n} = \sum_{n=-\infty}^{\infty} x(n)e^{-j\omega n} = X(e^{j\omega}) \tag{1.221}$$

这个性质表明,为了分析的目的我们仅仅需要 $X(e^{j\omega})$ 的一个周期。$X(e^{j\omega})$ 是关于 ω 的连续周期信号,周期为 $T=2\pi$。对 $X(e^{j\omega})$ 进行傅里叶级数展开,考虑到基频 $\omega_0 = 2\pi/T = 1$,所以傅里叶级数展开式为

$$X(e^{j\omega}) = \sum_{k=-\infty}^{\infty} a_k e^{jk\omega} = \sum_{n=-\infty}^{\infty} a_{-n} e^{-jn\omega} \tag{1.222}$$

最后一步是用 n 替换 $-k$ 得到的。比较上式与式(1.217)可得

$$x(n) = a_{-n}$$

这意味着求得了傅里叶级数展开系数就得到了反变换式。对傅里叶级数展开式(1.222)两边同乘以 $e^{-j\ell\omega}$ 并在长度为 2π 的任意区间上积分得

$$\int_{\langle 2\pi \rangle} X(e^{j\omega}) e^{-j\ell\omega} \, d\omega = \int_{\langle 2\pi \rangle} \left(\sum_{k=-\infty}^{\infty} a_k e^{jk\omega} \right) e^{-j\ell\omega} \, d\omega \tag{1.223}$$

在上式右边中交换求和与求积分的次序得

$$\int_{\langle 2\pi \rangle} X(e^{j\omega}) e^{-j\ell\omega} \, d\omega = \sum_{k=-\infty}^{\infty} a_k \int_{\langle 2\pi \rangle} e^{j(k-\ell)\omega} \, d\omega \tag{1.224}$$

考虑到 $\int_{\langle 2\pi \rangle} e^{j\omega(k-\ell)} \, d\omega = 2\pi\delta(k-\ell)$,上式变为

$$\int_{\langle 2\pi \rangle} X(e^{j\omega}) e^{-j\ell\omega} \, d\omega = 2\pi a_\ell \tag{1.225}$$

这样就得到了傅里叶级数展开的系数:

$$a_\ell = \frac{1}{2\pi} \int_{\langle 2\pi \rangle} X(e^{j\omega}) e^{-j\ell\omega} \, d\omega \tag{1.226}$$

用 n 替换上式中的 $-\ell$ 得

$$a_{-n} = \frac{1}{2\pi} \int_{\langle 2\pi \rangle} X(e^{j\omega}) e^{jn\omega} \, d\omega \tag{1.227}$$

至此,通过两种不同的推导过程便得到了离散时间傅里叶反变换式:

$$x(n) = a_{-n} = \frac{1}{2\pi} \int_{\langle 2\pi \rangle} X(e^{j\omega}) e^{jn\omega} \, d\omega \tag{1.228}$$

综上所述,非周期序列 $x(n)$ 的离散时间傅里叶变换 $X(e^{j\omega})$ 为

$$\begin{cases} X(e^{j\omega}) = \displaystyle\sum_{n=-\infty}^{\infty} x(n)e^{-j\omega n} \\[2mm] x(n) = \dfrac{1}{2\pi} \displaystyle\int_{\langle 2\pi \rangle} X(e^{j\omega}) e^{j\omega n} \, d\omega \end{cases} \tag{1.229}$$

离散时间傅里叶变换的周期性源于变换式(1.220)中核函数 $e^{-j\omega n}$ 的 2π 周期性,一个直接结果是:一个周期 $[0,2\pi]$ 内 $\omega=2\pi$ 与零频率 $\omega=0$ 对应于同一个信号。因此,离散序列在任何 π 偶数倍的频率处都与零频率一样是慢变化的,从而都对应于低频率的成分;而靠近 π 奇数倍的频率处,离散序列确是高频震荡的,从而对应于高频率的成分。

例 1-11 设 $x(n)$ 的离散时间傅里叶变换为 $X(e^{j\omega})$，试求以下序列的离散时间傅里叶变换：

(1) $x_1(n) = x(2n)$；

(2) $x_2(n) = x^*(n)$；

(3) $x_3(n) = \begin{cases} x(n/2), & n\,为偶数 \\ 0, & n\,为奇数 \end{cases}$。

解：考虑到 $x(n)$ 的离散时间傅里叶变换为 $X(e^{j\omega})$，由离散时间傅里叶的定义可得

$$X(e^{j\omega}) = \sum_{n=-\infty}^{\infty} x(n)e^{-j\omega n}$$

(1) $x_1(n) = x(2n)$ 的离散时间傅里叶变换 $X_1(e^{j\omega})$ 为

$$X_1(e^{j\omega}) = \mathrm{DTFT}[x(2n)] = \sum_{n=-\infty}^{\infty} x(2n)e^{-j\omega n} = \sum_{m\,为偶数} x(m)e^{-j(\omega/2)m}$$

进一步可得

$$
\begin{aligned}
X_1(e^{j\omega}) &= \sum_{m\,为整数} \frac{1}{2}\big[1 + (-1)^m\big]x(m)e^{-j(\omega/2)m} \\
&= \frac{1}{2}\sum_{m\,为整数} x(m)e^{-j(\omega/2)m} + \frac{1}{2}\sum_{m\,为整数}(-1)^m x(m)e^{-j(\omega/2)m} \\
&= \frac{1}{2}X(e^{j(\omega/2)}) + \frac{1}{2}\sum_{m\,为整数} x(m)e^{-j(\omega/2+\pi)m}
\end{aligned}
$$

最终得到

$$
\begin{aligned}
X_1(e^{j\omega}) &= \frac{1}{2}X(e^{j(\omega/2)}) + \frac{1}{2}X(e^{j(\omega/2+\pi)}) \\
&= \frac{1}{2}X(e^{j(\omega/2)}) + \frac{1}{2}X(e^{j(\omega/2)}e^{j\pi}) \\
&= \frac{1}{2}X(e^{j(\omega/2)}) + \frac{1}{2}X(-e^{j(\omega/2)})
\end{aligned}
$$

(2) $x_2(n) = x^*(n)$ 的离散时间傅里叶变换 $X_2(e^{j\omega})$ 为

$$X_2(e^{j\omega}) = \mathrm{DTFT}[x^*(n)] = \sum_{n=-\infty}^{\infty} x^*(n)e^{-j\omega n} = \left[\sum_{n=-\infty}^{\infty} x(n)e^{j\omega n}\right]^* = X^*(e^{-j\omega})$$

(3) $x_3(n)$ 的离散时间傅里叶变换 $X_3(e^{j\omega})$ 为

$$X_3(e^{j\omega}) = \mathrm{DTFT}[x_3(n)] = \sum_{n=-\infty}^{\infty} x_3(n)e^{-j\omega n} = \sum_{n\,为偶数} x_3(n)e^{-j\omega n}$$

在上式右边令 $n = 2m$，可得

$$X_3(e^{j\omega}) = \sum_{m} x_3(2m)e^{-2j\omega m} = \sum_{n=-\infty}^{\infty} x(m)e^{-2j\omega m} = X(e^{2j\omega})$$

1.6.2 周期序列的傅里叶变换

首先需要说明的是，当且仅当 ω_0 含有因子 π 并且不含任何无理数因子时，$x(n) = e^{j\omega_0 n}$ 才是周期序列。下面证明周期复指数序列 $x(n) = e^{j\omega_0 n}$ 的离散时间傅里叶变换为

$$X(e^{j\omega}) = \sum_{k=-\infty}^{\infty} 2\pi\delta(\omega - \omega_0 + 2\pi k) \tag{1.230}$$

只要验证上式右边的反变换是 $x(n) = \mathrm{e}^{\mathrm{j}\omega_0 n}$ 即可。由离散时间傅里叶变换反变换定义式得

$$\frac{1}{2\pi}\int_{\langle 2\pi\rangle} X(\mathrm{e}^{\mathrm{j}\omega})\mathrm{e}^{\mathrm{j}\omega n}\,\mathrm{d}\omega = \frac{1}{2\pi}\int_{\langle 2\pi\rangle}\left[\sum_{k=-\infty}^{\infty} 2\pi\delta(\omega-\omega_0+2\pi k)\right]\mathrm{e}^{\mathrm{j}\omega n}\,\mathrm{d}\omega \tag{1.231}$$

在上式右边交换求和与积分的次序得

$$\frac{1}{2\pi}\int_{\langle 2\pi\rangle} X(\mathrm{e}^{\mathrm{j}\omega})\mathrm{e}^{\mathrm{j}\omega n}\,\mathrm{d}\omega = \sum_{k=-\infty}^{\infty}\int_{\langle 2\pi\rangle}\delta(\omega-\omega_0+2\pi k)\mathrm{e}^{\mathrm{j}\omega n}\,\mathrm{d}\omega \tag{1.232}$$

在某个确定的长度为 2π 的积分区间内,存在唯一的 k 对 $\omega=\omega_0-2\pi k$ 由冲激函数 $\delta(\omega)$ 的采样性质,得

$$\int_{\langle 2\pi\rangle}\delta(\omega-\omega_0+2\pi k)\mathrm{e}^{\mathrm{j}\omega n}\,\mathrm{d}\omega = \mathrm{e}^{\mathrm{j}\omega n}\,\big|_{\omega=\omega_0-2\pi k} = \mathrm{e}^{\mathrm{j}(\omega_0-2\pi k)n} = \mathrm{e}^{\mathrm{j}\omega_0 n} \tag{1.233}$$

显然 $X(\mathrm{e}^{\mathrm{j}\omega}) = \sum_{k=-\infty}^{\infty} 2\pi\delta(\omega-\omega_0+2\pi k)$ 是周期信号,且周期为 2π。离散周期序列的离散时间傅里叶变换也是离散的、周期的。

1.6.3 离散时间傅里叶变换的性质

离散时间傅里叶变换具有一个特别的性质:$x(n)$ 的傅里叶变换 $X(\mathrm{e}^{\mathrm{j}\omega})$ 是序列 $x(n)$ 在单位圆上的 $\mathcal{Z}$ 变换 $X(z)$,此即

$$X(\mathrm{e}^{\mathrm{j}\omega}) = X(z)\,\big|_{z=\mathrm{e}^{\mathrm{j}\omega}} \tag{1.234}$$

比较 $x(n)$ 的 $\mathcal{Z}$ 变换式和 $x(n)$ 的傅里叶变换式就可得到以上关系式。然而,只有当 $X(z)$ 的收敛域包括单位圆时,才能通过 $X(z)$ 得到 $X(\mathrm{e}^{\mathrm{j}\omega})$。否则,若 $X(z)$ 的收敛域不包括单位圆,则此时 $X(z)$ 在其收敛域内有意义,但 $X(\mathrm{e}^{\mathrm{j}\omega})$ 根本就不存在。这个性质的直接推论是:离散时间傅里叶变换具有 $\mathcal{Z}$ 变换的一切性质。

1. 对称性

对任意离散序列 $x(n)$,设其傅里叶变换为 $X(\mathrm{e}^{\mathrm{j}\omega})$。设 $x(n)$ 的实部和虚部分别为 $x_R(n)$ 和 $x_I(n)$;设 $X(\mathrm{e}^{\mathrm{j}\omega})$ 的实部和虚部分别为 $X_R(\mathrm{e}^{\mathrm{j}\omega})$ 和 $X_I(\mathrm{e}^{\mathrm{j}\omega})$。这里下标 R 代表英文 Real,意为"实部";下标 R 代表英文 Imaginary,意为"虚部"。此即:

$$x(n) = x_R(n) + \mathrm{j}x_I(n)$$
$$X(\mathrm{e}^{\mathrm{j}\omega}) = X_R(\mathrm{e}^{\mathrm{j}\omega}) + \mathrm{j}X_I(\mathrm{e}^{\mathrm{j}\omega})$$

由离散时间傅里叶变换公式得

$$X(\mathrm{e}^{\mathrm{j}\omega}) = \sum_{n=-\infty}^{\infty} x(n)\mathrm{e}^{-\mathrm{j}\omega n} = \sum_{n=-\infty}^{\infty}[x_R(n)+\mathrm{j}x_I(n)](\cos\omega n - \mathrm{j}\sin\omega n)$$
$$= X_R(\mathrm{e}^{\mathrm{j}\omega}) + \mathrm{j}X_I(\mathrm{e}^{\mathrm{j}\omega})$$

分离实部和虚部可得

$$\begin{cases} X_R(\mathrm{e}^{\mathrm{j}\omega}) = \displaystyle\sum_{n=-\infty}^{\infty} x_R(n)\cos\omega n + x_I(n)\sin\omega n \\ X_I(\mathrm{e}^{\mathrm{j}\omega}) = \displaystyle\sum_{n=-\infty}^{\infty} x_I(n)\cos\omega n - x_R(n)\sin\omega n \end{cases}$$

由离散时间傅里叶反变换公式得

$$x(n) = \frac{1}{2\pi}\int_{\langle 2\pi\rangle} X(\mathrm{e}^{\mathrm{j}\omega})\mathrm{e}^{\mathrm{j}\omega n}\,\mathrm{d}\omega$$

$$= \frac{1}{2\pi}\int_{\langle 2\pi\rangle} \big[X_R(e^{j\omega}) + jX_I(e^{j\omega}) \big](\cos\omega n + j\sin\omega n)d\omega$$

$$= x_R(n) + jx_I(n)$$

分离实部和虚部可得

$$\begin{cases} x_R(n) = \dfrac{1}{2\pi}\displaystyle\int_{\langle 2\pi\rangle} \big[X_R(e^{j\omega})\cos\omega n - X_I(e^{j\omega})\sin\omega n \big]d\omega \\[3mm] x_I(n) = \dfrac{1}{2\pi}\displaystyle\int_{\langle 2\pi\rangle} \big[X_R(e^{j\omega})\sin\omega n + X_I(e^{j\omega})\cos\omega n \big]d\omega \end{cases} \tag{1.235}$$

实信号。对实信号 $x(n)$ 来说，其虚部为零，即 $x_I(n) = 0$。

$$\begin{cases} X_R(e^{j\omega}) = \displaystyle\sum_{n=-\infty}^{\infty} x_R(n)\cos\omega n & （频域偶函数） \\[3mm] X_I(e^{j\omega}) = -\displaystyle\sum_{n=-\infty}^{\infty} x_R(n)\sin\omega n & （频域奇函数） \end{cases} \tag{1.236}$$

考虑到余弦函数是偶函数、正弦函数是奇函数，由此可得：$X_R(e^{j\omega})$ 是偶函数，$X_I(e^{j\omega})$ 是奇函数。综合起来，$X(e^{j\omega})$ 具有 Hermitian 对称性：

$$X^*(e^{j\omega}) = X(e^{-j\omega}) \tag{1.237}$$

考虑到幅度谱和相位谱分别为

$$\begin{cases} |X(e^{j\omega})| = \sqrt{X_R^2(e^{j\omega}) + X_I^2(e^{j\omega})} & （频域偶函数） \\[3mm] \angle X(e^{j\omega}) = \arctan X_I(e^{j\omega})/X_R(e^{j\omega}) & （频域奇函数） \end{cases} \tag{1.238}$$

实信号的幅度谱为偶函数，相位谱为奇函数。

对实信号 $x(n)$ 来说，其虚部为零，所以

$$x(n) = x_R(n) = \frac{1}{2\pi}\int_{\langle 2\pi\rangle} \big[X_R(e^{j\omega})\cos\omega n - X_I(e^{j\omega})\sin\omega n \big]d\omega \tag{1.239}$$

考虑到 $X_R(e^{j\omega})$ 是偶函数而 $X_I(e^{j\omega})$ 是奇函数，上式变为

$$x(n) = \frac{1}{\pi}\int_0^{\pi} \big[X_R(e^{j\omega})\cos\omega n - X_I(e^{j\omega})\sin\omega n \big]d\omega \tag{1.240}$$

实偶信号。此时，$x_R(n)\cos\omega n = x(n)\cos\omega n$ 和 $x_R(n)\sin\omega n = x(n)\sin\omega n$ 分别为时域的偶函数和奇函数，所以式(1.236)变为

$$\begin{cases} X_R(e^{j\omega}) = x(0) + 2\displaystyle\sum_{n=1}^{\infty} x(n)\cos\omega n & （频域偶函数） \\[3mm] X_I(e^{j\omega}) = 0 \end{cases} \tag{1.241}$$

式(1.240)变为

$$x(n) = \frac{1}{\pi}\int_0^{\pi} X_R(e^{j\omega})\cos\omega n\, d\omega \tag{1.242}$$

实奇信号。此时 $x(0) = 0$，并且 $x_R(n)\cos\omega n = x(n)\cos\omega n$ 和 $x_R(n)\sin\omega n = x(n)\sin\omega n$ 分别为时域的奇函数和偶函数，所以式(1.236)变为

$$\begin{cases} X_R(e^{j\omega}) = 0 \\[3mm] X_I(e^{j\omega}) = -2\displaystyle\sum_{n=0}^{\infty} x(n)\sin\omega n & （频域奇函数） \end{cases} \tag{1.243}$$

式(1.240)变为

$$x(n) = -\frac{1}{\pi}\int_0^\pi X_I(e^{j\omega})\sin\omega n\,d\omega \tag{1.244}$$

纯虚信号。此时 $x_R(n) = 0$ 且 $x(n) = jx_I(n)$，同理可得

$$\begin{cases} X_R(e^{j\omega}) = \sum_{n=-\infty}^{\infty} x_I(n)\sin\omega n & \text{（频域奇函数）} \\ X_I(e^{j\omega}) = \sum_{n=-\infty}^{\infty} x_I(n)\cos\omega n & \text{（频域偶函数）} \end{cases} \tag{1.245}$$

$$x_I(n) = \frac{1}{2\pi}\int_{-\pi}^{\pi}\left[X_R(e^{j\omega})\sin\omega n + X_I(e^{j\omega})\cos\omega n\right]d\omega \tag{1.246}$$

显然 $X_R(e^{j\omega})\sin\omega n$ 和 $X_I(e^{j\omega})\cos\omega n$ 都是频域偶函数，上式变为

$$x_I(n) = \frac{1}{\pi}\int_0^\pi\left[X_R(e^{j\omega})\sin\omega n + X_I(e^{j\omega})\cos\omega n\right]d\omega \tag{1.247}$$

如果纯虚信号 $x(n)$ 的虚部 $x_I(n)$ 是奇函数，则 $x_I(n)\sin\omega n$ 和 $x_I(n)\cos\omega n$ 分别是时域偶函数和奇函数，前述结论变为

$$\begin{cases} X_R(e^{j\omega}) = 2\sum_{n=0}^{\infty} x_I(n)\sin\omega n & \text{（频域奇函数）} \\ X_I(e^{j\omega}) = 0 \end{cases} \tag{1.248}$$

$$x_I(n) = \frac{1}{\pi}\int_0^\pi X_R(e^{j\omega})\sin\omega n\,d\omega \tag{1.249}$$

同理，如果纯虚信号 $x(n)$ 的虚部 $x_I(n)$ 是偶函数，则前述结论变为

$$\begin{cases} X_R(e^{j\omega}) = 0 \\ X_I(e^{j\omega}) = x_I(0) + 2\sum_{n=1}^{\infty} x_I(n)\cos\omega n & \text{（频域偶函数）} \end{cases} \tag{1.250}$$

$$x_I(n) = \frac{1}{\pi}\int_0^\pi X_I(e^{j\omega})\cos\omega n\,d\omega \tag{1.251}$$

记任意序列 $x(n)$ 实部和虚部分别为 $x_R(n)$ 和 $x_I(n)$。设实部 $x_R(n)$ 的偶部分和奇部分分别为 $x_R^e(n)$ 和 $x_R^o(n)$；设虚部 $x_I(n)$ 的偶部分和奇部分分别为 $x_I^e(n)$ 和 $x_I^o(n)$。设 $x(n)$ 的偶部分和奇部分分别为 $x^e(n)$ 和 $x^o(n)$。对 $x(n)$ 的傅里叶变换 $X(e^{j\omega})$ 采用相同的符号标示。这里上标 e 代表英文 even，意为"偶的"；上标 o 代表英文 odd，意为"奇的"。综上所述，$x(n)$ 可以分解为如下形式：

$$\begin{aligned} x(n) &= x_R(n) + jx_I(n) \\ &= \left[x_R^e(n) + x_R^o(n)\right] + j\left[x_I^e(n) + x_I^o(n)\right] \\ &= x^e(n) + x^o(n) \end{aligned} \tag{1.252}$$

显然

$$\begin{cases} x^e(n) = x_R^e(n) + jx_I^e(n) = \frac{1}{2}\left[x(n) + x^*(-n)\right] \\ x^o(n) = x_R^o(n) + jx_I^o(n) = \frac{1}{2}\left[x(n) - x^*(-n)\right] \end{cases} \tag{1.253}$$

前述的奇偶虚实性可总结如下：

$$x(n) = x_R^e(n) \quad + \quad x_R^o(n) \quad + j\, x_I^e(n) + jx_I^o(n) = x^e(n) + x^o(n)$$

$$X(e^{j\omega})=X_R^e(e^{j\omega})+X_R^o(e^{j\omega})+jX_I^e(e^{j\omega})+jX_I^o(e^{j\omega})=X^e(e^{j\omega})+X^o(e^{j\omega})$$

亦可将上述性质总结为图 1-23 的形式。

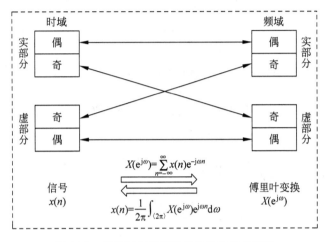

图 1-23 离散时间傅里叶变换的奇偶虚实性

例 1-12 计算以下序列得离散时间傅里叶变换

$$x(n) = \begin{cases} A, & -M \leqslant n \leqslant M \\ 0, & \text{其他} \end{cases} \tag{1.254}$$

解：显然 $x(n)$ 是实偶信号，所以

$$X(e^{j\omega}) = X_R(e^{j\omega}) = x(0) + 2\sum_{n=1}^{\infty} x(n)\cos\omega n = A\left(1 + 2\sum_{n=1}^{M}\cos\omega n\right)$$

利用积化和差公式，很容易得到

$$\sin(\omega/2) + 2\sum_{n=1}^{M}\sin(\omega/2)\cos\omega n = \sin((M+1/2)\omega)$$

此即

$$1 + 2\sum_{n=1}^{M}\cos\omega n = \frac{\sin((M+1/2)\omega)}{\sin(\omega/2)}$$

最终得到所求的离散时间傅里叶变换为

$$X(e^{j\omega}) = \frac{A\sin((M+1/2)\omega)}{\sin(\omega/2)} \tag{1.255}$$

2. 时移特性

如果 $x(n) \leftrightarrow X(e^{j\omega})$，那么

$$x(n - n_0) \leftrightarrow e^{-j\omega n_0} X(e^{j\omega}) \tag{1.256}$$

离散时间傅里叶变换的时移特性与 Z 变换时移特性存在一定的区别，而与连续时间傅里叶变换一致。

3. 时域翻转

如果 $x(n) \leftrightarrow X(e^{j\omega})$，那么

$$x(-n) \leftrightarrow X(e^{-j\omega}) \tag{1.257}$$

在本质上,离散时间傅里叶变换的时域翻转特性与 $\mathcal{Z}$ 变换是一致的。时域翻转,对 $\mathcal{Z}$ 变换来说,结果是 $X(z)$ 中 z 翻转为 $-z$;对离散时间傅里叶变换来说,结果是 $X(e^{-j\omega})$ 中 ω 翻转为 $-\omega$。

4. 卷积定理

如果 $x(n) \leftrightarrow X(e^{j\omega})$,$y(n) \leftrightarrow Y(e^{j\omega})$,那么

$$x(n) * y(n) \leftrightarrow X(e^{j\omega})Y(e^{j\omega}) \tag{1.258}$$

5. 相关定理

如果 $x(n) \leftrightarrow X(e^{j\omega})$,$y(n) \leftrightarrow Y(e^{j\omega})$。$x(n)$ 和 $y(n)$ 的互相关为

$$r_{xy}(m) = \sum_{k=-\infty}^{\infty} x(k)y(k-m)$$

那么

$$r_{xy}(m) \leftrightarrow X(e^{j\omega})Y(e^{-j\omega}) \tag{1.259}$$

证明如下。由离散时间傅里叶变换有

$$\sum_{m=-\infty}^{\infty} r_{xy}(m)e^{j\omega m} = \sum_{m=-\infty}^{\infty} \left[\sum_{k=-\infty}^{\infty} x(k)y(k-m) \right] e^{j\omega m}$$

$$= \sum_{m=-\infty}^{\infty} \left[\sum_{k=-\infty}^{\infty} x(k)y(k-m)e^{j\omega m} \right]$$

$$= \sum_{k=-\infty}^{\infty} x(k) \sum_{m=-\infty}^{\infty} y(k-m)e^{j\omega m}$$

令 $n = k-m$,则 $k = m+n$,上式变为

$$\sum_{m=-\infty}^{\infty} r_{xy}(m)e^{j\omega m} = \sum_{k=-\infty}^{\infty} x(k) \sum_{n=-\infty}^{\infty} y(n)e^{j\omega(k-n)} = \left[\sum_{k=-\infty}^{\infty} x(k)e^{j\omega k} \right]\left[\sum_{n=-\infty}^{\infty} y(n)e^{j(-\omega)n} \right]$$

$$= X(e^{j\omega})Y(e^{-j\omega})$$

6. 频移特性

如果 $x(n) \leftrightarrow X(e^{j\omega})$,那么

$$e^{j\omega_0 n}x(n) \leftrightarrow X(e^{j(\omega-\omega_0)}) \tag{1.260}$$

该特性与连续时间傅里叶变换一致。

7. 帕斯瓦尔定理

如果 $x(n) \leftrightarrow X(e^{j\omega})$,$y(n) \leftrightarrow Y(e^{j\omega})$,那么

$$\sum_{n=-\infty}^{\infty} x(n)y^*(n) = \frac{1}{2\pi}\int_{-\pi}^{\pi} X(e^{j\omega})Y^*(e^{j\omega})d\omega \tag{1.261}$$

一个特例为

$$\sum_{n=-\infty}^{\infty} |x(n)|^2 = \frac{1}{2\pi}\int_{-\pi}^{\pi} |X(e^{j\omega})|^2 d\omega \tag{1.262}$$

8. 序列乘积

如果 $x(n) \leftrightarrow X(e^{j\omega})$,$y(n) \leftrightarrow Y(e^{j\omega})$,那么

$$x(n)y(n) \leftrightarrow \frac{1}{2\pi}\int_{-\pi}^{\pi} X(e^{jv})Y(e^{j(\omega-v)})dv \tag{1.263}$$

9. 微分特性

如果 $x(n) \leftrightarrow X(e^{j\omega})$，那么

$$n \cdot x(n) \leftrightarrow j\frac{d}{d\omega}X(e^{j\omega}) \tag{1.264}$$

10. 共轭特性

如果 $x(n) \leftrightarrow X(e^{j\omega})$，那么

$$x^*(n) \leftrightarrow X^*(e^{-j\omega}) \tag{1.265}$$

例 1-13 已知 $x(n)$ 的傅里叶变换为 $X(e^{j\omega})$，试求 $x_1(n) = j\text{Im}\{x(n)\}$、$x_2(n) = x^2(n)$ 和 $x_3(n) = n \cdot x(n)$ 的离散时间傅里叶变换。

解：$x_1(n) = j\text{Im}\{x(n)\}$ 的离散时间傅里叶变换为

$$X_1(e^{j\omega}) = \sum_{n=-\infty}^{\infty} j\text{Im}\{x(n)\}e^{-j\omega n} = \frac{1}{2}\sum_{n=-\infty}^{\infty}\{x(n) - x^*(n)\}e^{-j\omega n}$$

例 1-14 已经得到 $x^*(n)$ 的傅里叶变换为 $X^*(e^{-j\omega})$，所以 $x_1(n)$ 的时间傅里叶变换为

$$X_1(e^{j\omega}) = \frac{1}{2}\left[X(e^{j\omega}) - X^*(e^{-j\omega})\right]$$

由序列乘积性质，$x_2(n) = x^2(n)$ 的傅里叶变换为

$$x^2(n) = x(n)x(n) \leftrightarrow X_2(e^{j\omega}) = \frac{1}{2\pi}\int_{-\pi}^{\pi}X(e^{jv})X(e^{j(\omega-v)})dv$$

$x_3(n) = n \cdot x(n)$ 的傅里叶变换为

$$\sum_{n=-\infty}^{\infty}[n \cdot x(n)]e^{-j\omega n} = -\frac{1}{j}\sum_{n=-\infty}^{\infty}\frac{d}{d\omega}[x(n)e^{-j\omega n}] = j\frac{d}{d\omega}\left[\sum_{n=-\infty}^{\infty}x(n)e^{-j\omega n}\right] = j\frac{d}{d\omega}X(e^{j\omega})$$

1.7 连续系统与离散系统的关系

如果离散序列是通过对连续信号采样得到的，那么离散序列的傅里叶变换与连续信号的傅里叶变换存在怎样的关系呢？如果一个连续 LTI 系统和离散 LTI 系统是等价的，那么两者冲激响应的关系又如何呢？

下面先回答第一个问题。对连续信号 $x(t)$ 进行冲激脉冲采样得

$$x_s(t) = x(t)\sum_{n=-\infty}^{\infty}\delta(t-nT) = \sum_{n=-\infty}^{\infty}x(nT)\delta(t-nT) \tag{1.266}$$

采样信号的傅里叶变换为

$$X_s(j\Omega) = \int_{-\infty}^{\infty}x_s(t)e^{-j\Omega t}dt = \int_{-\infty}^{\infty}\left[\sum_{n=-\infty}^{\infty}x(nT)\delta(t-nT)\right]e^{-j\Omega t}dt$$

$$= \sum_{n=-\infty}^{\infty}\int_{-\infty}^{\infty}x(nT)\delta(t-nT)e^{-j\Omega t}dt \tag{1.267}$$

利用冲激函数的采样性，上式变为

$$X_s(j\Omega) = \sum_{n=-\infty}^{\infty}[x(nT)e^{-j\Omega t}]\big|_{t=nT} = \sum_{n=-\infty}^{\infty}x(nT)e^{-j\Omega nT} \tag{1.268}$$

将等间隔的采样信号 $x(nT)$ 记为离散序列 $x(n)$，即 $x(n) \stackrel{\Delta}{=} x(nT)$，进一步可得

$$X_s(j\Omega) = \sum_{n=-\infty}^{\infty} x(n)e^{-j\Omega nT} = X(e^{j\omega}) \mid_{\omega=\Omega T} \tag{1.269}$$

由采样定理可知，$x(t)$ 的频谱 $X(j\Omega)$ 与 $x_s(t)$ 的频谱 $X_s(j\Omega)$ 存在以下关系：

$$X_s(j\Omega) = \frac{1}{T} \sum_{\ell=-\infty}^{\infty} X(j(\Omega - \ell\Omega_s)) \tag{1.270}$$

综上所述，得到 $X(e^{j\omega})$、$X_s(j\Omega)$ 与 $X(j\Omega)$ 三者的关系为

$$X(e^{j\omega}) = X_s\left(j\frac{\omega}{T}\right) = \frac{1}{T} \sum_{\ell=-\infty}^{\infty} X\left(j\left(\frac{\omega}{T} - \ell\frac{2\pi}{T}\right)\right) \tag{1.271}$$

上述关系如图 1-24 所示。

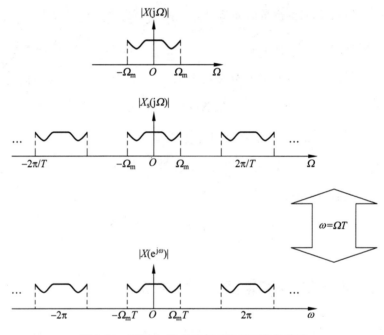

图 1-24　$X(e^{j\omega})$、$X_s(j\Omega)$ 与 $X(j\Omega)$ 三者的关系

从以上推导过程可以看出：

(1) 从式(1.271)右侧可以看出，$X(e^{j\omega})$ 隐含着周期性，并且周期为 2π；

(2) 在时域，通过 $x(n) \overset{\Delta}{=} x(nT)$ 将连续信号采样的冲激强度与离散序列关联起来；

(3) 在频域，通过 $\omega = \Omega T$ 将采样信号的连续傅里叶变换 $X_s(j\Omega)$ 与对应离散序列的离散时间傅里叶变换 $X(e^{j\omega})$ 关联起来；

(4) 若离散序列 $x(n)$ 等于对连续信号 $x(t)$ 采样冲激脉冲的强度，则其离散时间傅里叶变换就是原始连续信号傅里叶变换在角频率轴上压缩后移位而成的。如果这些移位后的频谱互不重叠，则 $X(e^{j\omega})$ 在 $(-\pi,\pi)$ 内的部分通过频率变换 $\omega/T \to \Omega$ 就可以得到 $X(j\Omega)$。

也可以通过以下方法推导出连续信号的傅里叶变换 $X(j\Omega)$ 与离散序列的傅里叶变换 $X(e^{j\omega})$ 两者之间的关系。由离散时间傅里叶变换定义得

$$X(e^{j\omega}) = \sum_{n=-\infty}^{\infty} x(n)e^{-j\omega n} = \sum_{n=-\infty}^{\infty} x(nT)e^{-j\omega n} \tag{1.272}$$

利用连续时间傅里叶反变换式，上式变为

$$X(\mathrm{e}^{\mathrm{j}\omega}) = \sum_{n=-\infty}^{\infty} \left[\frac{1}{2\pi} \int_{-\infty}^{\infty} X(\mathrm{j}\Omega) \mathrm{e}^{\mathrm{j}\Omega n T} \mathrm{d}\Omega \right] \mathrm{e}^{-\mathrm{j}\omega n}$$

$$= \frac{1}{2\pi} \int_{-\infty}^{\infty} X(\mathrm{j}\Omega) \left[\sum_{n=-\infty}^{\infty} \mathrm{e}^{\mathrm{j}\Omega n T} \mathrm{e}^{-\mathrm{j}\omega n} \right] \mathrm{d}\Omega$$

$$= \frac{1}{2\pi} \int_{-\infty}^{\infty} X(\mathrm{j}\Omega) \left[\sum_{n=-\infty}^{\infty} \mathrm{e}^{-\mathrm{j}(\omega - \Omega T) n} \right] \mathrm{d}\Omega \tag{1.273}$$

由泊松求和公式(1.79)可得

$$\frac{2\pi}{T} \sum_{\ell=-\infty}^{\infty} \delta \left(\left(\frac{\omega}{T} - \Omega \right) - \ell \omega_0 \right) = \sum_{n=-\infty}^{\infty} \mathrm{e}^{-\mathrm{j}(\omega/T - \Omega) T n} \tag{1.274}$$

将这个结果代入式(1.273),得

$$X(\mathrm{e}^{\mathrm{j}\omega}) = \frac{1}{T} \int_{-\infty}^{\infty} X(\mathrm{j}\Omega) \left[\sum_{\ell=-\infty}^{\infty} \delta \left(\left(\frac{\omega}{T} - \Omega \right) - \ell \omega_0 \right) \right] \mathrm{d}\Omega$$

$$= \frac{1}{T} \left[\sum_{\ell=-\infty}^{\infty} \int_{-\infty}^{\infty} X(\mathrm{j}\Omega) \delta \left(\left(\frac{\omega}{T} - \Omega \right) - \ell \omega_0 \right) \mathrm{d}\Omega \right]$$

$$= \frac{1}{T} \sum_{\ell=-\infty}^{\infty} X \left(\mathrm{j} \left(\frac{\omega}{T} - \ell \omega_0 \right) \right) \tag{1.275}$$

接下来回答第二个问题。数字通信系统具有无可替代的优越性,一般先将模拟信号经过 C/D 器件转化成离散的数字信号,然后在离散 LTI 系统上进行传输,在接收端通过 D/C 器件恢复出原始连续信号。一个简化的系统模型如图 1-25 所示。设原始连续信号 $x(t)$ 的傅里叶变换为 $X(\mathrm{j}\Omega)$;采样序列 $x(n) \triangleq x(nT)$ 的傅里叶变换为 $X(\mathrm{e}^{\mathrm{j}\omega})$;离散 LTI 系统输出序列 $y(n)$ 的傅里叶变换为 $Y(\mathrm{e}^{\mathrm{j}\omega})$;系统最终输出信号 $y(t)$ 的傅里叶变换为 $Y(\mathrm{j}\Omega)$。现在假设有一个连续 LTI 系统一步就能完成从 $x(t)$ 到 $y(t)$ 的转换,那么这个等价系统的频率响应 $H_{\mathrm{equ}}(\mathrm{j}\Omega)$ 会是什么样的呢? 与 $H_{\mathrm{equ}}(\mathrm{j}\Omega)$ 对应的离散 LTI 系统,其傅里叶变换又是什么样的呢?

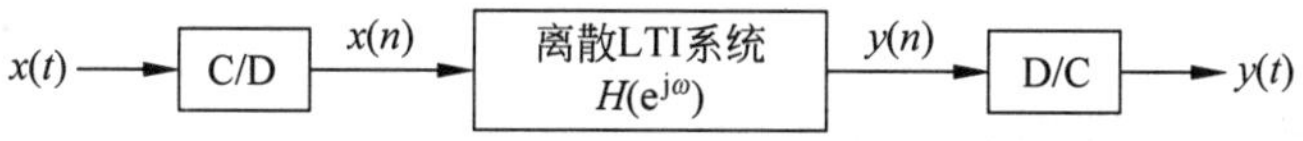

图 1-25 一个简化的数字通信系统

显然图 1-25 中离散 LTI 系统输入序列的傅里叶变换为

$$X(\mathrm{e}^{\mathrm{j}\omega}) = \frac{1}{T} \sum_{\ell=-\infty}^{\infty} X \left(\mathrm{j} \left(\frac{\omega}{T} - \ell \frac{2\pi}{T} \right) \right) \tag{1.276}$$

假设 C/D 和 D/C 处理都没有造成任何损失,并简单地认为 D/C 是 C/D 的逆过程。由前面得到 $X(\mathrm{e}^{\mathrm{j}\omega})$、$X_{\mathrm{s}}(\mathrm{j}\Omega)$ 与 $X(\mathrm{j}\Omega)$ 三者关系的过程反向推导,可以认为 $y(n)$ 的傅里叶变换与 $y(t)$ 的傅里叶变换两者之间的关系为

$$Y(\mathrm{e}^{\mathrm{j}\omega}) = \frac{1}{T} \sum_{\ell=-\infty}^{\infty} Y \left(\mathrm{j} \left(\frac{\omega}{T} - \ell \frac{2\pi}{T} \right) \right) \tag{1.277}$$

在 $|\Omega| \leqslant \Omega_{\mathrm{c}}$ 内,以上两式分别变为

$$X(\mathrm{e}^{\mathrm{j}\omega}) = \frac{1}{T} X \left(\mathrm{j} \frac{\omega}{T} \right) \tag{1.278}$$

$$Y(\mathrm{e}^{\mathrm{j}\omega}) = \frac{1}{T} Y \left(\mathrm{j} \frac{\omega}{T} \right) \tag{1.279}$$

而离散 LTI 系统输出序列的傅里叶变换为

$$Y(e^{j\omega}) = X(e^{j\omega})H(e^{j\omega}) \tag{1.280}$$

将 $\omega = \Omega T$ 代入以上三式可得

$$Y(e^{j\Omega T}) = X(e^{j\Omega T})H(e^{j\Omega T}) = \frac{1}{T}X(j\Omega)H(e^{j\Omega T}) \tag{1.281}$$

$$Y(e^{j\Omega T}) = \frac{1}{T}Y(j\Omega) \tag{1.282}$$

比较以上两式,可得联系整个系统输入与输出的关系式:

$$X(j\Omega)H(e^{j\Omega T}) = Y(j\Omega) \tag{1.283}$$

所以等效的连续 LTI 系统频率响应为

$$H_{equ}(j\Omega) = H(e^{j\Omega T}) \tag{1.284}$$

与 $H_{equ}(j\Omega)$ 对应的离散 LTI 系统的傅里叶变换 $H_a(e^{j\omega})$ 又是什么样的呢? 考虑到 $H_a(e^{j\omega})$ 隐含的 2π 周期性,上式变为

$$H_a(e^{j\omega}) = T \cdot \frac{1}{T}\sum_{\ell=-\infty}^{\infty} H_{equ}\left(j\left(\frac{\omega}{T} - \ell\frac{2\pi}{T}\right)\right) = T \cdot \frac{1}{T}\sum_{\ell=-\infty}^{\infty} H(j(\omega - \ell 2\pi)) \tag{1.285}$$

最终得到 $X(e^{j\omega})$、$X_s(j\Omega)$ 与 $X(j\Omega)$ 三者的关系为

$$X(e^{j\omega}) = X_s\left(j\frac{\omega}{T}\right) = \frac{1}{T}\sum_{\ell=-\infty}^{\infty} X\left(j\left(\frac{\omega}{T} - \ell\frac{2\pi}{T}\right)\right) \tag{1.286}$$

在时域,以上等式对应于

$$h(n) = T \cdot h(nT) \tag{1.287}$$

离散 LTI 系统冲激响应是相应连续 LTI 系统冲激响应的采样值,这个对应关系称为"冲激响应不变法"。

1.8　时、频的二重性与正、反变换式在数学上的对称性

前面已经介绍了以下四种信号分析方法。

(1) 连续时间傅里叶级数表示:

$$\begin{cases} a_n = \frac{1}{T}\int_{\langle T\rangle} x(t)e^{-jn\omega_0 t}\,\mathrm{d}t \\ x(t) = \sum_{k=-\infty}^{+\infty} a_k e^{jk\omega_0 t} \end{cases} \tag{1.288}$$

(2) 连续时间傅里叶变换:

$$\begin{cases} X(j\Omega) = \int_{-\infty}^{\infty} x(t)e^{-j\Omega t}\,\mathrm{d}t \\ x(t) = \frac{1}{2\pi}\int_{-\infty}^{\infty} X(j\Omega)e^{j\Omega t}\,\mathrm{d}\Omega \end{cases} \tag{1.289}$$

(3) 离散时间傅里叶级数表示:

$$\begin{cases} \tilde{x}(n) = \sum_{k=0}^{N-1} a_k e^{jk\frac{2\pi}{N}n} \\ a_k = \frac{1}{N}\sum_{n=0}^{N-1} \tilde{x}(n)e^{-jk\frac{2\pi}{N}n} \end{cases} \tag{1.290}$$

（4）离散时间傅里叶变换：

$$\begin{cases} X(\mathrm{e}^{\mathrm{j}\omega}) = \displaystyle\sum_{n=-\infty}^{\infty} x(n)\mathrm{e}^{-\mathrm{j}\omega n} \\ x(n) = \dfrac{1}{2\pi}\displaystyle\int_{\langle 2\pi\rangle} X(\mathrm{e}^{\mathrm{j}\omega})\mathrm{e}^{\mathrm{j}\omega n}\,\mathrm{d}\omega \end{cases} \tag{1.291}$$

信号在时域具有两个特征：连续和离散；周期和非周期。傅里叶级数展开只能对周期信号和周期序列进行，这是因为展开式中的每一项都是周期的，所以相加的结果也是周期的。而傅里叶变换把信号从时域变换到频域，得到了信号的频谱。傅里叶变换并不要求信号是周期的，当然连续周期信号的傅里叶变换是离散的，而离散周期序列的离散傅里叶变换是离散的、周期的。

连续时间信号的频谱是非周期的。不管是连续时间傅里叶变换还是连续时间傅里叶级数展开，从相应的变换式都可以看出在频域并不具有任何周期性。具体来说，连续时间傅里叶变换式中核的函数 $\mathrm{e}^{-\mathrm{j}\Omega t}$ 是连续变量 t 的函数，它在 Ω 上不是周期信号；连续时间傅里叶级数展开式中的核函数 $\mathrm{e}^{-\mathrm{j}n\omega_0 t}$ 也是连续变量 t 的函数，它对 n 来说也不是周期信号。

离散时间信号的频谱是周期的。事实上，离散序列的傅里叶变换或傅里叶级数都是周期为 $\omega = 2\pi$ 的函数。其结果是，离散序列得频谱范围是有限的，并且从 $\omega = -\pi$ 到 $\omega = \pi$，其中 $\omega = \pi$ 处的振荡速度最快。

周期信号或序列的频谱是离散的。周期信号或序列的傅里叶级数展开系数构成了离散的线谱。线谱间隔等于时域周期的倒数，对连续信号而言线谱间隔为 $2\pi/T$，对离散序列而言线谱间隔为 $2\pi/N$。当然，连续周期信号的傅里叶变换或离散周期序列的离散时间傅里叶变换都是周期的冲激脉冲。

非周期信号或序列的频谱是连续的。连续时间傅里叶变换式中核的函数 $\mathrm{e}^{-\mathrm{j}\Omega t}$ 是连续变量 Ω 的函数；离散时间傅里叶变换式中的核函数 $\mathrm{e}^{-\mathrm{j}\omega n}$ 也是连续变量 ω 的函数。频率的连续性对于打破和谐而产生非周期性信号是必不可少的。

总之，在某个域上具有周期 ε 的周期性，自然意味着在另外一个域上具有间隔为 $2\pi/\varepsilon$ 的离散性；反之亦然。时、频的二重性是正、反变换式在数学上对称性的必然结果。图 1-26 总结了这些对比关系。

下面再来看看离散时间傅里叶变换的实际应用。如果序列 $x(n)$ 是无限长的，利用离散时间傅里叶变换式即可求得在长度为 2π 的一个周期内的频谱 $X(\mathrm{e}^{\mathrm{j}\omega})$。如果序列 $x(n)$ 是长度为 N 的有限长序列，则比较容易求得一个周期上等间隔频率点上的频谱。设这 M 个等间隔点为

$$\omega_k = 2\pi k/M, \quad 0 \leqslant k \leqslant M-1 \tag{1.292}$$

设 $x(n)$ 的非零取值范围为 $n_1 \leqslant n \leqslant n_N$，则由离散时间傅里叶变换的定义式（1.291）可得

$$X(\omega_k) = \sum_{l=1}^{N} x(n_l)\mathrm{e}^{-\mathrm{j}2\pi n_l k/M} \tag{1.293}$$

把 k 依次取遍 M 个值时得到的 $\{X(\omega_k)\}$ 表示成列向量 $\boldsymbol{X}$，把 l 依次取遍 N 个值得到的 $\{x(n_l)\}$ 表示成列向量 $\boldsymbol{x}$ 时，上式可写为

$$X = Wx \tag{1.294}$$

式中 W 为 $M \times N$ 矩阵,且其第 p、q 个元素为

$$W_{p,q} = e^{-j2\pi n_q p/M}, \quad 0 \leqslant p \leqslant M-1, \quad 1 \leqslant n_q \leqslant N \tag{1.295}$$

利用式(1.294)就很容易求得这 M 个等间隔频率点上的频谱 $X(\omega_k)$。然而数值计算一个有限长序列的离散时间傅里叶变换不是最优的方法,第 2 章要介绍的离散傅里叶变换提供了高效的计算方法——快速傅里叶变换。

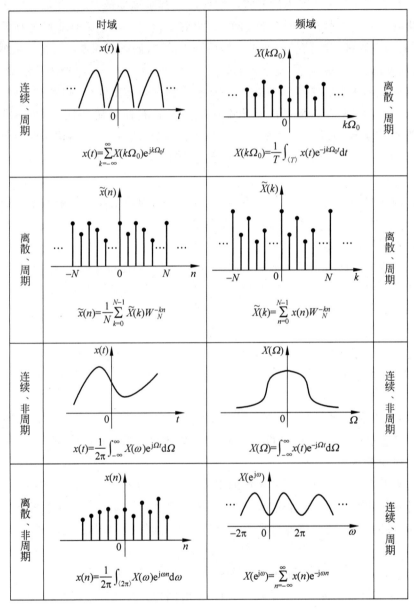

图 1-26　时、频的二重性是正、反变换式在数学上对称性的必然结果

1.9　线性时不变系统的稳定性和因果性

1.9.1　线性时不变系统的稳定性

一个离散信号 $x(n)$ 有界，等价于其模值满足以下不等式

$$| x(n) | \leqslant A < \infty$$

其中 A 为某个有限的正数。对连续信号 $x(t)$，也是如此。如果一个系统对于有界输入的响应也是有界的，那么称该系统为**有界输入有界输出**（Bounded Input Bounded Output，BIBO）**稳定**，简称**稳定**。在信号与系统分析中，我们只关注 BIBO 稳定。BIBO 稳定性通过系统的输入和输出来确定，而系统的输入和输出都是在外部端口进行的，所以这种稳定是外部稳定。

一个冲激响应为 $h(n)$ 的离散时间 LTI 系统对激励 $x(n)$ 的响应为

$$y(n) = x(n) * h(n) = \sum_{m=-\infty}^{\infty} x(m)h(n-m)$$

那么响应的模值满足

$$| y(n) | = \left| \sum_{m=-\infty}^{\infty} x(m)h(n-m) \right| \leqslant \sum_{m=-\infty}^{\infty} | x(m)h(n-m) |$$

若输入有界，则存在某个正数 A 使得 $|x(n)| \leqslant A < \infty$，上式变为

$$| y(n) | \leqslant \sum_{m=-\infty}^{\infty} | x(m)h(n-m) | \leqslant A \sum_{m=-\infty}^{\infty} | h(n-m) | = A \sum_{n=-\infty}^{\infty} | h(n) |$$

显然如果

$$\sum_{n=-\infty}^{\infty} | h(n) | < \infty$$

或者说 $h(n)$ 绝对可和，那么响应也是有界的，则 LTI 系统稳定。

下面用反正法证明必要性。考虑这样一个有界的输入：对某个固定的 n，对任意 m，若 $x(n-m) = \mathrm{sgn}(h(m))$，则式中 sgn 为符号运算符。显然 $|x(n-m)| = 1$，当然是有界的，以它作为输入时，系统的响应为

$$y(n) = \sum_{m=-\infty}^{\infty} x(n-m)h(m) = \sum_{m=-\infty}^{\infty} \mathrm{sgn}(h(m))h(m) = \sum_{m=-\infty}^{\infty} | h(m) |$$

若不满足 $\sum_{n=-\infty}^{\infty} | h(n) | < \infty$，则由上式得 $y(n) \to \infty$。这表明有界的输入导致无界的输出，不符合 BIBO 稳定的定义，所以系统不稳定。

综上所述，冲激响应 $h(n)$ 绝对可和是离散时间 LTI 系统稳定的必要条件。

用同样的方法可得：在 z 域，系统函数 $H(z)$（即冲激响应 $h(n)$ 的 $\mathcal{Z}$ 变换）收敛域包括单位圆是离散时间 LTI 系统稳定的必要条件。

对连续时间 LTI 系统来说，稳定性的充要条件是冲激响应 $h(t)$ 绝对可积。在 s 域，系统函数 $H(s)$（即冲激响应 $h(t)$ 的拉普拉斯变换）收敛域包括 s 域的虚轴是连续时间 LTI 系统稳定的必要条件。

以上结论与以下事实一致：s 域的虚轴和 z 域的单位圆相对应。

1.9.2 线性时不变系统的因果性

下面分析系统的因果性。在现实的物理世界里，物理可实现系统的输出都发生在激励作用期间或之后，很少发生在激励作用之前，这看起来很自然。实际系统的响应只发生在激励作用期间或之后，这是因果性的一种体现。这种特性称为系统的**因果性**。物理可实时实现的系统都是因果系统，因为它们没办法预见将来，也无法预测即将受到怎样的激励，所以物理可实时实现性和因果性本质上是一个概念。因果系统现在时刻的输出只决定于现在和过去的输入，与将来时刻的输入没有任何关系。从输入和输出的波形上来看，因果系统的输出都在输入之后。因果系统当前时刻的响应只与当前时刻和过去时刻的输入有关而与将来时刻的输入毫无关系。

离散时间 LTI 系统的冲激响应 $h(n)$ 是对 $n=0$ 时刻的单位样值序列 $\delta(n)$ 的响应。由于 $n<0$ 时，单位样值序列取值为零，系统没有任何激励，如果系统是因果的，则此时不可能有响应，即

$$h(n) = 0, \quad n < 0$$

换句话说，因果离散时间 LTI 系统的冲激响应 $h(n)$ 在样值序列出现之前必须为零，这与因果性的直观概念也是一致的。下面从另外一个角度推导这个结论。

我们已经知道，冲激响应为 $h(n)$ 的离散时间 LTI 系统对任意输入 $x(n)$ 的响应为

$$y(n) = x(n) * h(n) = \sum_{m=-\infty}^{\infty} x(m)h(n-m)$$

$$= \sum_{m=-\infty}^{n} x(m)h(n-m) + \sum_{m=n+1}^{\infty} x(m)h(n-m)$$

上式右边第一个求和项与 n 时刻及其之前时刻的输入有关；而第二个求和项与 n 时刻之后的输入有关。因此，系统的因果性等价于第二个求和项中的每一项 $x(m)h(n-m)$ 都为零，考虑到 $x(m)$ 的任意性，只有 $h(n-m)$ 恒为零，也就是说

$$h(n-m) = 0, \quad m > n$$

此即

$$h(n) = 0, \quad n < 0$$

术语"因果性"也常被用来描述信号，尽管这种说法不够严谨。因果 LTI 系统的冲激响应在 $t<0$ 或 $n<0$ 时为零，而因果信号是指 $t<0$ 或 $n<0$ 时信号取值为零。

离散时间 LTI 因果性要求对应的冲激响应序列是右边序列，而右边序列的 $\mathcal{Z}$ 变换的收敛域是某个圆外部分。综合考虑稳定性与因果性的要求，因果稳定的离散时间 LTI 系统，其系统函数所有的极点必须位于单位圆内，而收敛域是以原点为圆心、过模值最大的那个极点的圆的外面，如图 1-27 所示。

对连续时间 LTI 系统来说，系统因果性的充要条件为

$$h(t) = 0, \quad t < 0$$

连续时间 LTI 因果性要求对应的冲激响应是右边信号（更确切地说是因果信号）。在 s 平面上，右边信号的拉普拉斯变换的收敛域为右边平面，或者说收敛域为 $\text{Re}\{s\}<\alpha$，其中 α 为某个实数。综合考虑稳定性与因果性的要求，因果稳定的连续时间 LTI 系统，其系统函数 $H(s)$ 所有的极点必须位于 s 平面的左半平面内（或者说极点实部为负数），而收敛域是平

行于虚轴且过实部最大的那个极点的直线右侧的平面，如图 1-28 所示。

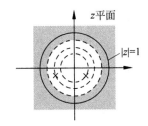 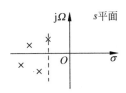

图 1-27　因果稳定离散 LTI 系统的　　　图 1-28　因果稳定连续 LTI 系统的
$H(z)$ 收敛域与极点分布　　　　　　　　　$H(s)$ 收敛域与极点分布

习题

1-1　直接通过循环卷积的定义式，计算 $x(n)=\{2,1,3,1\}$ 和 $h(n)=\{2,3,0,1,2\}$ 的 5 点循环卷积 $y_{c5}(n)$ 和 6 点循环卷积 $y_{c6}(n)$。

1-2　通过列表法计算 $x(n)=\{2,1,3,1\}$ 和 $h(n)=\{2,3,0,1,2\}$ 的 5 点循环卷积 $y_{c5}(n)$ 和 6 点循环卷积 $y_{c6}(n)$。

1-3　计算 $x(n)=\{2,1,3,1\}$ 和 $h(n)=\{2,3,0,1,2\}$ 的线性卷积。并验证两者 5 点循环卷积 $y_{c5}(n)$ 或 6 点循环卷积 $y_{c6}(n)$ 与线性卷积满足式(1.144)、式(1.145)和式(1.146)。

1-4　有限长序列 $x(n)=\{1,2,3,4,5,10,9,8,7,6\}$ 的序号范围为 $0\leqslant n\leqslant 9$，给出它的循环移位 $x(\langle n-2\rangle_{10})$ 和 $x(\langle n-6\rangle_{10})$。

1-5　求以下序列的傅里叶级数表示：

(1) $x_1(n)=\cos(2\pi n/3)$；

(2) $x_2(n)$ 是周期为 5 的周期序列，已知其中一个周期为：
$$x_2(n)=\{-1,-2,0,2,1\},\quad -2\leqslant n\leqslant 2$$

(3) $x_3(n)$ 是周期为 5 的周期序列，已知其中一个周期为：
$$x_2(n)=\{1,2,0,2,1\},\quad -2\leqslant n\leqslant 2$$

1-6　定义复序列 $x(n)$ 的共轭对称部分和共轭反对称部分分别为
$$\begin{cases} x_1(n)=\dfrac{x(n)+x^*(-n)}{2} \\[2mm] x_2(n)=\dfrac{x(n)-x^*(-n)}{2} \end{cases}$$
已知 $x(n)$ 的傅里叶变换为 $X(e^{j\omega})$，证明：

(1) $R\{x(n)\}$ 的傅里叶变换为 $\text{Re}\{X(e^{j\omega})\}$，其中 Re 表示取实部；

(2) $o\{x(n)\}$ 的傅里叶变换为 $j\cdot\text{Im}\{X(e^{j\omega})\}$，其中 Im 表示取虚部。

1-7　已知 $x_1(n)$ 的傅里叶变换为 $X_1(e^{j\omega})$，$x_2(n)$ 的傅里叶变换为 $X_2(e^{j\omega})$，证明：
$\sum_{l} x_1(n)x_2(n+l)$ 的傅里叶变换为 $X_1(e^{-j\omega})X_2(e^{j\omega})$。

1-8　已知某个序列 $x(n)$ 的傅里叶变换为 $X(e^{j\omega})=-j\cdot\text{sgn}(\omega)$，其中 sgn 为符号运算符。

(1) 求逆变换 $x(n)$；

(2) 证明 $\sum\limits_{n=-\infty}^{\infty} |x(n)| < \infty$；

(3) 证明 $x(n)$ 的 $\mathscr{Z}$ 变换不存在。

1-9 求序列 $x(n) = a^{|n|}$ 的傅里叶变换 $X(e^{j\omega})$，其中 $|a| < 1$。

1-10 已知以下三个序列的傅里叶变换分别是 $X_1(e^{j\omega})$、$X_2(e^{j\omega})$ 和 $X_3(e^{j\omega})$：

(1) $x_1(n) = \{1,1,1,1,1\}$，$-2 \leqslant n \leqslant 2$；

(2) $x_2(n) = \{1,0,1,0,1,0,1,0,1\}$，$-4 \leqslant n \leqslant 4$；

(3) $x_3(n) = \{1,0,0,1,0,0,1,0,0,1,0,0,1\}$，$-6 \leqslant n \leqslant 6$。

请问：$X_1(e^{j\omega})$、$X_2(e^{j\omega})$ 和 $X_3(e^{j\omega})$ 之间存在某种形式的关系式吗？若存在，其物理意义是什么？

请进一步证明：如果

$$x_k(n) = \begin{cases} x(n/k), & \text{当 } n/k \text{ 是整数时} \\ 0, & \text{其他} \end{cases}$$

那么 $X_k(e^{j\omega}) = X(e^{jk\omega})$，其中 $X_k(e^{j\omega})$ 是 $x_k(n)$ 的傅里叶变换，$X(e^{j\omega})$ 是 $x(n)$ 的傅里叶变换。

1-11 已知 $x(n)$ 的傅里叶变换为 $X(e^{j\omega}) = 1/1 - \alpha e^{-j\omega}$，试求以下各个序列的傅里叶变换：

(1) $x_1(n) = x(2n-1)$；

(2) $x_2(n) = e^{\pi n/3} x(n+3)$；

(3) $x_3(n) = x(-2n+2)$；

(4) $x_4(n) = x(2n)\cos(1.2n\pi)$；

(5) $x_5(n) = x(n) * x(-n+1)$。

第 2 章

离散傅里叶变换、快速

算法及其应用

本章内容提要

本章主要讲解离散傅里叶变换及其快速算法——快速傅里叶变换、快速傅里叶变换的基本应用。在讲解过程中,不仅直接给出离散傅里叶变换的定义,还特别从离散时间傅里叶变换、离散时间傅里叶级数表示、周期频率的等间隔采样等不同角度推导出离散傅里叶变换的定义式,从中可以看出这些变换其实是一脉相承的。

由于第 1 章已经通过模运算符定义了循环移位与循环反转,所以在讲解离散傅里叶的性质时,轻而易举地避免了序号的越界,也使得推导过程简单、直观。

我们透彻地讲解了通过重叠保留法计算一个有限长冲激序列与一个无限长输入序列的线性卷积,从中体会到线性卷积与循环卷积在信号处理中的独特地位。证明过程体现了不同思路之间的异曲同工之妙,令人叹为观止。

2.1 离散傅里叶变换

实际上遇到的序列都是有限长的,故必定不是周期的,所以对其进行傅里叶级数展开表示是不可行的,而且缺乏高效的算法用离散时间傅里叶变换求其频谱。离散傅里叶变换 (Discrete Fourier Transform,DFT)为有限长序列提供了一个有效的频率分析方法。

回顾离散序列 $x(n)$ 的离散时间傅里叶变换:

$$X(\mathrm{e}^{\mathrm{j}\omega}) = \sum_{n=-\infty}^{\infty} x(n)\mathrm{e}^{-\mathrm{j}\omega n} \tag{2.1}$$

显然 $X(\mathrm{e}^{\mathrm{j}\omega})$ 中的频率自变量 ω 是连续变化的,而离散序列才便于用数字信号处理手段进行分析和处理,因此离散时间傅里叶变换不能有效地使用数字计算机或数字信号处理器进行处理。设想如果对离散时间傅里叶变换中连续变化的频率变量 ω 进行离散化采样 $2\pi k/N$(N 为总采样点数),得到离散化的频谱,最终建立起离散时间变量 n 和离散频率变量 k 之间的映射关系。这个映射关系就构成了离散傅里叶变换的基础。从这个意义上可以说,"**离散傅里叶变换**"是离散化的"**离散时间傅里叶变换**"。

2.1.1 离散傅里叶变换的定义

时域中 M 点序列 $x(n)$ 的 N 点离散傅里叶变换 $X(k)$ 定义为

$$X(k) = \sum_{n=0}^{N-1} x(n)\mathrm{e}^{-\mathrm{j}2\pi kn/N}, \quad 0 \leqslant k \leqslant N-1 \tag{2.2}$$

显然要满足 $M \leqslant N$；否则若 $M > N$，则上式右边的求和没有考虑 $N \leqslant n \leqslant M-1$ 区间内的 $x(n)$，造成了信息损失。

下面推导离散傅里叶反变换式。将上式两边同乘以 $e^{j2\pi k\ell/N}$ （$0 \leqslant \ell \leqslant N-1$），得

$$X(k)e^{j2\pi k\ell/N} = \sum_{n=0}^{N-1} x(n)e^{-j2\pi k(n-\ell)/N}$$

上式两边对 k 求和得

$$\sum_{k=0}^{N-1} X(k)e^{j2\pi k\ell/N} = \sum_{k=0}^{N-1}\sum_{n=0}^{N-1} x(n)e^{-j2\pi k(n-\ell)/N}$$

上式右边交换对 n 和对 k 求和的次序得

$$\sum_{k=0}^{N-1} X(k)e^{j2\pi k\ell/N} = \sum_{n=0}^{N-1} x(n) \sum_{k=0}^{N-1} e^{-j2\pi k(n-\ell)/N}$$

利用式(1.191)，上式变为

$$\sum_{k=0}^{N-1} X(k)e^{j2\pi k\ell/N} = \sum_{n=\ell} x(n)\sum_{k=0}^{N-1} e^{-j2\pi k(n-\ell)/N} + \sum_{n \neq \ell} x(n)\sum_{k=0}^{N-1} e^{-j2\pi k(n-\ell)/N}$$
$$= Nx(\ell)$$

这样就得到了反变换式：

$$x(\ell) = \frac{1}{N}\sum_{k=0}^{N-1} X(k)e^{j2\pi k\ell/N}, \quad 0 \leqslant \ell \leqslant N-1$$

为了方便起见，记：

$$W_N = e^{-j2\pi/N} \tag{2.3}$$

这样离散傅里叶变换(DFT)对为

$$\begin{cases} X(k) = \sum_{n=0}^{N-1} x(n)W_N^{kn}, & 0 \leqslant k \leqslant N-1 \\ x(n) = \dfrac{1}{N}\sum_{k=0}^{N-1} X(k)W_N^{-kn}, & 0 \leqslant n \leqslant N-1 \end{cases} \tag{2.4}$$

为了叙述方便，后面用 $x(n) \overset{\text{DFT}}{\longleftrightarrow} X(k)$ 或 $\text{DFT}[x(n)] = X(k)$ 表示离散傅里叶变换的正变换；用 $X(k) \overset{\text{IDFT}}{\longleftrightarrow} x(n)$ 或 $\text{IDFT}[X(k)] = x(n)$ 表示离散傅里叶变换的反变换。

令 $x(n)$ 的 N 点 DFT 正变换样本组成的向量为

$$\boldsymbol{X} = [X(1), X(2), \cdots, X(N-1)]^{\mathrm{T}} \tag{2.5}$$

输入样本组成的向量为

$$\boldsymbol{x} = [x(1), x(2), \cdots, x(N-1)]^{\mathrm{T}} \tag{2.6}$$

定义维度为 $N \times N$ 的 DFT 核矩阵：

$$\boldsymbol{D}_N = \begin{bmatrix} 1 & 1 & 1 & \cdots & 1 \\ 1 & W_N^1 & W_N^{2\times 1} & \cdots & W_N^{(N-1)\times 1} \\ 1 & W_N^2 & W_N^{2\times 2} & \cdots & W_N^{(N-1)\times 2} \\ \vdots & \vdots & \vdots & & \vdots \\ 1 & W_N^{N-1} & W_N^{2\times(N-1)} & \cdots & W_N^{(N-1)\times(N-1)} \end{bmatrix} \tag{2.7}$$

定义维度为 $N \times N$ 的 IDFT 核矩阵：

$$D_N^{-1} = \frac{1}{N} \begin{bmatrix} 1 & 1 & 1 & \cdots & 1 \\ 1 & W_N^{-1} & W_N^{-2\times1} & \cdots & W_N^{-(N-1)\times1} \\ 1 & W_N^{-2} & W_N^{-2\times2} & \cdots & W_N^{-(N-1)\times2} \\ \vdots & \vdots & \vdots & & \vdots \\ 1 & W_N^{-(N-1)} & W_N^{-2\times(N-1)} & \cdots & W_N^{-(N-1)\times(N-1)} \end{bmatrix} \tag{2.8}$$

则 DFT 变换可写为以下矩阵形式：

$$\begin{cases} X = D_N x \\ x = D_N^{-1} X \end{cases} \tag{2.9}$$

2.1.2 从离散时间傅里叶变换引出离散傅里叶变换

对周期为 N 的离散周期序列 $\tilde{x}(n)$，定义 $\tilde{x}(n)$ 的主值区间序列 $x_N(n)$ 如下：

$$x_N(n) = \begin{cases} \tilde{x}(n), & 0 \leqslant n \leqslant N-1 \\ 0, & \text{其他} \end{cases} \tag{2.10}$$

从定义式来看，在主值区间 $[0, N-1]$ 内离散傅里叶变换与离散傅里叶级数变换一致，或者说可以把离散傅里叶变换理解为离散傅里叶级数在主值区间上进行的变换。通常意义上的这种理解难免肤浅。为了加深对离散傅里叶变换的理解，下面从两个不同的角度出发给出离散傅里叶变换的定义，由此可以理解离散傅里叶变换的物理意义。

第一种定义基于离散时间傅里叶变换的均匀采样，由此得到的结论和时域采样定理类似，即这种频域的等间隔采样导致时域的周期重复。设有限长序列 $x(n)$ 的傅里叶变换为 $X_1(e^{j\omega})$。因为 $X_1(e^{j\omega})$ 是频域周期为 2π 的周期信号，在每一个周期内对 $X_1(e^{j\omega})$ 都进行 N 点等间隔冲激串采样，则采样频率可设为 $\omega_k = 2\pi k/N$，k 为整数。采样得到的频谱信号为

$$X_0(e^{j\omega}) = X_1(e^{j\omega}) \sum_{k=-\infty}^{\infty} \delta(\omega - 2\pi k/N) \tag{2.11}$$

记 $X_0(e^{j\omega})$ 的傅里叶反变换为 $x_0(n)$。

先给出一对离散时间傅里叶变换。由离散时间傅里叶的定义并利用公式(1.79)，很容易得到以下傅里叶变换对：

$$\frac{N}{2\pi} \sum_{p=-\infty}^{\infty} \delta(n - Np) \overset{\text{DTFT}}{\longleftrightarrow} \sum_{k=-\infty}^{\infty} \delta(\omega - 2\pi k/N) \tag{2.12}$$

由离散时间傅里叶变换的时域卷积特性得

$$x_0(n) = x(n) * \frac{N}{2\pi} \sum_{p=-\infty}^{\infty} \delta(n - Np) = \frac{N}{2\pi} \sum_{p=-\infty}^{\infty} x(n - Np) \tag{2.13}$$

上式表明 $x_0(n)$ 是 $x(n)$ 的周期延拓（相差常数因子 $N/2\pi$），并且重复的周期为 N。

如果序列 $x(n)$ 是长度为 M 的有限长序列，只要 $M \leqslant N$，则 $x_0(n)$ 的波形就不存在混叠现象，进而可以通过 $x_0(n)$ 恢复出 $x(n)$，即此时有

$$x_0(n) = \frac{N}{2\pi} x(n), \quad 0 \leqslant n \leqslant N-1 \tag{2.14}$$

上式说明可以通过离散时间傅里叶变换的采样恢复出原离散序列，只要满足 $N \geqslant M$。

由离散时间傅里叶反变换得

$$x_0(n) = \frac{1}{2\pi} \int_{\langle 2\pi \rangle} X_0(e^{j\omega}) e^{j\omega n} d\omega \tag{2.15}$$

将式(2.11)代入式(2.15)右边得

$$x_0(n) = \frac{1}{2\pi} \int_{2\pi} \left[X_1(e^{j\omega}) \sum_{k=-\infty}^{\infty} \delta(\omega - 2\pi k/N) \right] e^{j\omega n} d\omega \tag{2.16}$$

在上式两边中交换求和与积分的次序得

$$x_0(n) = \frac{1}{2\pi} \sum_{k=-\infty}^{\infty} \left[\int_{2\pi} \left[X_1(e^{j\omega}) e^{j\omega n} \right] \delta(\omega - 2\pi k/N) d\omega \right] \tag{2.17}$$

上式两边的积分计算说明如下：选取对 ω 积分的区间为 $[0, 2\pi]$，显然当且仅当 $0 \leqslant k \leqslant N-1$ 时 $\delta(\omega - 2\pi k/N)$ 的奇异点在此积分区间内，所以上式右边对 k 求和的范围为 $0 \leqslant k \leqslant N-1$。上式变为

$$x_0(n) = \frac{1}{2\pi} \sum_{k=0}^{N-1} X_1(e^{j2\pi k/N}) e^{j2\pi nk/N} \tag{2.18}$$

由式(2.18)和式(2.14)得

$$x(n) = \frac{1}{N} \sum_{k=0}^{N-1} X_1(e^{j2\pi k/N}) e^{j2\pi nk/N}, \quad 0 \leqslant n \leqslant N-1 \tag{2.19}$$

若令

$$X(k) \stackrel{\triangle}{=} X_1(e^{j2\pi k/N}) \tag{2.20}$$

式(2.19)可以写为

$$x(n) = \frac{1}{N} \sum_{k=0}^{N-1} X(k) W_N^{-kn}, \quad 0 \leqslant n \leqslant N-1 \tag{2.21}$$

这就得到了离散傅里叶反变换式(Inverse DFT，IDFT)。

由 DTFT 的定义式得

$$X(k) \stackrel{\triangle}{=} X_1(e^{j2\pi k/N}) = \sum_{n=-\infty}^{\infty} x(n) e^{-j2\pi kn/N}, \quad 0 \leqslant k \leqslant N-1 \tag{2.22}$$

考虑到 $x(n)$ 序号 n 的取值范围为 $0 \leqslant n \leqslant M-1$，且 $M \leqslant N$，所以也可以说 $x(n)$ 的有效范围为 $0 \leqslant n \leqslant N-1$，上式可写为

$$X(k) = \sum_{n=0}^{N-1} x(n) W_N^{kn}, \quad 0 \leqslant k \leqslant N-1 \tag{2.23}$$

这就得到了离散傅里叶正变换式。

由此得到序列 $x(n)$ 的离散傅里叶变换对：

$$\begin{cases} X(k) = \sum_{n=0}^{N-1} x(n) W_N^{kn}, & 0 \leqslant k \leqslant N-1 \\ x(n) = \frac{1}{N} \sum_{k=0}^{N-1} X(k) W_N^{-kn}, & 0 \leqslant n \leqslant N-1 \end{cases} \tag{2.24}$$

从以上推导过程可以看出，长度为 M 的有限长序列 $x(n)$，只要 $M \leqslant N$，则其 N 点离散傅里叶变换 $X(k)$ 和序列 $x(n)$ 时域的 N 个取值一一对应。当然由于 $x(n)$ 的有效长度为 M，所以这 N 个取值还包括尾部 $N-M$ 个补充的零值。此外，$X(k)$ 和 $x(n)$ 的离散时间傅里叶变换 $X_1(e^{j\omega})$ 在频率点 $\omega = 2\pi k/N$ 的取值相等。

回顾连续信号的采样定理。设连续时间信号 $x(t)$ 的冲激串采样为

$$x_s(t) = x(t) \sum_{N=-\infty}^{\infty} \delta(t-NT) \tag{2.25}$$

若 $x(t)$ 的傅里叶变换为 $X(j\Omega)$，则 $x_s(t)$ 的傅里叶变换为

$$X_s(j\Omega) = \frac{1}{T} \sum_{k=-\infty}^{\infty} X(j(\Omega - k\omega_s)) \tag{2.26}$$

时域采样定理说明可以通过连续时间信号的采样恢复出原信号，只要满足 $\omega_s \geqslant 2\omega_c$，其中 ω_c 为 $X(j\Omega)$ 的最高截止频率。显然式(2.13)具有与上式类似的形式，这是时-频对偶性所致。

2.1.3 从离散时间傅里叶级数引出离散傅里叶变换

考虑序列 $x(n)$ 的离散时间傅里叶变换

$$X(e^{j\omega}) = \sum_{n=-\infty}^{\infty} x(n) e^{-j\omega n} \tag{2.27}$$

现在对 $X(e^{j\omega})$ 进行 N 点等间隔采样。因为 $X(e^{j\omega})$ 隐含着 2π 的周期性，所以对 $X(e^{j\omega})$ 的等间隔采样只能得到有限个不同的频率采样点。具体来说，如果采样间隔为 $2\pi/N$，则只存在 N 个不同频率采样点：

$$2\pi k/N, \quad 0 \leqslant k \leqslant N-1$$

对应的频谱采样值为

$$X(e^{j2\pi k/N}) = \sum_{n=-\infty}^{\infty} x(n) e^{-j2\pi kn/N}, \quad 0 \leqslant k \leqslant N-1 \tag{2.28}$$

依次将上式右边的求和项每 N 项合并成一组，得

$$X(e^{j2\pi k/N}) = \cdots + \sum_{n=-N}^{-1} x(n) e^{-j2\pi kn/N} + \sum_{n=0}^{N-1} x(n) e^{-j2\pi kn/N} + \sum_{n=N}^{2N-1} x(n) e^{-j2\pi kn/N} + \cdots$$

$$= \sum_{\ell=-\infty}^{\infty} \sum_{n=\ell N}^{(\ell+1)N-1} x(n) e^{-j2\pi kn/N} \tag{2.29}$$

进行变量代换：若 $p = n - \ell N$，则 $n = p + \ell N$，上式变为

$$X(e^{j2\pi k/N}) = \sum_{\ell=-\infty}^{\infty} \sum_{p=0}^{N-1} x(p+\ell N) e^{-j2\pi k(p+\ell N)/N} = \sum_{\ell=-\infty}^{\infty} \sum_{p=0}^{N-1} x(p+\ell N) e^{-j2\pi kp/N}$$

$$= \sum_{p=0}^{N-1} \Big[\sum_{\ell=-\infty}^{\infty} x(p+\ell N) \Big] e^{-j2\pi kp/N}$$

$$= \sum_{p=0}^{N-1} \tilde{x}(p) e^{-j2\pi kp/N} \tag{2.30}$$

式中 $\tilde{x}(n)$ 定义如下：

$$\tilde{x}(n) \triangleq \sum_{\ell=-\infty}^{\infty} x(n+\ell N) \tag{2.31}$$

显然 $\tilde{x}(n)$ 是周期为 N 的周期序列，设其傅里叶级数表示系数为

$$a_k = \frac{1}{N} \sum_{n=0}^{N-1} \tilde{x}(n) e^{-j2\pi kn/N} \tag{2.32}$$

比较式(2.32)和式(2.30)，可以看出：

$$a_k = \frac{1}{N} X(\mathrm{e}^{\mathrm{j}2\pi k/N}), \quad 0 \leqslant k \leqslant N-1 \tag{2.33}$$

进而由傅里叶级数表示反变换得

$$\tilde{x}(n) = \sum_{k=0}^{N-1} a_k \mathrm{e}^{\mathrm{j}2\pi kn/N} = \frac{1}{N} \sum_{k=0}^{N-1} X(\mathrm{e}^{\mathrm{j}2\pi k/N}) \mathrm{e}^{\mathrm{j}2\pi kn/N} \tag{2.34}$$

上式给出从傅里叶变换 $X(\mathrm{e}^{\mathrm{j}\omega})$ 的采样重构周期序列 $\tilde{x}(n)$ 的精确方法。然而,这并不意味着就可以从采样恢复出 $X(\mathrm{e}^{\mathrm{j}\omega})$ 或 $x(n)$。

若令

$$X(k) \overset{\Delta}{=} Na_k = X(\mathrm{e}^{\mathrm{j}2\pi k/N}), \quad 0 \leqslant k \leqslant N-1 \tag{2.35}$$

则式(2.34)、式(2.35)和式(2.30)已经构造出了周期序列 $\tilde{x}(n)$ 的离散傅里叶变换对:

$$\begin{cases} X(k) = \sum_{n=0}^{N-1} \tilde{x}(n) \mathrm{e}^{-\mathrm{j}2\pi kn/N} \\[2mm] \tilde{x}(n) = \frac{1}{N} \sum_{k=0}^{N-1} X(k) \mathrm{e}^{\mathrm{j}2\pi kn/N} \end{cases} \tag{2.36}$$

这里同样得出一个重要的结论: $\tilde{x}(n)$ 也是由 $x(n)$ 周期延拓形成的。显然,当且仅当 $x(n)$ 是有限长序列并且其长度 $L \leqslant N$(请记住一点,周期序列 $\tilde{x}(n)$ 的周期为 N)时,才能通过 $\tilde{x}(n)$ 的一个周期恢复出 $x(n)$。此时,由式(2.31)可得

$$x(n) = \tilde{x}(n) R_N(n) = \frac{1}{N} \Big[\sum_{k=0}^{N-1} X(\mathrm{e}^{\mathrm{j}2\pi k/N}) \mathrm{e}^{\mathrm{j}2\pi kn/N} \Big] R_N(n) \tag{2.37}$$

从而 $x(n)$ 的傅里叶变换为

$$\begin{aligned} X(\mathrm{e}^{\mathrm{j}\omega}) &= \sum_{n=-\infty}^{\infty} x(n) \mathrm{e}^{-\mathrm{j}\omega n} = \sum_{n=0}^{N-1} \Big[\frac{1}{N} \sum_{k=0}^{N-1} X(\mathrm{e}^{\mathrm{j}2\pi k/N}) \mathrm{e}^{\mathrm{j}2\pi kn/N} \Big] \mathrm{e}^{-\mathrm{j}\omega n} \\ &= \sum_{k=0}^{N-1} X(\mathrm{e}^{\mathrm{j}2\pi k/N}) \Big[\frac{1}{N} \sum_{n=0}^{N-1} \mathrm{e}^{\mathrm{j}2\pi kn/N} \mathrm{e}^{-\mathrm{j}\omega n} \Big] \\ &= \sum_{k=0}^{N-1} X(\mathrm{e}^{\mathrm{j}2\pi k/N}) \Big[\frac{1}{N} \sum_{n=0}^{N-1} \mathrm{e}^{-\mathrm{j}(\omega-2\pi k/N)n} \Big] \end{aligned} \tag{2.38}$$

定义

$$\bar{\omega}(\omega) \overset{\Delta}{=} \frac{1}{N} \sum_{k=0}^{N-1} \mathrm{e}^{-\mathrm{j}\omega n} = \frac{1}{N} \frac{1-\mathrm{e}^{-\mathrm{j}\omega N}}{1-\mathrm{e}^{-\mathrm{j}\omega}} = \frac{1}{N} \frac{\sin(\omega N/2)}{\sin(\omega/2)} \mathrm{e}^{-\mathrm{j}\omega(N-1)/2} \tag{2.39}$$

最终得

$$X(\mathrm{e}^{\mathrm{j}\omega}) = \sum_{k=0}^{N-1} X(\mathrm{e}^{\mathrm{j}2\pi k/N}) \bar{\omega}(\omega - 2\pi k/N), \quad L \leqslant N \tag{2.40}$$

这就得到了通过序列傅里叶变换的采样 $X(\mathrm{e}^{\mathrm{j}2\pi k/N})$ 重构傅里叶变换 $X(\mathrm{e}^{\mathrm{j}\omega})$ 的内插公式。这里的内插函数不同于由连续信号的采样值重构连续信号的内插函数 $\sin\theta/\theta$,而是其周期性形式,这完全是 $X(\mathrm{e}^{\mathrm{j}\omega})$ 隐含的周期性所致。$\bar{\omega}(\omega)$ 中的相移反映出 $x(n)$ 是因果有限长序列的基本事实。

注意到

$$\bar{\omega}(2\pi k/N) = \begin{cases} 1, & k=0 \\ 0, & k=1,2,\cdots,N-1 \end{cases} \tag{2.41}$$

所以当 $\omega=2\pi k/N,0\leqslant k\leqslant N-1$ 时 $\bar{\omega}(\omega-2\pi k/N)=1$，这表明在采样频率点 $\omega_k=2\pi k/N$ 处重构是完全精确的。而在其他频率处，该公式提供了一个通过对傅里叶变换采样值进行加权求和。

下面求周期序列 $\tilde{x}(n)$ 在主值区间部分的傅里叶变换：

$$\hat{X}(\mathrm{e}^{\mathrm{j}\omega}) = \sum_{n=-\infty}^{\infty}[\tilde{x}(n)R_N(n)]\mathrm{e}^{-\mathrm{j}\omega n} = \sum_{n=-\infty}^{\infty}\left[\left(\sum_{\ell=-\infty}^{\infty}x(n+\ell N)\right)R_N(n)\right]\mathrm{e}^{-\mathrm{j}\omega n}$$

$$= \sum_{\ell=-\infty}^{\infty}\left[\sum_{n=0}^{N-1}x(n+\ell N)\mathrm{e}^{-\mathrm{j}\omega n}\right] \tag{2.42}$$

令 $n+\ell N=m$，上式变为

$$\hat{X}(\mathrm{e}^{\mathrm{j}\omega}) = \sum_{\ell=-\infty}^{\infty}\left[\sum_{m=\ell N}^{(\ell+1)N-1}x(m)\mathrm{e}^{-\mathrm{j}\omega(m-\ell N)}\right] = \sum_{\ell=-\infty}^{\infty}\mathrm{e}^{\mathrm{j}\ell N\omega}\left[\sum_{m=\ell N}^{(\ell+1)N-1}x(m)\mathrm{e}^{-\mathrm{j}\omega m}\right] \tag{2.43}$$

在采样频率点 $\omega=2\pi k/N$ 处，傅里叶变换为

$$\hat{X}(\mathrm{e}^{\mathrm{j}2\pi k/N}) = \sum_{\ell=-\infty}^{\infty}\mathrm{e}^{\mathrm{j}\ell N(2\pi k/N)}\left[\sum_{m=\ell N}^{(\ell+1)N-1}x(m)\mathrm{e}^{-\mathrm{j}(2\pi k/N)m}\right]$$

$$= \sum_{\ell=-\infty}^{\infty}\left[\sum_{m=\ell N}^{(\ell+1)N-1}x(m)\mathrm{e}^{-\mathrm{j}(2\pi k/N)m}\right]$$

$$= \sum_{m=-\infty}^{\infty}x(m)\mathrm{e}^{-\mathrm{j}(2\pi k/N)m} \tag{2.44}$$

而在采样频率点 $\omega=2\pi k/N$ 处，序列 $x(n)$ 的傅里叶变换为

$$X(\mathrm{e}^{\mathrm{j}2\pi k/N}) = \sum_{n=-\infty}^{\infty}x(n)\mathrm{e}^{-\mathrm{j}2\pi kn/N}, \quad 0\leqslant k\leqslant N-1 \tag{2.45}$$

比较式(2.44)和式(2.45)，并结合式(2.35)，可知在采样频率点 $\omega=2\pi k/N$ 处

$$\hat{X}(\mathrm{e}^{\mathrm{j}2\pi k/N}) = X(\mathrm{e}^{\mathrm{j}2\pi k/N}) = X(k) \tag{2.46}$$

需要注意的是，在 $\omega\neq2\pi k/N$ 处 $\hat{X}(\mathrm{e}^{\mathrm{j}2\pi k/N})$ 与 $X(\mathrm{e}^{\mathrm{j}2\pi k/N})$ 截然不同。

对长度 $L\leqslant N$ 的有限长序列 $x(n)$，它的 N 点离散傅里叶变换 $X(k)$ 与之互为唯一确定的关系，通过 $X(k)$ 能够得到 $x(n)$ 的表示，但是 $X(k)$ 并不能提供 $x(n)$ 频谱 $X(\mathrm{e}^{\mathrm{j}\omega})$ 的完整信息。事实上，$X(k)$ 仅仅提供了在 N 个离散频率点 $\omega=2\pi k/N$ 处的频谱信息，绝大多数的频谱信息是缺失的。通过增大 N，可以得到更加稠密、紧凑的频谱信息。

例 2-1 对以下序列分析其傅里叶变换、离散傅里叶变换：

$$x(n) = a^n u(n), \quad 0 < a < 1 \tag{2.47}$$

解：$x(n)$ 的傅里叶变换为

$$X(\mathrm{e}^{\mathrm{j}\omega}) = \sum_{n=-\infty}^{\infty}x(n)\mathrm{e}^{-\mathrm{j}\omega n} = \sum_{n=-\infty}^{\infty}a^n u(n)\mathrm{e}^{-\mathrm{j}\omega n} = \frac{1}{1-a\mathrm{e}^{-\mathrm{j}\omega}} \tag{2.48}$$

对 $X(\mathrm{e}^{\mathrm{j}\omega})$ 进行 N 点等间隔采样即可得 $x(n)$ 的离散傅里叶变换：

$$X(k) = X(\mathrm{e}^{\mathrm{j}\omega})\mid_{\omega=2\pi k/N} = \frac{1}{1-a\mathrm{e}^{-\mathrm{j}2\pi k/N}}, \quad 0\leqslant k\leqslant N-1 \tag{2.49}$$

下面来具体看看 $\tilde{x}(n)$ 和 $x(n)$ 的区别。在区间 $0\leqslant n\leqslant N-1$ 内，$\tilde{x}(n)$ 为

$$\tilde{x}(n) = \left[\sum_{\ell=-\infty}^{\infty}x(n+\ell N)\right]R_N(n) = \left[\sum_{\ell=-\infty}^{\infty}a^{(n+\ell N)}u(n+\ell N)\right]R_N(n)$$

$$= \left[\sum_{\ell=0}^{\infty} a^{(n+\ell N)} \right] R_N(n) = \frac{a^n}{1 - a^N} \tag{2.50}$$

可以看出 $\tilde{x}(n)$ 与 $x(n)$ 存在两点差别：第一，前者为周期序列，后者为无限长非周期序列；第二，在 $\tilde{x}(n)$ 的一个周期内，两者也并不完全相等，这是由 $x(n)$ 无限长所致。在区间 $0 \leqslant n \leqslant N-1$ 内，$\tilde{x}(n)$ 与 $x(n)$ 相差一个因子 $1/(1-a^N)$，这正是 $x(n)$ 周期延拓时混叠的影响。如果对 $X(e^{j\omega})$ 等间隔采样的点数 N 足够大，这个因子就足够小，两者就越接近。

下边研究 $\tilde{x}(n)$ 在主值区间 $0 \leqslant n \leqslant N-1$ 内部分的傅里叶变换：

$$\hat{X}(e^{j\omega}) = \sum_{n=-\infty}^{\infty} \left[\tilde{x}(n) R_N(n) \right] e^{-j\omega n} = \sum_{n=0}^{N-1} \frac{a^n}{1 - a^N} e^{-j\omega n}$$

$$= \frac{1}{1 - a^N} \frac{1 - a^N e^{-jN\omega}}{1 - a e^{-j\omega}} \tag{2.51}$$

显然 $X(e^{j\omega}) \neq \hat{X}(e^{j\omega})$，然而很容易验证在频率采样点 $\omega = 2\pi k/N$ 处两者却相等：

$$X(e^{j\omega}) \big|_{\omega = 2\pi k/N} = \hat{X}(e^{j\omega}) \big|_{\omega = 2\pi k/N} \tag{2.52}$$

由此得到 $x(n)$ 的离散傅里叶变换为

$$X(k) = X(e^{j\omega}) \big|_{\omega = 2\pi k/N} = \hat{X}(e^{j\omega}) \big|_{\omega = 2\pi k/N} = \frac{1}{1 - a e^{-j2\pi k/N}} \tag{2.53}$$

2.1.4　从周期频域的等间隔采样引出离散傅里叶变换

下面再从另外一个角度引出离散傅里叶变换的定义。这种定义基于对时域受限信号的等间隔采样序列的周期频谱进行等间隔采样，由时域采样定理可知，这些频域的等间隔采样对应的时域信号是原时域采样的周期重复。用数字信号处理器对 $x(t)$ 的傅里叶变换 $X(j\Omega)$ 进行处理，需要有 $x(t)$ 的采样值，因为它只能处理离散数据；再者，数字信号处理器也仅能计算离散频率点上的频谱，或者说傅里叶变换 $X(j\Omega)$ 的采样值。为此需要将 $X(j\Omega)$ 的采样值和 $x(t)$ 的采样值联系起来。

由采样定理可知，对时域信号 $x(t)$ 进行间隔为 T 的等间隔采样得到采样信号 $x_s(t)$，则 $x_s(t)$ 的频谱 $X_s(j\Omega)$ 是 $x(t)$ 频谱 $X(j\Omega)$ 的周期重复，且重复频率为 $\omega_s = 2\pi/T$。现在尝试对 $X(j\Omega)$ 在频域进行间隔为 ω_0 的等间隔采样，由傅里叶变换的时-频对偶性可知，频域的这个采样处理在时域产生的对应结果是 $x_s(t)$ 的周期重复(如图 2-1 所示)，现在假设这个重复的周期为 T_0。设一个周期 T_0 内时域的采样点数为 N，一个周期 ω_s 内频域的采样点数为 N_0，下面证明 $N = N_0$。由于 $x_s(t)$ 每隔 T 有一个采样点，所以一个周期 T_0 内总的采样点数为 $N = T_0/T$。由于 $X_s(j\Omega)$ 每隔 ω_0 有一个采样点，所以一个周期 ω_s 内总的采样点数为 $N_0 = \omega_s/\omega_0$。由于 $\omega_s = 2\pi/T$ 和 $\omega_0 = 2\pi/T_0$，所以有

$$N/N_0 = \frac{T_0/T}{\omega_s/\omega_0} = \frac{T_0/T}{(2\pi/T)/(2\pi/T_0)} = 1 \tag{2.54}$$

设 $x(nT)$ 和 $X(jk\omega_0)$ 分别表示 $x(t)$ 和 $X(j\Omega)$ 的第 n 个和第 k 个采样值，进行如下两个定义：

$$x(n) \triangleq T \cdot x(nT) = \frac{T_0}{N} \cdot x(nT) \tag{2.55}$$

$$X(k) \triangleq X(jk\omega_0) \tag{2.56}$$

后面会证明 $x(n)$ 和 $X(k)$ 存在以下关系：

$$X(k) = \sum_{n=0}^{N-1} x(n) \mathrm{e}^{-jk\Omega_0 n} \tag{2.57}$$

$$x(n) = \frac{1}{N} \sum_{k=0}^{N-1} X(k) \mathrm{e}^{jk\Omega_0 n} \tag{2.58}$$

式中 $\Omega_0 = \omega_0 T = 2\pi T/T_0 = 2\pi/N$。显然以上两式分别对应离散傅里叶的正变换和反变换。

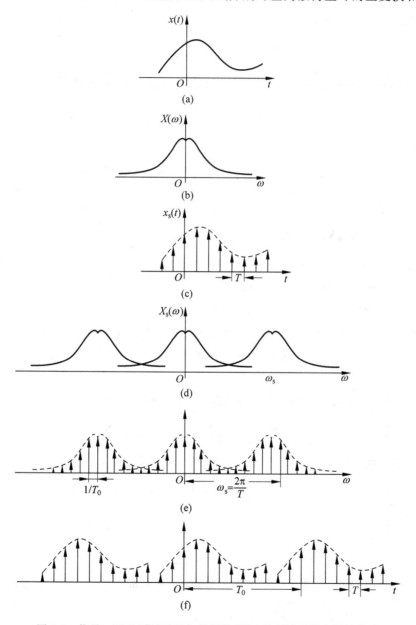

图 2-1　信号 $x(t)$ 的时域采样与其频谱 $X(\omega)$ 的频域采样之间的关系

由前面的定义可知，$x(n)$ 是 $x(t)$ 第 n 个采样值的 T 倍，而 $X(k)$ 是 $X(j\Omega)$ 的第 k 个采样值。式(2.57)表明可由 $x(t)$ 的采样值 $x(n) \triangleq T \cdot x(nT)$ 计算 $X(j\Omega)$ 的采样值 $X(k) \triangleq X(jk\omega_0)$；

式(2.58)表明可由 $X(j\Omega)$ 的采样值 $X(k)\stackrel{\Delta}{=}X(jk\omega_0)$ 计算 $x(t)$ 的采样值 $x(n)\stackrel{\Delta}{=}T\cdot x(nT)$。这样就把时域的 N 个采样值 $x(n)\stackrel{\Delta}{=}T\cdot x(nT)$ 和频域的 N 个采样值 $X(k)\stackrel{\Delta}{=}X(jk\omega_0)$ 联系起来了。

式(2.57)的证明如下。由于

$$x_s(t) = \sum_{n=0}^{N-1} x(nT)\delta(t-nT) \tag{2.59}$$

对上式两边取傅里叶变换得到

$$X_s(j\Omega) = \sum_{n=0}^{N-1} x(nT)e^{-jn\Omega T} \tag{2.60}$$

如果采样频率 $\omega_0 \geqslant 2\omega_c$，采样信号的频谱不发生混叠，由时域采样定理得

$$X_s(j\Omega) = \frac{1}{T}X(j\Omega) \tag{2.61}$$

由此可得

$$X(j\Omega) = T \cdot X_s(j\Omega) = T \cdot \sum_{n=0}^{N-1} x(nT)e^{-jn\Omega T} = \sum_{n=0}^{N-1} x(n)e^{-jn\Omega T} \tag{2.62}$$

由式(2.62)和式(2.56)得

$$X(k) \stackrel{\Delta}{=} X(jk\omega_0) = \sum_{n=0}^{N-1} x(n)e^{-jnk\omega_0 T} = \sum_{n=0}^{N-1} x(n)e^{-jnk\Omega_0} \tag{2.63}$$

式中 $\Omega_0 = \omega_0 T$。这就证明了式(2.57)。同理可证式(2.58)。

考虑到 $\omega_0 = 2\pi/T_0$ 和 $N=T_0/T$，易得

$$\Omega_0 = \omega_0 T = (2\pi/T_0) \cdot (T_0/N) = 2\pi/N \tag{2.64}$$

例 2-2　设 $x(n)$ 是一个 $2N$ 点离散序列，且满足等式：$x(n)=x(n+N)$，$0 \leqslant n \leqslant N-1$。已知序列 $x_1(n)=x(n)(0 \leqslant n \leqslant N-1)$ 的 N 点 DFT 为 $X_1(k)$，试用 $X_1(k)$ 给出 $x(n)$ 的 $2N$ 点离散傅里叶变换 $X(k)$。

解：由 DFT 定义式，$x(n)$ 的 $2N$ 点离散傅里叶变换 $X(k)$ 为

$$X(k) = \sum_{n=0}^{2N-1} x(n)e^{-j2\pi kn/2N} = \sum_{n=0}^{N-1} x(n)e^{-j2\pi kn/2N} + \sum_{n=N}^{2N-1} x(n)e^{-j2\pi kn/2N}$$

在上式右边第二项中进行变量代换 $m=n-N$，第二项变为

$$\sum_{m=0}^{N-1} x(m+N)e^{-j2\pi k(m+N)/2N} = \sum_{m=0}^{N-1} x(m)e^{-j2\pi km/2N}e^{-j\pi k} = (-1)^k \sum_{m=0}^{N-1} x(m)e^{-j2\pi km/2N}$$

最终 $X(k)$ 变为

$$X(k) = [1+(-1)^k] \sum_{n=0}^{N-1} x(n)e^{-j2\pi kn/2N}$$

显然当 k 为奇数时，$X(k)$ 恒为零。当 k 为偶数时，设 $k=2m(0 \leqslant m \leqslant N-1)$，此时 $X(k)$ 变为

$$X(k) = 2\sum_{n=0}^{N-1} x(n)e^{-j2\pi n(2m/2)/N} = 2\sum_{n=0}^{N-1} x(n)e^{-j2\pi nm/N}$$

考虑到 $X_1(k) = \sum_{n=0}^{N-1} x(n)e^{-j2\pi kn/N}(0 \leqslant k \leqslant N-1)$，上式变为

$$X(k) = 2X_1(m) = 2X_1(k/2) \quad (0 \leqslant k \leqslant 2N-2，且为偶数)$$

2.1.5　离散傅里叶变换与其他变换的关系

事实上,单纯从定义式就可以看出离散傅里叶变换与其他变换存在一定的关系,理清这些关系有助于更好地理解离散傅里叶变换。

与离散周期序列的傅里叶级数表示的关系。回顾离散周期序列的傅里叶级数表示

$$\begin{cases} a_k = \dfrac{1}{N} \displaystyle\sum_{n=0}^{N-1} \tilde{x}(n) \mathrm{e}^{-\mathrm{j}2\pi kn/N} \\[3mm] \tilde{x}(n) = \displaystyle\sum_{k=0}^{N-1} a_k \mathrm{e}^{\mathrm{j}2\pi kn/N} \end{cases} \tag{2.65}$$

如果对周期离散序列 $\tilde{x}(n)$ 在主值区间部分进行 N 点离散傅里叶变换,那么由离散傅里叶变换的定义可以看出,所得的离散傅里叶变换 $X(k)$ 与上述傅里叶级数展开系数 a_k 存在以下关系:

$$X(k) = Na_k \tag{2.66}$$

因此,N 点离散傅里叶变换给出了周期为 N 的周期序列的精确线谱。

1. 与非周期序列离散时间傅里叶变换的关系

因为序列 $x(n)$ 的离散时间傅里叶变换 $X(\mathrm{e}^{\mathrm{j}\omega})$ 隐含着 2π 的周期性,所以对 $X(\mathrm{e}^{\mathrm{j}\omega})$ 的等间隔采样只能得到有限个不同的频率采样点。具体来说,如果采样间隔为 $2\pi/N$,则只存在 N 个不同频率采样点:

$$2\pi k/N, \quad 0 \leqslant k \leqslant N-1$$

如果序列 $x(n)$ 的长度 $L \leqslant N$,则它的 N 点离散傅里叶变换 $X(k)$ 是离散时间傅里叶变换 $X(\mathrm{e}^{\mathrm{j}\omega})$ 的等间隔采样:

$$X(k) = X(\mathrm{e}^{\mathrm{j}\omega})\big|_{\omega=2\pi k/N} \tag{2.67}$$

2. 与 $\mathcal{Z}$ 变换的关系

定义在 $0 \leqslant n \leqslant N-1$ 内的有限长离散序列 $x(n)$ 的 $\mathcal{Z}$ 变换 $X(z)$、傅里叶变换 $X(\mathrm{e}^{\mathrm{j}\omega})$ 和离散傅里叶变换 $X(k)$ 分别为

$$X(z) = \sum_{n=0}^{N-1} x(n) z^{-n} \tag{2.68}$$

$$X(\mathrm{e}^{\mathrm{j}\omega}) = \sum_{n=-\infty}^{+\infty} x(n) \mathrm{e}^{-\mathrm{j}\omega n} \tag{2.69}$$

$$X(k) = \sum_{n=0}^{N-1} x(n) \mathrm{e}^{-\mathrm{j}2\pi kn/N} \tag{2.70}$$

如果 $X(z)$ 的收敛域包括 z 平面内的单位圆,则三者存在以下关系:

(1) 傅里叶变换 $X(\mathrm{e}^{\mathrm{j}\omega})$ 对应于 $z=\mathrm{e}^{\mathrm{j}\omega}$ 的 $\mathcal{Z}$ 变换 $X(z)$,即

$$X(\mathrm{e}^{\mathrm{j}\omega}) = X(z)\big|_{z=\mathrm{e}^{\mathrm{j}\omega}} \tag{2.71}$$

(2) 离散傅里叶变换 $X(k)$ 对应于对傅里叶变换 $X(\mathrm{e}^{\mathrm{j}\omega})$ 的在 $\omega \in [0, 2\pi)$ 上的等间隔采样

$$X(k) = X(\mathrm{e}^{\mathrm{j}\omega})\big|_{\omega=2\pi k/N} \tag{2.72}$$

综合式(2.71)和式(2.72)得

$$X(k) = X(z)\big|_{z=\mathrm{e}^{\mathrm{j}2\pi k/N}} \tag{2.73}$$

这表明离散傅里叶变换 $X(k)$ 对应于 $\mathcal{Z}$ 变换 $X(z)$ 在单位圆上的等间隔采样。如果已经得到了 $X(z)$，就能据此得到 $X(k)$。

已知离散序列 $x(n)$，可以得到其 $\mathcal{Z}$ 变换 $X(z)$、傅里叶变换 $X(e^{j\omega})$、离散傅里叶变换 $X(k)$；反之亦然。图 2-2 将 $x(n)$ 置于中心位置，双向箭头表示了这种三组一一对应关系。但事实上，由排列知道四个量之间存在 $A_4^3 = 4 \times 3 = 12$ 种不同关系式，图中用实线和虚线分别表示正、反变换关系。现在只剩下如何从 $X(k)$ 得到 $X(z)$ 的变换关系式，下面进行推导。

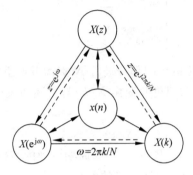

图 2-2　离散序列与其 $\mathcal{Z}$ 变换、傅里叶变换、离散傅里叶变换之间的相互关系

通过对 $X(k)$ 进行离散傅里叶反变换得到时域离散序列 $x(n)$，将此代入 $\mathcal{Z}$ 变换 $X(z)$ 的定义式得

$$X(z) = \sum_{n=0}^{N-1} x(n) z^{-n} = \sum_{n=0}^{N-1} \left[\frac{1}{N} \sum_{k=0}^{N-1} X(k) W_N^{-kn} \right] z^{-n} = \frac{1}{N} \sum_{k=0}^{N-1} X(k) \left[\sum_{n=0}^{N-1} W_N^{-kn} z^{-n} \right] \quad (2.74)$$

进一步得

$$X(z) = \frac{1}{N} \sum_{k=0}^{N-1} X(k) \left[\sum_{n=0}^{N-1} (W_N^{-k} z^{-1})^n \right] = \frac{1}{N} \sum_{k=0}^{N-1} X(k) \frac{1 - (W_N^{-k} z^{-1})^N}{1 - W_N^{-k} z^{-1}} \quad (2.75)$$

最终得到

$$X(z) = \frac{1 - z^{-N}}{N} \sum_{k=0}^{N-1} \frac{X(k)}{1 - W_N^{-k} z^{-1}} \quad (2.76)$$

这就由 $X(k)$ 通过内插得到了 $X(z)$。

上述内插结果在单位圆上变为 $x(n)$ 的傅里叶变换：

$$X(e^{j\omega}) = X(z) \big|_{z=e^{j\omega}} = \frac{1 - (e^{j\omega})^{-N}}{N} \sum_{k=0}^{N-1} \frac{X(k)}{1 - W_N^{-k} (e^{j\omega})^{-1}}$$

$$= \frac{1 - e^{-jN\omega}}{N} \sum_{k=0}^{N-1} \frac{X(k)}{1 - e^{-j(\omega - 2\pi k/N)}} \quad (2.77)$$

傅里叶变换的上述表达式是多项式形式的插值公式。事实上，它与插值公式 (2.40) 是一致的。在插值公式 (2.40) 中：

$$\bar{\omega}(\omega - 2\pi k/N) = \frac{1}{N} \frac{1 - e^{-j(\omega - 2\pi k/N)N}}{1 - e^{-j(\omega - 2\pi k/N)}} = \frac{1}{N} \frac{1 - e^{-jN\omega}}{1 - e^{-j(\omega - 2\pi k/N)}} \quad (2.78)$$

考虑到 $X(e^{j2\pi k/N}) = X(k)$，插值公式 (2.40) 变为

$$X(e^{j\omega}) = \sum_{k=0}^{N-1} X(e^{j2\pi k/N}) \bar{\omega}(\omega - 2\pi k/N) = \frac{1}{N} \sum_{k=0}^{N-1} \frac{1 - e^{-jN\omega}}{1 - e^{-j(\omega - 2\pi k/N)}} X(k) \quad (2.79)$$

显然式 (2.79) 与式 (2.77) 完全一致。

2.2 离散傅里叶变换的性质

1. DFT 隐含的周期性

离散傅里叶变换定义了时域 N 个时间点到频域 N 个频率点的一一映射,定义式本身隐含着周期性。具体来说,如果不限定序号的范围,则可以认为 $x(n)$ 和 $X(k)$ 都是周期为 N 的序列。证明如下:对任意整数 ℓ,由离散傅里叶变换的定义式有

$$X(k+\ell N) = \sum_{n=0}^{N-1} x(n) W_N^{(k+\ell N)n} = \sum_{n=0}^{N-1} x(n) W_N^{kn} W_N^{\ell Nn} \tag{2.80}$$

考虑到 $W_N^{\ell Nn} = \mathrm{e}^{-j\ell Nn2\pi/N} = 1$,上式变为

$$X(k+\ell N) = \sum_{n=0}^{N-1} x(n) W_N^{kn} = X(k) \tag{2.81}$$

同理可证 $x(n+\ell N) = x(n)$ 成立。

离散傅里叶变换定义中的正变换和反变换分别限定 $0 \leqslant n \leqslant N-1$ 和 $0 \leqslant k \leqslant N-1$,这两个区间称为离散傅里叶变换的主值区间。用计算机或数字信号处理器进行频谱分析时,一般都期望信号在时域和频域都是离散和有限的,这种限定是自然而然的,也是合情合理的。离散傅里叶变换潜在的周期性使得它具有许多优良特性,利用这些特性就得到了离散傅里叶变换的快速算法——快速傅里叶变换(FFT),它使得计算离散傅里叶变换(DFT)高效而方便。这时可以把 $x(n)$ 和 $X(k)$ 看成是其中的任意一个周期,只要进行 DFT 时取的点数 N 不小于对信号的采样点数 M,则 DFT 的正、反变换都是精确的。DFT 把长度为 M 的序列映射成 N 个离散的频率系数,它们对应于 $x(n)$ 离散时间傅里叶变换 $X(\mathrm{e}^{j\omega})$ 的 N 个采样,即

$$X(k) = X(\mathrm{e}^{j\omega})\mid_{\omega=2\pi k/N}, \quad 0 \leqslant k \leqslant N-1 \tag{2.82}$$

2. 时域循环移位性质

若 $x(n) \overset{\text{DFT}}{\longleftrightarrow} X(k)$,则

$$x(\langle n-m \rangle_N) \overset{\text{DFT}}{\longleftrightarrow} X(k) W_N^{km} \tag{2.83}$$

证明:对 $x(\langle n-m \rangle_N)$ 进行离散傅里叶变换得

$$\mathrm{DFT}[x(\langle n-m \rangle_N)] = \sum_{n=0}^{N-1} x(n-m+\ell N) W_N^{kn} \tag{2.84}$$

式中 ℓ 为满足 $0 \leqslant n-m+\ell N \leqslant N-1$ 的某个待定整数(具体取值无关紧要)。在上式右边进行变量代换:$p = n-m+\ell N$,对 p 求和的范围为:$0 \leqslant p \leqslant N-1$。将 $n = p+m-\ell N$ 代入式(2.84)右边得

$$\mathrm{DFT}[x(\langle n-m \rangle_N)] = \sum_{p=0}^{N-1} x(p) W_N^{k(p+m-\ell N)} \tag{2.85}$$

考虑到 $W_N^{k\ell N} = 1$,上式变为

$$\mathrm{DFT}[x(\langle n-m \rangle_N)] = W_N^{km} \sum_{p=0}^{N-1} x(p) W_N^{kp} = W_N^{km} X(k) \tag{2.86}$$

3. 频域循环移位性质

若 $x(n) \overset{\text{DFT}}{\longleftrightarrow} X(k)$,则

$$x(n)W_N^{-mn} \overset{\text{DFT}}{\longleftrightarrow} X(\langle k-m\rangle_N) \tag{2.87}$$

证明：对 $X(\langle k-m\rangle_N)$ 进行离散傅里叶反变换得

$$\text{IDFT}[X(\langle k-m\rangle_N)] = \frac{1}{N}\sum_{n=0}^{N-1} X(k-m+\ell N)W_N^{-kn} \tag{2.88}$$

式中 ℓ 为满足 $0 \leqslant k-m+\ell N \leqslant N-1$ 的某个待定整数。在上式右边进行变量代换：$p=k-m+\ell N$，将 $k=p+m-\ell N$ 代入上式右边得

$$\text{IDFT}[X(\langle k-m\rangle_N)] = \frac{1}{N}\sum_{p=0}^{N-1} X(p)W_N^{-n(p+m-\ell N)} \tag{2.89}$$

考虑到 $W_N^{n\ell N}=1$，上式变为

$$\begin{aligned}
\text{IDFT}[X(\langle k-m\rangle_N)] &= \frac{1}{N}\sum_{p=0}^{N-1} X(p)W_N^{-n(p+m)} \\
&= W_N^{-mn}\left[\frac{1}{N}\sum_{p=0}^{N-1} X(p)W_N^{-pn}\right] \\
&= x(n)W_N^{-mn} \tag{2.90}
\end{aligned}$$

4. 时域循环卷积定理

设 $x_1(n)$ 和 $x_2(n)$ 的 N 点离散傅里叶变换分别为 $X_1(k)$ 和 $X_2(k)$，则有如下时域循环卷积定理：

$$x_1(n) \otimes x_2(n) \overset{\text{DFT}}{\longleftrightarrow} X_1(k)X_2(k) \tag{2.91}$$

证明：由 DFT 的定义有

$$\begin{aligned}
\text{DFT}[x_1(n) \otimes x_2(n)] &= \text{DFT}\left[\sum_{m=0}^{N-1} x_1(m)x_2(\langle n-m\rangle_N)\right] \\
&= \text{DFT}\left[\sum_{m=0}^{N-1} x_1(m)x_2(n-m+\ell N)\right] \tag{2.92}
\end{aligned}$$

式中 ℓ 为满足 $0 \leqslant n-m+\ell N \leqslant N-1$ 的某个整数。由 DFT 的定义式，上式变为

$$x_1(n) \otimes x_2(n) \overset{\text{DFT}}{\longleftrightarrow} \sum_{n=0}^{N-1}\sum_{m=0}^{N-1} x_1(m)x_2(n-m+\ell N)W_N^{kn} \tag{2.93}$$

在上式右边进行代换：$p=n-m+\ell N$，对 p 求和的范围为：$0 \leqslant p \leqslant N-1$。将 $n=p+m-\ell N$ 代入式(2.93)右边得

$$x_1(n) \otimes x_2(n) \overset{\text{DFT}}{\longleftrightarrow} \sum_{p=0}^{N-1}\sum_{m=0}^{N-1} x_1(m)x_2(p)W_N^{k(p+m-\ell N)} \tag{2.94}$$

考虑到 $W_N^{k\ell N}=1$，上式变为

$$x_1(n) \otimes x_2(n) \overset{\text{DFT}}{\longleftrightarrow} \left[\sum_{m=0}^{N-1} x_1(m)W_N^{km}\right]\left[\sum_{p=0}^{N-1} x_2(p)W_N^{kp}\right] = X_1(k)X_2(k) \tag{2.95}$$

5. 频域循环卷积定理

下面不加证明地给出频域循环卷积定理。设 $x_1(n)$ 和 $x_2(n)$ 的 N 点离散傅里叶变换分别为 $X_1(k)$ 和 $X_2(k)$，则有如下频域循环卷积定理：

$$x_1(n)x_2(n) \overset{\text{DFT}}{\longleftrightarrow} \frac{1}{N}X_1(k) \otimes X_2(k) \tag{2.96}$$

循环卷积定理实际上提供了一个间接实现循环卷积的方法。如果要求得 $x_1(n)\otimes$

$x_2(n)$,可以先分别求得 $x_1(n)$ 和 $x_2(n)$ 的 N 点离散傅里叶变换 $X_1(k)$ 和 $X_2(k)$,再对两者的乘积 $X_1(k)X_2(k)$ 求离散傅里叶反变换即可得 $x_1(n)\bigotimes x_2(n)$。类似地,如果要求得 $X_1(k)\bigotimes X_2(k)$,可以先分别先求得 $X_1(k)$ 和 $X_2(k)$ 的离散傅里叶反变换 $x_1(n)$ 和 $x_2(n)$,再对两者的乘积 $x_1(n)x_2(n)$ 求离散傅里叶变换即可得 $X_1(k)\bigotimes X_2(k)/N$。

循环卷积定理从侧面说明循环卷积满足交换律。因为由时域循环卷积定理有

$$x_1(n) \bigotimes x_2(n) \overset{\text{DFT}}{\longleftrightarrow} X_1(k)X_2(k)$$

$$x_2(n) \bigotimes x_1(n) \overset{\text{DFT}}{\longleftrightarrow} X_2(k)X_1(k)$$

比较以上两式,显然右边相等,所以左边也相等,此即

$$x_1(n) \bigotimes x_2(n) = x_2(n) \bigotimes x_1(n)$$

6. 循环反转

循环反转相当于固定 $x(0)$,把其余的序列值按逆时针方向排列,序号位置按顺时针排列的次序不动,把序号与序列值一一对应起来,所以有

$$x(\langle -n \rangle_N) = \begin{cases} x(0), & n = 0 \\ x(N-n), & 1 \leqslant n \leqslant N-1 \end{cases} \tag{2.97}$$

如图 2-3 所示为长度为 6 的序列及其循环反转序列。由图可以看出,原序列与反转序列的序号固定不动,而序列值一个顺时针排列、另外一个逆时针排列。

若 $x(n)\overset{\text{DFT}}{\longleftrightarrow}X(k)$,则有

$$x(\langle -n \rangle_N) \overset{\text{DFT}}{\longleftrightarrow} X(\langle -k \rangle_N) \tag{2.98}$$

证明:记 $x(\langle -n \rangle_N)\overset{\text{DFT}}{\longleftrightarrow}X_1(k)$,由离散傅里叶变换的定义有

$$X_1(k) = \sum_{n=0}^{N-1} x(\langle -n \rangle_N)W_N^{kn} = x(0) + \sum_{n=1}^{N-1} x(N-n)W_N^{kn} \tag{2.99}$$

在上式右边进行代换:$N-n=m$,上式变为

$$X_1(k) = x(0) + \sum_{n=1}^{N-1} x(m)W_N^{k(N-m)} = x(0) + \sum_{n=1}^{N-1} x(m)W_N^{-km} \tag{2.100}$$

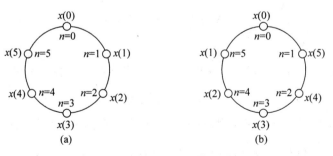

图 2-3 长度为 6 的序列及其循环反转

考虑到 $x(n)\overset{\text{DFT}}{\longleftrightarrow}X(k)$,即

$$X(k) = \sum_{n=0}^{N-1} x(n)W_N^{kn} = x(0) + \sum_{n=1}^{N-1} x(n)W_N^{kn} \tag{2.101}$$

显然:$X_1(0)=X(0)$。

当 $1 \leqslant k \leqslant N-1$ 时,有

$$X(N-k) = \sum_{n=1}^{N-1} x(n) W_N^{(N-k)n} = \sum_{n=1}^{N-1} x(n) W_N^{-kn} \qquad (2.102)$$

比较式(2.102)和式(2.100),可知

$$X_1(k) = X(N-k), \quad 1 \leqslant k \leqslant N-1 \qquad (2.103)$$

综上所述,时域循环反转对应频域循环反转。

7. 共轭对称性

若 $x(n) \overset{\text{DFT}}{\longleftrightarrow} X(k)$,则有

$$x^*(n) \overset{\text{DFT}}{\longleftrightarrow} X^*(\langle -k \rangle_N) \qquad (2.104)$$

证明:记 $x^*(n) \overset{\text{DFT}}{\longleftrightarrow} X_1(k)$,由离散傅里叶变换的定义有

$$X_1(k) = \sum_{n=0}^{N-1} x^*(n) W_N^{kn} = x^*(0) + \sum_{n=1}^{N-1} x^*(n) W_N^{kn}$$

考虑到 $x(n) \overset{\text{DFT}}{\longleftrightarrow} X(k)$,即

$$X(k) = \sum_{n=0}^{N-1} x(n) W_N^{kn} = x(0) + \sum_{n=1}^{N-1} x(n) W_N^{kn}$$

显然 $X_1(0) = X^*(0)$。

当 $1 \leqslant k \leqslant N-1$ 时,有

$$X^*(N-k) = \left[x(0) + \sum_{n=1}^{N-1} x(n) W_N^{(N-k)n} \right]^* = x^*(0) + \sum_{n=1}^{N-1} x^*(n) W_N^{(k-N)n}$$

注意到这样一个事实: $W_N^{Nn} = 1$,上式变为

$$X^*(N-k) = x^*(0) + \sum_{n=1}^{N-1} x^*(n) W_N^{kn} = X_1(k), \quad 1 \leqslant k \leqslant N-1$$

综上所述,有

$$X_1(k) = \begin{cases} X^*(0), & k = 0 \\ X^*(N-k), & 1 \leqslant k \leqslant N-1 \end{cases}$$

证毕。

由循环反转特性知 $x(\langle -n \rangle_N) \overset{\text{DFT}}{\longleftrightarrow} X(\langle -k \rangle_N)$,所以共轭对称性又可写为

$$x^*(\langle -n \rangle_N) \overset{\text{DFT}}{\longleftrightarrow} X^*(k) \qquad (2.105)$$

例 2-3 定义 N 点序列 $x(n)$ 的循环共轭对称部分和循环共轭反对称部分分别为

$$x_{cs}(n) = \frac{1}{2} \left[x(n) + x^*(\langle -n \rangle_N) \right], \quad 0 \leqslant n \leqslant N-1 \qquad (2.106)$$

$$x_{ca}(n) = \frac{1}{2} \left[x(n) - x^*(\langle -n \rangle_N) \right], \quad 0 \leqslant n \leqslant N-1 \qquad (2.107)$$

$x(n)$ 的 N 点 DFT 为 $X(k) = X_R(k) + jX_1(k)$。证明 $x_{cs}(n)$ 的 N 点 DFT 为 $X_R(k)$,$x_{ca}(n)$ 的 N 点 DFT 为 $X_1(k)$。其中 $X_R(k)$ 和 $X_1(k)$ 分别表示 $X(k)$ 的实部和虚部。

证明: 显然由 $X(k)$ 得到其实部和虚部分别为

$$\begin{cases} X_{\mathrm{R}}(k) = \dfrac{1}{2}\big[X(k) + X^*(k)\big] \\[3mm] X_{\mathrm{I}}(k) = \dfrac{1}{2\mathrm{j}}\big[X(k) - X^*(k)\big] \end{cases} \qquad (2.108)$$

由 DFT 共轭对称性可得

$$x_{\mathrm{cs}}(n) = \frac{1}{2}\big[x(n) + x^*(\langle -n\rangle_N)\big] \overset{\mathrm{DFT}}{\longleftrightarrow} \frac{1}{2}\big[X(k) + X^*(k)\big] \qquad (2.109)$$

$$\mathrm{j}\cdot x_{\mathrm{ca}}(n) = \frac{\mathrm{j}}{2}\big[x(n) - x^*(\langle -n\rangle_N)\big] \overset{\mathrm{DFT}}{\longleftrightarrow} \frac{1}{2}\big[X(k) - X^*(k)\big] \qquad (2.110)$$

因此，$x_{\mathrm{cs}}(n)$ 的 N 点 DFT 为 $X_{\mathrm{R}}(k)$，$\mathrm{j}\cdot x_{\mathrm{ca}}(n)$ 的 N 点 DFT 为 $X_{\mathrm{I}}(k)$。

同理可证(或由时-频对称性可知)：$x_{\mathrm{R}}(n)$ 的 N 点 DFT 为 $X_{\mathrm{cs}}(k)$，$\mathrm{j}\cdot x_{\mathrm{I}}(n)$ 的 N 点 DFT 为 $X_{\mathrm{ca}}(k)$。

8. 循环相关定理

设 $x(n)$ 的有效范围为 $0\leqslant n\leqslant M_1-1$，$y(n)$ 的有效范围为 $0\leqslant n\leqslant M_2-1$，对任意 $N\geqslant \max(M_1,M_2)$，定义如下的 N 点循环相关运算：

$$\tilde{r}_{xy}(n) = \sum_{m=0}^{N-1} x(m)y^*(\langle m-n\rangle_N), \quad 0\leqslant n\leqslant N-1 \qquad (2.111)$$

设 $x(n)$ 和 $y(n)$ 的 N 点离散傅里叶变换分别为 $X(k)$ 和 $Y(k)$，则有如下循环相关定理：

$$\tilde{r}_{xy}(n) \overset{\mathrm{DFT}}{\longleftrightarrow} X(k)Y^*(k) \qquad (2.112)$$

证明：由 DFT 的定义有

$$\mathrm{DFT}\big[\tilde{r}_{xy}(n)\big] = \mathrm{DFT}\Big[\sum_{m=0}^{N-1} x(m)y^*(\langle m-n\rangle_N)\Big]$$

$$= \mathrm{DFT}\Big[\sum_{m=0}^{N-1} x(m)y^*(m-n+\ell N)\Big] \qquad (2.113)$$

式中 ℓ 为满足 $0\leqslant m-n+\ell N\leqslant N-1$ 的某个整数。由 DFT 的定义式，上式变为

$$\mathrm{DFT}\big[\tilde{r}_{xy}(n)\big] = \sum_{n=0}^{N-1}\sum_{m=0}^{N-1} x(m)y^*(m-n+\ell N)W_N^{kn} \qquad (2.114)$$

在上式右边进行代换：$p=m-n+\ell N$，对 p 求和的范围为：$0\leqslant p\leqslant N-1$。将 $n=m-p-\ell N$ 代入式(2.114)右边得

$$\mathrm{DFT}\big[\tilde{r}_{xy}(n)\big] = \sum_{p=0}^{N-1}\sum_{m=0}^{N-1} x(m)y^*(p)W_N^{k(m-p-\ell N)} \qquad (2.115)$$

考虑到 $W_N^{k\ell N}=1$，式(2.115)变为

$$\mathrm{DFT}\big[\tilde{r}_{xy}(n)\big] = \Big[\sum_{m=0}^{N-1} x(m)W_N^{km}\Big]\Big[\sum_{p=0}^{N-1} y^*(p)W_N^{-kp}\Big]$$

$$= \Big[\sum_{m=0}^{N-1} x(m)W_N^{km}\Big]\Big[\sum_{p=0}^{N-1} y(p)W_N^{kp}\Big]^*$$

$$= X(k)Y^*(k) \qquad (2.116)$$

利用时域循环卷积定理和共轭对称性很容易由式(2.116)得

$$\tilde{r}_{xy}(n) = x(n)\otimes y^*(\langle -n\rangle_N) \qquad (2.117)$$

9. 奇偶虚实性

对任意序列 $x(n)$，其循环反转序列记为 $x(\langle -n\rangle_N)$。如果 $x(n)=x(\langle -n\rangle_N)$，就称其是循环偶序列；如果 $x(n)=-x(\langle -n\rangle_N)$，就称其是循环奇序列。如果 $x(n)=x^*(\langle -n\rangle_N)$，就称其是循环共轭对称序列；如果 $x(n)=-x^*(\langle -n\rangle_N)$，就称其是循环共轭反对称序列。

设序列 $x(n)$ 的实部和虚部分别为 $x_R(n)$ 和 $x_I(n)$。记 $x(n)$ 离散傅里叶变换 $X(k)$，设 $X(k)$ 的实部和虚部分别为 $X_R(k)$ 和 $X_I(k)$。这里下标 R 代表英文 Real，意为"实部"；下标 I 代表英文 Imaginary，意为"虚部"。此即

$$x(n) = x_R(n) + jx_I(n) \tag{2.118}$$

$$X(k) = X_R(k) + jX_I(k) \tag{2.119}$$

由 DFT 的定义得

$$
\begin{aligned}
X(k) &= \sum_{n=0}^{N-1}[x_R(n)+jx_I(n)]e^{-j\frac{2\pi kn}{N}} \\
&= \sum_{n=0}^{N-1}[x_R(n)+jx_I(n)]\left(\cos\frac{2\pi kn}{N} - j\sin\frac{2\pi kn}{N}\right)
\end{aligned}
\tag{2.120}
$$

进一步整理得

$$
\begin{aligned}
X(k) &= \sum_{n=0}^{N-1}\left[x_R(n)\cos\frac{2\pi kn}{N} + x_I(n)\sin\frac{2\pi kn}{N}\right] + \\
&\quad j\sum_{n=0}^{N-1}\left[x_I(n)\cos\frac{2\pi kn}{N} - x_R(n)\sin\frac{2\pi kn}{N}\right]
\end{aligned}
\tag{2.121}
$$

由此 $X(k)$ 的实部 $X_R(k)$ 和虚部 $X_I(k)$ 分别为

$$X_R(k) = \sum_{n=0}^{N-1}x_R(n)\cos\frac{2\pi kn}{N} + x_I(n)\sin\frac{2\pi kn}{N} \tag{2.122}$$

$$X_I(k) = \sum_{n=0}^{N-1}x_I(n)\cos\frac{2\pi kn}{N} - x_R(n)\sin\frac{2\pi kn}{N} \tag{2.123}$$

1) 实序列

如果序列 $x(n)$ 为实序列，则其虚部 $x_I(n)$ 为零，则由式(2.122)和式(2.123)可得

$$X_R(k) = \sum_{n=0}^{N-1}x_R(n)\cos\frac{2\pi kn}{N} \tag{2.124}$$

$$X_I(k) = -\sum_{n=0}^{N-1}x_R(n)\sin\frac{2\pi kn}{N} \tag{2.125}$$

当 $1\leqslant k\leqslant N-1$ 时，有

$$
\begin{aligned}
X_R(N-k) &= \sum_{n=0}^{N-1}x_R(n)\cos\frac{2\pi(N-k)n}{N} \\
&= \sum_{n=0}^{N-1}x_R(n)\cos\frac{2\pi kn}{N} = X_R(k)
\end{aligned}
$$

此即

$$X_R(k) = X_R(\langle -k\rangle_N) \tag{2.126}$$

同样可得

$$X_I(k) = -X_I(\langle -k \rangle_N) \tag{2.127}$$

以上表明实序列的离散傅里叶变换为复序列,其实部 $X_R(k)$ 为循环偶序列,虚部 $X_I(k)$ 为循环奇序列。合并以上两式可得,对实序列 $x(n)$ 而言,其傅里叶变换 $X(k)$ 满足以下性质:

$$X(k) = X^*(\langle -k \rangle_N) \tag{2.128}$$

(1) 实的循环偶序列。

下面来研究实的循环偶序列的离散傅里叶变换。式(2.123)所示的虚部 $X_I(k)$ 重写如下:

$$\begin{aligned}
X_I(k) &= -\sum_{n=0}^{N-1} x_R(n)\sin\frac{2\pi kn}{N} \\
&= -\sum_{n=0} x_R(n)\sin\frac{2\pi kn}{N} - \sum_{n=1}^{N-1} x_R(n)\sin\frac{2\pi kn}{N} \\
&= -\sum_{n=1}^{N-1} x_R(n)\sin\frac{2\pi kn}{N}
\end{aligned} \tag{2.129}$$

当 N 为偶数时,则上式右侧的求和项 $x_R(n)\sin(2\pi kn/N)$ 有奇数项,上式变为

$$\begin{aligned}
X_I(k) &= -\sum_{n=1}^{N/2-1} x_R(n)\sin\frac{2\pi kn}{N} - \sum_{n=N/2+1}^{N-1} x_R(n)\sin\frac{2\pi kn}{N} - \sum_{n=N/2} x_R(n)\sin\frac{2\pi kn}{N} \\
&= -\sum_{n=1}^{N/2-1} x_R(n)\sin\frac{2\pi kn}{N} - \sum_{n=N/2+1}^{N-1} x_R(n)\sin\frac{2\pi kn}{N}
\end{aligned} \tag{2.130}$$

在上式右边第二项中令 $m=N-n$,则 $n=N-m$,将此代入第二项,上式变为

$$\begin{aligned}
X_I(k) &= -\sum_{n=1}^{N/2-1} x_R(n)\sin\frac{2\pi kn}{N} - \sum_{m=1}^{N/2-1} x_R(N-m)\sin\frac{2\pi k(N-m)}{N} \\
&= -\sum_{n=1}^{N/2-1} x_R(n)\sin\frac{2\pi kn}{N} + \sum_{m=1}^{N/2-1} x_R(N-m)\sin\frac{2\pi km}{N}
\end{aligned} \tag{2.131}$$

把上式右边第二项中 m 变回 n 并整理得

$$X_I(k) = \sum_{n=1}^{N/2-1} [x_R(N-n) - x_R(n)]\sin\frac{2\pi kn}{N} \tag{2.132}$$

考虑到 $x_R(n)$ 为循环偶序列,即对任意 $1 \leqslant n \leqslant N-1$ 有

$$x_R(n) = x_R(\langle -n \rangle_N) = x_R(N-n), \quad 1 \leqslant n \leqslant N-1 \tag{2.133}$$

由以上两式可得

$$X_I(k) = 0 \tag{2.134}$$

当 N 为奇数时,同理可得相同的结论。

以上表明实的循环偶序列的离散傅里叶变换为实序列,考虑到实序列的离散傅里叶变换的实部为循环偶序列,所以实的循环偶序列的离散傅里叶变换为实的循环偶序列。

(2) 实的循环奇序列。

下面研究实的循环奇序列的离散傅里叶变换。式(2.122)所示的实部 $X_R(k)$ 重写如下:

$$X_R(k) = \sum_{n=0}^{N-1} x_R(n)\cos\frac{2\pi kn}{N} \tag{2.135}$$

当 N 为偶数时,上式变为

$$X_R(k) = \sum_{n=1}^{N/2-1} x_R(n)\cos\frac{2\pi kn}{N} + \sum_{n=N/2+1}^{N-1} x_R(n)\cos\frac{2\pi kn}{N} + \sum_{n=N/2} x_R(n)\cos\frac{2\pi kn}{N}$$

$$= \sum_{n=1}^{N/2-1} x_R(n)\cos\frac{2\pi kn}{N} + \sum_{n=N/2+1}^{N-1} x_R(n)\cos\frac{2\pi kn}{N} + x_R\left(\frac{N}{2}\right)\cos(\pi k) \quad (2.136)$$

在上式右边第二项中令 $m = N - n$，则 $n = N - m$，上式变为

$$X_R(k) = \sum_{n=1}^{N/2-1} x_R(n)\cos\frac{2\pi kn}{N} + \sum_{m=1}^{N/2-1} x_R(N-m)\cos\frac{2\pi k(N-m)}{N} + x_R\left(\frac{N}{2}\right)\cos(\pi k)$$

$$= \sum_{n=1}^{N/2-1} x_R(n)\cos\frac{2\pi kn}{N} + \sum_{m=1}^{N/2-1} x_R(N-m)\cos\frac{2\pi km}{N} + x_R\left(\frac{N}{2}\right)\cos(\pi k)$$

把上式右边第二项中 m 变回 n 并整理得

$$X_R(k) = \sum_{n=1}^{N/2-1} x_R(n)\cos\frac{2\pi kn}{N} + \sum_{n=1}^{N/2-1} x_R(N-n)\cos\frac{2\pi kn}{N} + x_R\left(\frac{N}{2}\right)\cos(\pi k)$$

$$= \sum_{n=1}^{N/2-1} [x_R(n) + x_R(N-n)]\cos\frac{2\pi kn}{N} + x_R\left(\frac{N}{2}\right)\cos(\pi k) \quad (2.137)$$

考虑到 $x_R(n)$ 为循环奇序列，即对任意 $1 \leqslant n \leqslant N-1$ 有

$$x_R(n) = -x_R(\langle -n \rangle_N) = -x_R(N-n), \quad 1 \leqslant n \leqslant N-1 \quad (2.138)$$

当 $n = N/2$ 时，式（2.138）变为 $x_R(N/2) = -x_R(N/2)$，所以 $x_R(N/2) = 0$，结合式（2.137）有

$$X_R(k) = 0 \quad (2.139)$$

当 N 为奇数时，同理可得相同的结论。

以上表明实的循环奇序列的离散傅里叶变换为纯虚序列，考虑到实序列的离散傅里叶变换的虚部为循环奇序列，所以实的循环奇序列的离散傅里叶变换为纯虚的循环奇序列。

考虑到一个实序列 $x(n)$ 可以分解为一个实的循环偶序列 $x_{even}(n)$ 与一个实的循环奇序列 $x_{odd}(n)$ 之和。由以上分析可知，$x_{even}(n)$ 的 DFT 对应于 $X(k)$ 的实部 $X_R(k)$，$x_{odd}(n)$ 的 DFT 对应于 $X(k)$ 的虚部 $X_I(k)$ 乘以虚数单位 j。实序列 DFT 的对称性总结为表 2-1。

表 2-1　实序列的 DFT 的对称性质

长为 N 的实序列	N 点 DFT 序列
$x(n) = x_{even}(n) + x_{odd}(n)$	$X(k) = X_R(k) + j \cdot X_I(k)$
$x_{even}(n)$	$X_R(k)$
$x_{odd}(n)$	$j \cdot X_I(k)$
对称关系	$X(k) = X^*(\langle -k \rangle_N)$ $X_R(k) = X(\langle -k \rangle_N)$ $X_I(k) = -X(\langle -k \rangle_N)$

2）纯虚序列

如果序列 $x(n)$ 为纯虚序列，则其实部 $x_R(n)$ 为零，则由式（2.122）和式（2.123）得

$$X_R(k) = \sum_{n=0}^{N-1} x_I(n)\sin\frac{2\pi kn}{N} \quad (2.140)$$

$$X_I(k) = \sum_{n=0}^{N-1} x_I(n) \cos\frac{2\pi kn}{N} \tag{2.141}$$

采用与实序列相同的分析方法可得,纯虚序列的离散傅里叶变换为复序列,其实部 $X_R(k)$ 为循环奇序列,虚部 $X_I(k)$ 为循环偶序列。

采用与前面相同的推导方法,很容易得到,当 $x(n)$ 为纯虚的循环偶序列时 $X_R(k)=0$,这表明纯虚的循环偶序列的 DFT 是纯虚序列。考虑到纯虚序列的 DFT 的虚部为循环偶序列,所以纯虚的循环偶序列的 DFT 为纯虚的循环偶序列。当 $x(n)$ 为纯虚的循环奇序列时 $X_I(k)=0$,这表明纯虚的循环奇序列的 DFT 是实序列。考虑到纯虚序列的 DFT 的实部为循环奇序列,所以纯虚的循环偶序列的 DFT 为实的循环奇序列。

记任意序列 $x(n)$ 实部 $x_R(n)$ 的循环偶部分为 $x_R^e(n)$,实部 $x_R(n)$ 的循环奇部分为 $x_R^o(n)$;虚部 $x_I(n)$ 的循环偶部分为 $x_I^e(n)$,虚部 $x_I(n)$ 的循环奇部分为 $x_I^o(n)$。记 $x(n)$ 的离散傅里叶变换 $X(k)$ 实部 $X_R(k)$ 的循环偶部分为 $X_R^e(k)$,实部 $X_R(k)$ 的循环奇部分为 $X_R^o(k)$;虚部 $X_I(k)$ 的循环偶部分为 $X_I^e(k)$,虚部 $X_I(k)$ 的循环奇部分为 $X_I^o(k)$。这里上标 e 代表英文 even,意为"偶的";上标 o 代表英文 odd,意为"奇的"。此即

$$x(n) = x_R^e(n) + x_R^o(n) + jx_I^e(n) + jx_I^o(n) \tag{2.142}$$
$$X(k) = X_R^e(k) + X_R^o(k) + jX_I^e(k) + jX_I^o(k) \tag{2.143}$$

前述的奇偶虚实性可总结如图 2-4 所示。

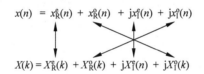

图 2-4　离散傅里叶变换的奇偶虚实性

例 2-4　实值序列 $x(n)$ 的 8 点 DFT 的前 5 个值为:$\{1+j, 1-2j, 3+2j, 4+5j, 7\}$,利用 DFT 的奇偶虚实性求 DFT 的后 3 个值,并求解以下各个序列的 8 点 DFT:

(1) $x(\langle n-4\rangle_8)$;

(2) $x(\langle -n-4\rangle_8)$;

(3) $x(n)e^{-j2\pi/4}$;

(4) $x(n)\bigotimes x(\langle -n\rangle_8)$。

解:序列 $x(n)$ 为实序列,利用式(2.128)得其离散傅里叶变换 $X(k)$ 满足下式:

$$X(k) = X^*(\langle -k\rangle_8)$$

因而有

$$X(5) = X^*(\langle -5\rangle_8) = X^*(3) = 4-5j$$
$$X(6) = X^*(\langle -6\rangle_8) = X^*(2) = 3-2j$$
$$X(7) = X^*(\langle -7\rangle_8) = X^*(1) = 1+2j$$

$x(n)$ 的 8 点 DFT 为

$$X(k) = \{1+j, 1-2j, 3+2j, 4+5j, 7, 4-5j, 3-2j, 1+2j\}, \quad 0 \leqslant k \leqslant 7$$

(1) 由时域循环移位性质可得

$$x(\langle n-4\rangle_8) \xleftrightarrow{\text{DFT}} X(k)W_8^{4k} = X(k)W_2^k = (-1)^k X(k)$$

$x(\langle n-4 \rangle_8)$的 8 点 DFT 为

$$\{1+j, -1+2j, 3+2j, -4-5j, 7, 4-5j, -3+2j, -1-2j\}$$

（2）对实序列 $x(n)$，由共轭对称性可得

$$x^*(\langle -n \rangle_N) = x(\langle -n \rangle_N) \overset{\text{DFT}}{\longleftrightarrow} X^*(k)$$

令 $v(n) = x(\langle -n \rangle_N)$，则 $v(n)$ 的 8 点 DFT 为

$$V(k) = \{1-j, 1+2j, 3-2j, 4-5j, 7, 4+5j, 3+2j, 1-2j\}, \quad 0 \leqslant k \leqslant 7$$

而 $v(n+4) = x(\langle -n-4 \rangle_N)$，由时域循环移位性质可得，$v(n+4) = x(\langle -n-4 \rangle_N)$ 的 8 点 DFT 为 $V(k)W_8^{-4k} = (-1)^k V(k)$，此即

$$V(k) = \{1-j, -1-2j, 3+2j, -4-5j, 7, -4-5j, 3+2j, -1+2j\}, \quad 0 \leqslant k \leqslant 7$$

（3）由频域移位性质，$x(n)\mathrm{e}^{-\mathrm{j}2\pi/4}$ 的 8 点 DFT 求解过程如下：

$$x(n)\mathrm{e}^{-\mathrm{j}2\pi/4} = x(n)\mathrm{e}^{-\mathrm{j}2\times 2\pi/8} \overset{\text{DFT}}{\longleftrightarrow} X(\langle k-2 \rangle_8)$$

最终得到 $x(n)\mathrm{e}^{-\mathrm{j}2\pi/4}$ 的 8 点 DFT 为

$$\{3-2j, 1+2j, 1+j, 1-2j, 3+2j, 4+5j, 7, 4-5j\}$$

（4）第（2）小题已经得到 $\text{DFT}[x(\langle -n \rangle_N)] = X^*(k)$，利用时域循环卷积定理可得 $x(n)\otimes x(\langle -n \rangle_8)$ 的 8 点 DFT 为

$$X(k)X^*(k) = \{2, 5, 13, 41, 49, 21, 13, 5\}$$

例 2-5 已知实序列 $x(n)$ 和实序列 $y(n)$ 的 N 点离散傅里叶变换分别为 $X(k)$ 和 $Y(k)$，证明可以通过计算序列 $z(n) = x(n) + \mathrm{j}\cdot y(n)$ 的 DFT 来得到 $X(k)$ 和 $Y(k)$。

证明：考虑到 $x(n)$ 和 $y(n)$ 为实序列，由 $z(n) = x(n) + \mathrm{j}\cdot y(n)$ 可知

$$\begin{cases} x(n) = z_\mathrm{R}(n) \\ y(n) = z_\mathrm{I}(n) \end{cases}$$

而 $z_\mathrm{R}(n)$ 的 N 点 DFT 为 $Z_\mathrm{cs}(k)$，$x_\mathrm{I}(n)$ 的 N 点 DFT 为 $Z_\mathrm{ca}(k)$，由此可得

$$X(k) = Z_\mathrm{cs}(k) = \frac{1}{2}[Z(k) + Z^*(\langle -k \rangle_N)]$$

$$Y(k) = Z_\mathrm{ca}(k) = \frac{1}{2\mathrm{j}}[Z(k) - Z^*(\langle -k \rangle_N)]$$

作为例 2-5 的一个实例，考虑 $x(n) = \{1, 2, 1, 1\}$ 和 $y(n) = \{1, 2, 2, 1\}$，先直接通过 DFT 定义式计算 4 点离散傅里叶变换 $X(k)$ 和 $Y(k)$，再通过例 2-5 的方法间接计算 $X(k)$ 和 $Y(k)$。因为 $W_4 = \mathrm{e}^{-\mathrm{j}2\pi/4}$，所以 DFT 核矩阵为

$$\boldsymbol{D}_4 = \begin{bmatrix} 1 & 1 & 1 & 1 \\ 1 & W_4^1 & W_4^2 & W_4^{3\times 1} \\ 1 & W_4^2 & W_4^{2\times 2} & W_4^{3\times 2} \\ 1 & W_4^3 & W_4^{2\times 3} & W_4^{3\times 3} \end{bmatrix} = \begin{bmatrix} 1 & 1 & 1 & 1 \\ 1 & -j & -1 & j \\ 1 & -1 & 1 & -1 \\ 1 & j & -1 & -j \end{bmatrix}$$

4 点离散傅里叶变换 $X(k)$ 组成的向量为

$$\boldsymbol{X} = \boldsymbol{D}_4 \boldsymbol{x} = \begin{bmatrix} 1 & 1 & 1 & 1 \\ 1 & -j & -1 & j \\ 1 & -1 & 1 & -1 \\ 1 & j & -1 & -j \end{bmatrix} \begin{bmatrix} 1 \\ 2 \\ 1 \\ 1 \end{bmatrix} = \begin{bmatrix} 5 \\ -j \\ -1 \\ j \end{bmatrix}$$

4 点离散傅里叶变换 $Y(k)$ 组成的向量为

$$
\boldsymbol{Y} = \boldsymbol{D}_4\, \boldsymbol{y} =
\begin{bmatrix}
1 & 1 & 1 & 1 \\
1 & -\mathrm{j} & -1 & \mathrm{j} \\
1 & -1 & 1 & -1 \\
1 & \mathrm{j} & -1 & -\mathrm{j}
\end{bmatrix}
\begin{bmatrix}
1 \\ 2 \\ 2 \\ 1
\end{bmatrix}
=
\begin{bmatrix}
6 \\ -1-\mathrm{j} \\ 0 \\ -1+\mathrm{j}
\end{bmatrix}
$$

复数样本 $z(n) = x(n) + \mathrm{j}\cdot y(n)$ 组成的向量为

$$
\boldsymbol{z} =
\begin{bmatrix}
1+\mathrm{j} \\
2+2\mathrm{j} \\
1+2\mathrm{j} \\
1+\mathrm{j}
\end{bmatrix}
$$

$z(n)$ 的 4 点离散傅里叶变换 $Z(k)$ 组成的向量为

$$
\boldsymbol{Z} = \boldsymbol{D}_4\, \boldsymbol{z} =
\begin{bmatrix}
1 & 1 & 1 & 1 \\
1 & -\mathrm{j} & -1 & \mathrm{j} \\
1 & -1 & 1 & -1 \\
1 & \mathrm{j} & -1 & -\mathrm{j}
\end{bmatrix}
\begin{bmatrix}
1+\mathrm{j} \\
2+2\mathrm{j} \\
1+2\mathrm{j} \\
1+\mathrm{j}
\end{bmatrix}
=
\begin{bmatrix}
5+6\mathrm{j} \\
1-2\mathrm{j} \\
-1 \\
-1
\end{bmatrix}
$$

$Z^*(\langle -k \rangle_N)$ 组成的向量为

$$
\begin{bmatrix}
5-6\mathrm{j} \\
-1 \\
-1 \\
1+2\mathrm{j}
\end{bmatrix}
$$

通过上例结论可以验证所得结果与直接通过 DFT 定义式得到的结果一致。

例 2-6　定义 N 点序列 $x(n)$ 的循环共轭对称部分和循环共轭反对称部分分别为

$$
x_{\mathrm{cs}}(n) = \frac{1}{2}\big[x(n) + x^*(\langle -n \rangle_N)\big], \quad 0 \leqslant n \leqslant N-1
$$

$$
x_{\mathrm{ca}}(n) = \frac{1}{2}\big[x(n) - x^*(\langle -n \rangle_N)\big], \quad 0 \leqslant n \leqslant N-1
$$

$x(n)$ 的 N 点 DFT 为 $X(k) = X_{\mathrm{R}}(k) + \mathrm{j}X_{\mathrm{I}}(k)$。证明 $x_{\mathrm{cs}}(n)$ 的 N 点 DFT 为 $X_{\mathrm{R}}(k)$，$x_{\mathrm{ca}}(n)$ 的 N 点 DFT 为 $\mathrm{j}X_{\mathrm{I}}(k)$。

证明：显然由 $X(k)$ 得到其实部和虚部分别为

$$
X_{\mathrm{R}}(k) = \frac{1}{2}\big[X(k) + X^*(k)\big]
$$

$$
X_{\mathrm{I}}(k) = \frac{1}{2\mathrm{j}}\big[X(k) - X^*(k)\big]
$$

由 DFT 循环反转特性可得

$$
x_{\mathrm{cs}}(n) = \frac{1}{2}\big[x(n) + x^*(\langle -n \rangle_N)\big] \overset{\text{DFT}}{\longleftrightarrow} \frac{1}{2}\big[X(k) + X^*(k)\big] = X_{\mathrm{R}}(k)
$$

$$
x_{\mathrm{ca}}(n) = \frac{1}{2}\big[x(n) - x^*(\langle -n \rangle_N)\big] \overset{\text{DFT}}{\longleftrightarrow} \frac{1}{2}\big[X(k) - X^*(k)\big] = \mathrm{j}X_{\mathrm{I}}(k)
$$

因此，$x_{\mathrm{cs}}(n)$ 的 N 点 DFT 为 $X_{\mathrm{R}}(k)$，$x_{\mathrm{ca}}(n)$ 的 N 点 DFT 为 $\mathrm{j}X_{\mathrm{I}}(k)$。

复序列的 DFT 的对称性质如表 2-2 所示。

表 2-2 复序列的 DFT 的对称性质

长为 N 的序列	N 点 DFT 序列
$x(n)=x_R(n)+j \cdot x_I(n)$	$X(k)=X_R(k)+j \cdot X_I(k)$
$x^*(n)$	$X^*(\langle -k \rangle_N)$
$x^*(\langle -n \rangle_N)$	$X^*(k)$
$x(\langle -n \rangle_N)$	$X(\langle -k \rangle_N)$
$x_R(n)$	$X_{cs}(k)$
$j \cdot x_I(n)$	$X_{ca}(k)$
$x_{cs}(n)$	$X_R(k)$
$x_{ca}(n)$	$j \cdot X_I(k)$

例 2-7 已知 $x(n)$ 和 $y(n)$ 均为 N 点循环偶序列,构造一个全新的序列:
$$g(n) = W_N^n x(n) + y(n)$$
证明可以通过求 $g(n)$ 的 N 点 DFT 就可以得到 $x(n)$ 和 $y(n)$ 的 DFT。

证明:在 $g(n)=W_N^n x(n)+y(n)$ 两边进行变换 $n \to \langle -n \rangle_N$,可得
$$g(\langle -n \rangle_N) = W_N^{(\langle -n \rangle_N)} x(\langle -n \rangle_N) + y(\langle -n \rangle_N) \qquad ①$$
因为 $x(n)$ 和 $y(n)$ 均为 N 点偶循环序列,①变为
$$g(\langle -n \rangle_N) = W_N^{\langle -n \rangle_N} x(n) + y(n) \qquad ②$$
分 $n=0$ 和 $1 \leqslant n \leqslant N-1$ 两种情况很容易得 $W_N^{(\langle -n \rangle_N)}=W_N^{-n}$,②变为
$$g(\langle -n \rangle_N) = W_N^{-n} x(n) + y(n) \qquad ③$$
对上式两边取 N 点 DFT 得
$$G(\langle -k \rangle_N) = X(\langle k-1 \rangle_N) + Y(k) \qquad ④$$
此即
$$Y(k) = G(\langle -k \rangle_N) - X(\langle k-1 \rangle_N) \qquad ⑤$$
对 $g(n)=W_N^n x(n)+y(n)$ 两边取 N 点 DFT 得
$$G(k) = X(\langle k+1 \rangle_N) + Y(k) \qquad ⑥$$
此即
$$X(\langle k+1 \rangle_N) = G(k) - Y(k) \qquad ⑦$$
首先由 $x(n)$ 和 $y(n)$ 计算 $X(0)$ 和 $Y(0)$:
$$\begin{cases} X(0) = \sum_{n=0}^{N-1} x(n) \\ Y(0) = \sum_{n=0}^{N-1} y(n) \end{cases} \qquad ⑧$$
再在⑤和⑦两边依次令 $k=1,2,\cdots,N-1$,通过递归依次得到 $Y(1)$ 和 $X(1)$、$Y(2)$ 和 $X(2)$ 等等。

10. 帕斯瓦尔定理

设 $x(n)$ 和 $y(n)$ 的 N 点离散傅里叶变换分别为 $X(k)$ 和 $Y(k)$,则有如下帕斯瓦尔定理:
$$\sum_{n=0}^{N-1} x(n) y^*(n) = \frac{1}{N} \sum_{k=0}^{N-1} X(k) Y^*(k) \qquad (2.144)$$
证明:由循环相关运算的定义,$x(n)$ 和 $y(n)$ 的 N 点循环相关为

$$\tilde{r}_{xy}(n) = \sum_{m=0}^{N-1} x(m)y^*(\langle m-n \rangle_N), \quad 0 \leqslant n \leqslant N-1 \tag{2.145}$$

上式两边取 $n=0$ 得

$$\tilde{r}_{xy}(0) = \sum_{m=0}^{N-1} x(m)y^*(<m>_N) = \sum_{m=0}^{N-1} x(m)y^*(m) \tag{2.146}$$

由循环相关定理 $\tilde{r}_{xy}(n) \overset{\text{DFT}}{\longleftrightarrow} X(k)Y^*(k)$，并由离散傅里叶反变换的定义得

$$\tilde{r}_{xy}(n) = \frac{1}{N} \sum_{k=0}^{N-1} X(k)Y^*(k)e^{j2\pi k\ell/N} \tag{2.147}$$

上式两边取 $n=0$ 得

$$\tilde{r}_{xy}(0) = \frac{1}{N} \sum_{k=0}^{N-1} X(k)Y^*(k) \tag{2.148}$$

将式(2.148)和式(2.146)比较，知结论成立。

特别地，当 $x(n)=y(n)$ 时，帕斯瓦尔定理变为

$$\sum_{n=0}^{N-1} \left| x(n) \right|^2 = \frac{1}{N} \sum_{n=0}^{N-1} \left| X(k) \right|^2 \tag{2.149}$$

2.3 用 DFT 计算数字频谱的误差及解决方法

前面已经讲解了四种信号分析方法：连续时间傅里叶级数表示、连续时间傅里叶变换、离散时间傅里叶级数表示和离散时间傅里叶变换，此外还讲解了离散傅里叶变换。在实际应用中，原始信号可能是模拟的连续信号，也可能是离散序列。为了利用计算机或数字信号处理器(Digital Signal Processor，DSP)来处理，当然期望信号是离散的序列，其频谱亦是如此。离散时间傅里叶变换是离散序列的傅里叶变换，它是连续谱，不便于数字化处理；而离散傅里叶变换把离散的序列变换成离散的频谱，这正是所期望的。

如果原始信号是连续的模拟信号 $x_a(t)$，对其进行等间隔采样(间隔为 T)得到采样信号 $x_s(t)$，则由时域采样定理知 $x_s(t)$ 的频谱是 $x_a(t)$ 频谱的周期重复(延拓)。为了避免频谱混叠，要求采样频率 f_s 不小于信号最高频率 f_c 的两倍，即要满足：$f_s \geqslant 2f_c$。一般来说，原始信号是有限长的，所以其频谱宽度是无限的。在对有限长信号进行采样前先进行抗混叠滤波以便把幅度较小的较高频谱成分滤掉，这一方面使得采样频率 f_s 无须非常高，另外一方面避免了频谱混叠。通过对连续信号 $x_a(t)$ 进行采样就得到了离散序列 $x(n)=x_a(nT)$。

第二步就是对 $x(n)$ 进行截短处理，这是因为 $x(n)$ 可能太长不利于处理。截短处理在时域进行，它即通过把 $x(n)$ 乘以一个长度为 N 的窗函数 $w(n)$ 得到有限长序列 $x(n)w(n)$。$x(n)w(n)$ 的离散时间傅里叶变换(DTFT)是 $x(n)$ 的离散时间傅里叶变换 $X(e^{j\omega})$ 与 $w(n)$ 的离散时间傅里叶变换 $W(e^{j\omega})$ 之卷积(当然还要乘以一个常系数)。因为有限长序列 $w(n)$ 的频谱宽度是无限的，所以乘积 $x(n)w(n)$ 的频谱也是无限的，即频谱"扩散"(拖尾，展宽)了，或者说频谱"泄漏"了。为了减小频谱泄漏，可以采取两个方法：其一，增加窗函数的宽度，或者说取更长的数据；其二，采用性能更优的窗函数，这些窗函数具有比矩形窗旁瓣小主瓣窄的优点，这必将减小频谱泄漏，在第 4 章中会详细讲解这个问题。

作为实例，下面考虑用矩形窗函数 $R_L(n)$ 对离散余弦序列 $\cos(\omega_0 n)$ 进行截短处理后的

频谱。截短得到的序列为 $\cos(\omega_0 n)R_L(n)$。图 2-5(a)给出了 $\cos(n\pi/3)$ 的频谱,图 2-5(b) 为 $\cos(n\pi/3)$ 截短处理后的频谱。由图可以清楚地看出频谱发生了泄漏。

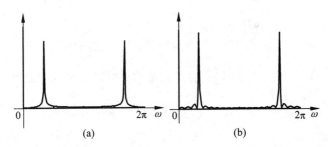

图 2-5　$\cos(n\pi/3)$ 的 DTFT 及截短处理后的 DTFT

由于 $x(n)w(n)$ 的频谱(离散时间傅里叶变换)依然是连续的,所以要进行第三步处理: 对 $x(n)w(n)$ 的频谱进行离散化,即等间隔采样得到 M 个离散点。与时域的等间隔采样导致频域的周期延拓相对偶,这种频域的等间隔采样就导致了时域的周期延拓。在讲解离散傅里叶变换的物理意义时,已经指出只要一个周期内的采样点数 $M \geqslant N$,则时域信号不会发生混叠。

以下介绍两个有关分辨率的概念。"频率分辨率"是指所用的算法将所分析的时域信号的频谱中两个靠得很近的谱峰分辨开来的能力,"频率分辨率"通常也称为"物理频率分辨率",以便与"计算频率分辨率"相区别。"计算频率分辨率"是指所分析的信号的离散频谱中相邻点间的频率间隔。

如果连续信号 $x(t)$ 的持续时间为 T_u 秒,设其傅里叶变换为 $X(j\Omega)$,那么 $X(j\Omega)$ 的频率分辨率为

$$\Delta f = 1/T_u (\text{Hz}) \tag{2.150}$$

我们知道,长度为 T_u 的矩形窗的傅里叶变换是采样信号,其主瓣宽度为 $1/T_u$。现在定义一个信号 $\tilde{x}(t)$:在 $x(t)$ 的持续时间内,$\tilde{x}(t)$ 与 $x(t)$ 波形相同;在 $x(t)$ 的持续时间外,$\tilde{x}(t)$ 为任意确定的波形。显然 $x(t)$ 可以看成是与持续时间与 $x(t)$ 相同的矩形脉冲和 $\tilde{x}(t)$ 之乘积,所以 $X(j\Omega)$ 是 $\tilde{x}(t)$ 的傅里叶变换 $\tilde{X}(j\Omega)$ 与矩形脉冲频谱之卷积,这样 $X(j\Omega)$ 能分开的最小频率间隔不会超过 $1/T_u$。

将 $x(t)$ 用间隔 T_s 采样得到 $x(n)$,采样频率为 $f_s = 1/T_s$,则总能得到的采样点数为: $M = T_u/T_s = T_u f_s$。我们知道,在对 $x(n)$ 进行 N 点离散傅里叶变换时,只要 $N \geqslant M$。这里的计算频率分辨率为

$$\Delta f_c = \frac{f_s}{N} \tag{2.151}$$

物理频率分辨率为

$$\Delta f_p = \frac{f_s}{M} \tag{2.152}$$

将 $M = T_u f_s$ 代入上式,可以看出这里给出的物理频率分辨率与式(2.151)给出的一致,这说明不能仅靠增加采样点数 M 来提高物理频率分辨率,这是因为在信号的持续时间 T_u 保持不变的前提下,采样点数 M 增加,则采样间隔 T_s 减小,但 M 与 T_s 两者乘积保持为 T_u 而不变。

在进行离散傅里叶变换时,通过在有效数据后面补充一些零来达到改善频谱的目的,但这并不能提高算法的物理频率分辨率,这是因为物理频率分辨率是由有效的数据点数 M 决定的。从根本上说,补零并没有提供新的信息,不能提高分辨率就理所当然了。当然这样做能提高算法的计算频率分辨率。此外补零可以使得总的点数 N 是 2 的整数次幂,便于用第 3 章要介绍的快速傅里叶变换来高效地计算离散傅里叶变换。下面说明一个结论:补零不能改变序列的离散时间傅里叶变换,但改变了序列的傅里叶变换。记原始未补零的 M 点序列的离散时间傅里叶变换为 $X_M(\mathrm{e}^{\mathrm{j}\omega})$,补零后的 N 点序列的离散时间傅里叶变换为 $X_N(\mathrm{e}^{\mathrm{j}\omega})$;原始未补零的 M 点序列的 M 点离散傅里叶变换为 $X_M(k)$,补零后的 N 点序列的 N 点离散傅里叶变换为 $X_N(k)$。由离散时间傅里叶变换的定义有

$$X_N(\mathrm{e}^{\mathrm{j}\omega}) = \sum_{n=0}^{N-1} x(n)\mathrm{e}^{-\mathrm{j}\omega n} = \sum_{n=0}^{M-1} x(n)\mathrm{e}^{-\mathrm{j}\omega n} + \sum_{n=M}^{N-1} x(n)\mathrm{e}^{-\mathrm{j}\omega n} \tag{2.153}$$

因为在 $M \leqslant n \leqslant N-1$ 内 $x(n)$ 是补充的零点,所以式(2.153)变为

$$X_N(\mathrm{e}^{\mathrm{j}\omega}) = \sum_{n=0}^{M-1} x(n)\mathrm{e}^{-\mathrm{j}\omega n} = X_M(\mathrm{e}^{\mathrm{j}\omega}) \tag{2.154}$$

由离散傅里叶的定义有

$$X_M(k) = \sum_{n=0}^{M-1} x(n)\mathrm{e}^{-\mathrm{j}\frac{2\pi}{M}kn} \tag{2.155}$$

$$X_N(k) = \sum_{n=0}^{N-1} x(n)\mathrm{e}^{-\mathrm{j}\frac{2\pi}{N}kn} = \sum_{n=0}^{M-1} x(n)\mathrm{e}^{-\mathrm{j}\frac{2\pi}{N}kn} \tag{2.156}$$

显然 $X_M(k) \neq X_N(k)$。

我们知道,$x(n)$ 的 N 点离散傅里叶变换 $X(k)$ 与 $x(n)$ 的离散时间傅里叶变换在频率点 $2\pi k/N$ 的取值相等。通过这 N 个离散的频率点处的离散时间傅里叶变换来观察序列的频谱,就像通过一个“栅栏”观赏风景一样,只能在这些离散的频率点处看到真实的景象,这种现象称为“栅栏效应”。显然如果 N 足够大(如果有效数据长度 M 不变,可以通过补零增大 N),这些频率点分布得足够稠密,则可减小栅栏效应。补零可以把原来由于频率点错位而被拦住的有效频率成分显现出来,但并不能提高算法的物理频率分辨率,或者说原来分不开的两个频峰,补零后依然不能分开。

图 2-6 为序列补零对 DTFT 与 DFT 的影响。图 2-6(a)为有效长度为 M 的序列尾部补充了 N_1-M 个零点,图 2-6(b)为对应的 DTFT。由式(2.154)可知,补零后的 DTFT 与没有补零的 DTFT 一致,对如图 2-6(b)所示的 DTFT 在一个周期内进行间隔为 $2\pi/N_1$ 等间隔采样,采样点对应的值就是 N_1 点离散傅里叶变换 $X_1(k)$,如图 2-6(c)所示。对原序列尾部补充了 N_2-M(其中 $N_2 > N_1$)个零点得到图 2-6(d),图 2-6(e)为对应的 DTFT,与图 2-6(b)一致。对如图 2-6(e)所示的 DTFT 在一个周期内进行间隔为 $2\pi/N_2$ 等间隔采样,采样点对应的值就是 N_2 点离散傅里叶变换 $X_2(k)$,如图 2-6(f)所示。

在计算 DFT 时,需要选择合适的采样点数 M,下面给出具体的方法。设 $X(\mathrm{j}\Omega)$ 的截止频率为 f_c,这个可以事先确定,因为已知 $x(t)$ 时就可以得到 $X(\mathrm{j}\Omega)$ 及其截止频率 f_c。为了避免混叠,选择采样频率 f_s 满足 $2.5f_c \leqslant f_s \leqslant 3.0f_c$。若给定频率分辨率 Δf_p,由式(2.152)可得需要的最少采样点数 M 为

$$M = \frac{f_s}{\Delta f_p} \tag{2.157}$$

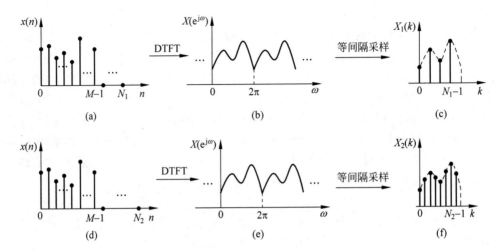

图 2-6　序列补零对 DTFT 与 DFT 的影响

例 2-8　对模拟信号进行离散数字谱分析,现要求谱分辨率 $\Delta f_p \leqslant 8\mathrm{Hz}$,模拟信号频谱的最高截止频率 $f_c = 3\mathrm{kHz}$。试确定:最小的信号采样时间 $T_{\min}$、最大的采样间隔 $T_{\max}$ 和最少的采样点数 M。

解:最小的信号采样时间 $T_{\min}$ 由谱分辨率确定,由式(2.150)得

$$T_{\min} = 1/\Delta f_p = 0.125\mathrm{s}$$

最大的采样间隔 $T_{\max}$ 由模拟信号频谱的最高截止频率决定,由采样定理 $f_s = 1/T_{\max} = 2f_c$ 得

$$T_{\max} = 1/2f_c = \frac{1}{6}\mathrm{ms}$$

由式(2.157)可得最少的采样点数 M 为

$$M = \frac{f_s}{\Delta f_p} \geqslant \frac{2f_c}{\Delta f} = 750$$

为了利用第 3 章介绍的快速傅里叶变换算法,需选采样点数 M 为 2 的整数次幂,故选取 $M = 2^{10} = 1024$。

2.4　用 Matlab 实现离散傅里叶变换

本节通过 Matlab 实现离散傅里叶变换。在对连续信号进行 DFT 分析时,首先要确定所需的采样点数 M。设待分析的信号是三个正弦波的加权和:

$$0.5\sin(2\pi f_1 t) + \sin(2\pi f_2 t) + 1.5\sin(2\pi f_3 t) \tag{2.158}$$

式中 $f_1 = 2\mathrm{Hz}, f_2 = 2.1\mathrm{Hz}, f_3 = 2.5\mathrm{Hz}$。三个频率彼此间的最小间隔为 $f_2 - f_1 = 0.1\mathrm{Hz}$,这就是所需的频率分辨率 Δf_p。采样频率满足 $f_s \geqslant 2f_c = 2f_3$,这里取 $f_s = 6\mathrm{Hz}$。由式(2.157)得所需的采样点数 M 为

$$M = \frac{f_s}{\Delta f_p} = \frac{6}{0.1} = 60 \tag{2.159}$$

Matlab 实现如下。首先定义实现离散傅里叶变换的函数文件 DFT.m,程序代码如下:

```
function [Xk] = DFT(xn, N)
% ----------------------------------------------------------------
% M 为待分析信号的有效长度
% N 为进行 DFT 分析的点数
% xn 为待分析的原始序列
% 对 x 进行 DFT 分析
% ----------------------------------------------------------------
M = size(xn, 2);
x = zeros(1, N);
if N > M
    for i = 1:M
        x(i) = xn(i);
    end                           % 如果 N > M, x 为对 xn 末尾补充 N - M 个零的序列
else
    for i = 1:N
        x(i) = xn(i);
    end                           % 如果 N < M, 对 xn 截取前 N 个序列值得到 x
end
% ----------------------------------------------------------------
n = [0:1:N - 1];
k = [0:1:N - 1];
WN = exp( - j * 2 * pi/N);
nk = n' * k;
WNnk = WN.^nk;
Xk = x * WNnk;
% ----------------------------------------------------------------
```

调用程序如下：

```
% ----------------------------------------------------------------
N = 200;                          % N 为实际进行 DFT 分析的点数, 取值可调
M = [1:60];                       % 总共 60 个采样点
fs = 6;                           % fs 为采样频率
nt = M/fs;                        % nt 为采样时刻
f1 = 2; f2 = 2.1; f3 = 2.5;
xn = 0.5 * sin(2 * pi * f1 * nt) + sin(2 * pi * f2 * nt) + 1.5 * sin(2 * pi * f3 * nt);
% ----------------------------------------------------------------
Xk = DFT(xn, N);
Xk = abs(Xk);                     % Xk 为 DFT 的模值
% ----------------------------------------------------------------
k = 1:N;
wk = k/N * fs;                    % wk 为实际频率, N 个频率点平分 fs
stem(wk, Xk(k), 'k.');
xlabel('Hz'); ylabel('|X|');
% ----------------------------------------------------------------
```

图 2-7 依次为采样得到的离散序列的 40、100、150 和 200 点 DFT。可以看出，当 DFT 的点数比所需的采样点数少时，算法的分辨率不足以分辨出所有的频率分量。

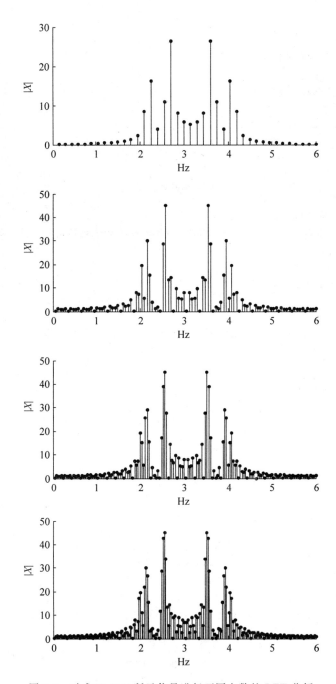

图 2-7　对式(2.158)所示信号进行不同点数的 DFT 分析

2.5　快速傅里叶变换

本节讲解离散傅里叶的快速——快速傅里叶变换（Fast Fourier Trasform，FFT）。2010 年，美国田纳西大学计算机科学系和橡树岭国家实验室的 Jack Dongarra 教授曾经在学术期刊 Computing In Science & Engineering 的专题介绍中，尝试把对 20 世纪科学与工程发展和实践影响最大的十种算法集结起来[①]，而快速傅里叶变换不负众望位列其中。

通过逐次分解，把较长点数的离散傅里叶变换分解成较短的离散傅里叶变换，可以大大降低运算量。这种分解既可以在时域进行，也可以在频域进行。此外，本章还讲解了利用快速傅里叶变换计算线性卷积和相关函数。由 $x(n)$ 的 N 点离散傅里叶变换定义式可以看出，为了完成 $X(k)$ 的每一个值，需要计算 N 次复数乘法 $x(n)W_N^{kn}(n=0,1,\cdots,N-1)$；然后把这 N 个乘积相加，这需要 $N-1$ 次复数加法，因此计算 N 点离散傅里叶变换 $X(k)$ 总共需要 N^2 次复数乘法和 $N(N-1)$ 次复数加法。当 N 较大时，运算量是很大的，例如当 $N=1000$ 时，需要完成 $1\,000\,000$ 次复数乘法和 $999\,000$ 次复数加法。可见离散傅里叶变换的计算量为 N^2，当 N 较大时，计算量相当惊人，所以要想办法把较长点数的离散傅里叶变换分解为两个较短点数的离散傅里叶变换，进而得到快速傅里叶变换算法。限于篇幅，本章只讲解在时间和频率进行基 2 的分解算法，即经过一次分解参与运算的点数变为原来的一半，所以计算量大约也可以减半，经过连续的分解，最后只进行 2 点离散傅里叶变换。当然还有很多其他的方法实现 FFT，此处不再赘述。

2.5.1　基 2 时间抽取的快速傅里叶变换

当 N 为 2 的整数次幂时，在计算 N 点离散傅里叶变换时，可以按序列 $x(n)$ 序号的奇偶把 $x(n)$ 分成两个长度均为 $N/2$ 的序列 $x_1(n)$ 和 $x_2(n)$，即

$$x_1(n) = x(2n), \quad n = 0,1,\cdots,N/2-1 \tag{2.160}$$

$$x_2(n) = x(2n+1), \quad n = 0,1,\cdots,N/2-1 \tag{2.161}$$

显然 $x_1(n)$ 和 $x_2(n)$ 刚好取遍序列 $x(n)$ 的 N 个序列值。

由离散傅里叶变换的定义得 $x(n)$ 的 N 点离散傅里叶变换 $X(k)$ 为

$$X(k) = \sum_{n=0}^{N-1} x(n)W_N^{kn} = \sum_{l=0}^{N/2-1} x(2l)W_N^{2kl} + \sum_{l=0}^{N/2-1} x(2l+1)W_N^{k(2l+1)}, \quad 0 \leqslant k \leqslant N-1 \tag{2.162}$$

考虑到 $x_1(n)$ 和 $x_2(n)$ 的定义式(2.160)和式(2.161)，式(2.162)变为

$$X(k) = \sum_{l=0}^{N/2-1} x_1(l)W_N^{2kl} + \sum_{l=0}^{N/2-1} x_2(l)W_N^{k(2l+1)}, \quad 0 \leqslant k \leqslant N-1 \tag{2.163}$$

因为 $W_N^2 = \mathrm{e}^{-\mathrm{j}2\times2\pi/N} = \mathrm{e}^{-\mathrm{j}\frac{2\pi}{N/2}} = W_{N/2}$，所以 $W_N^{2kl} = (W_N^2)^{kl} = (W_{N/2})^{kl} = W_{N/2}^{kl}$，式(2.163)变为

$$X(k) = \sum_{l=0}^{N/2-1} x_1(l)W_{N/2}^{kl} + W_N^k \sum_{l=0}^{N/2-1} x_2(l)W_{N/2}^{kl}, \quad 0 \leqslant k \leqslant N-1 \tag{2.164}$$

显然上式右边第一项就是 $N/2$ 点序列 $x_1(n)$ 的 $N/2$ 点离散傅里叶变换 $X_1(k)$，第二项就是 $N/2$ 点序列 $x_2(n)$ 的 $N/2$ 点离散傅里叶变换 $X_2(k)$，这样式(2.164)可写为

$$X(k) = X_1(k) + W_N^k X_2(k), \quad 0 \leqslant k \leqslant N-1 \tag{2.165}$$

需要注意的是，按照离散傅里叶变换的定义，$X_1(k)$ 和 $X_2(k)$ 中 k 的取值范围均为：$0 \leqslant k \leqslant N/2-1$，但是由于 $X_1(k)$ 和 $X_2(k)$ 隐含着周期性，所以当 $N/2 \leqslant k \leqslant N-1$ 时，$X_1(k)$ 和 $X_2(k)$ 的取值也可以确定。

---

① 英文原文为：We tried to assemble the 10 algorithms with the greatest influence on the development and practice of science and engineering in the 20th century。

当 $0 \leqslant k \leqslant N/2 - 1$ 时,直接按式(2.165)计算 $X(k)$,即

$$X(k) = X_1(k) + W_N^k X_2(k), \quad 0 \leqslant k \leqslant N/2 - 1 \qquad (2.166)$$

考虑到 $X_1(k)$ 和 $X_2(k)$ 为周期为 $N/2$ 的周期序列,所以当 $N/2 \leqslant k \leqslant N-1$ 时,式(2.165)变为

$$X(k) = X_1(k - N/2) + W_N^k X_2(k - N/2), \quad N/2 \leqslant k \leqslant N-1 \qquad (2.167)$$

令 $k - N/2 = l$,则 l 的取值范围为 $0 \leqslant l \leqslant N/2 - 1$。将 $k = N/2 + l$ 代入式(2.167)得

$$X(N/2 + l) = X_1(l) + W_N^{(N/2+l)} X_2(l), \quad 0 \leqslant l \leqslant N/2 - 1 \qquad (2.168)$$

考虑到 $W_N^{N/2} = -1$,式(2.168)变为

$$X(N/2 + l) = X_1(l) - W_N^l X_2(l), \quad 0 \leqslant l \leqslant N/2 - 1 \qquad (2.169)$$

把式(2.169)中的 l 换回 k 得

$$X(N/2 + k) = X_1(k) - W_N^k X_2(k), \quad 0 \leqslant k \leqslant N/2 - 1 \qquad (2.170)$$

综合式(2.170)和式(2.166)可得

$$X(k) = X_1(k) + W_N^k X_2(k), \quad 0 \leqslant k \leqslant N/2 - 1 \qquad (2.171)$$

$$X(N/2 + k) = X_1(k) - W_N^k X_2(k), \quad 0 \leqslant k \leqslant N/2 - 1 \qquad (2.172)$$

这就完成了 N 点序列 $x(n)$ 的 N 点离散傅里叶变换 $X(k)$。这表明为了得到 $x(n)$ 的 N 点离散傅里叶变换 $X(k)$,只需先求得 $X_1(k)$ 和 $X_2(k)$,再通过式(2.171)和式(2.172)分别计算 $X(k)$ 前后各 $N/2$ 个序列值。式(2.171)和式(2.172)的计算原理如图 2-8 所示,显然图 2-8(b)和图 2-8(a)等价,而图 2-8(b)的运算结构像蝴蝶,所以把这种运算称为"蝶形运算"。

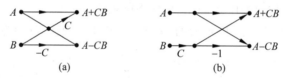

图 2-8 基 2 时间抽取 FFT 的蝶形运算

图 2-9 为采用蝶形运算对 $N = 8$ 点序列进行一次时间抽取计算 DFT 的示意图。在第一次抽取(分解)中,蝶形运算的运算量为: 次复数乘法 $W_N^k X_2(k)$,两次复数加(减)法 $X_1(k) + W_N^k X_2(k)$ 和 $X_1(k) - W_N^k X_2(k)$。总共需要进行 $N/2$ 次蝶形运算,所以总的运算量为:$N/2$ 次复数乘法和 N 次复数加法运算。为了计算 $N/2$ 点离散傅里叶变换 $X_1(k)$ 和 $X_2(k)$ 各自需要的运算量为:$(N/2)^2$ 次复数乘法和 $N/2(N/2-1)$ 次复数加法。所以经过第一次分解,总的运算量为:

- 复数乘法次数为 $(N/2)^2 \times 2 + N/2 = N/2(N+1)$;
- 复数加法次数为 $2 \times N/2(N/2-1) + N = N^2/2$。

与直接进行 N 点离散傅里叶变换的运算量相比,经过一次分解后的运算量差不多降低一半。

为了计算 $X_1(k)$,同样按序号的奇偶把 $x_1(n)$ 分解成两个长度均为 $N/4$ 的序列:

$$x_3(n) = x_1(2n), \quad n = 0, 1, \cdots, N/4 - 1 \qquad (2.173)$$

$$x_4(n) = x_1(2n+1), \quad n = 0, 1, \cdots, N/4 - 1 \qquad (2.174)$$

先计算 $x_3(n)$ 和 $x_4(n)$ 的 $N/4$ 点离散傅里叶变换 $X_3(k)$ 和 $X_4(k)$,然后用蝶形算法即可完成

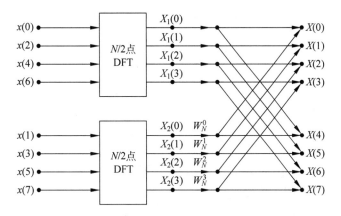

图 2-9 进行一次时间抽取后的信号流图($N=8$)

$X_1(k)$ 的计算：

$$X_1(k) = X_3(k) + W_{N/2}^k X_4(k), \quad 0 \leqslant k \leqslant N/4 - 1 \tag{2.175}$$

$$X_1(N/4 + k) = X_3(k) - W_{N/2}^k X_4(k), \quad 0 \leqslant k \leqslant N/4 - 1 \tag{2.176}$$

用同样的方法可以完成 $X_2(k)$ 的计算。图 2-10 为采用蝶形运算进行两次时间抽取完成 $N=8$ 点 DFT 的信号流图。

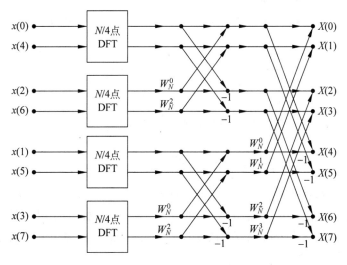

图 2-10 进行二次时间抽取后的信号流图($N=8$)

当 $N=2^M$（M 为某个正整数）次，这样的分解可以进行 M 次。图 2-11 为完全分解三次得到的 8 点 FFT 信号流图。每次分解都是把上一次分解得到的序列按序号的奇偶分解成两个序列，然后对每一对序列进行蝶形运算。

下面来计算 M 级的总运算量。由图 2-9 可以看出，每一级都包含 $N/2$ 个蝶形，每个蝶形需要 1 次复数乘法和 2 次复数加法，所以总的运算量为：

- 复数乘法次数为 $NM/2 = N\log N/2$；
- 复数加法次数为 $NM = N\log N$。

前面已指出直接计算 $N=2^M$ 点 DFT 需要 N^2 次复数乘法和 $N(N-1)$ 次复数加法，所以 FFT 相对于 DFT 的运算效率为：

- 复数乘法运算效率为

$$\frac{N^2}{N\log N/2} = \frac{N}{\log N/2}$$

当 $N=2^{10}$ 时，上式约等于 205；$N=2^{11}$ 时，上式约等于 372。

- 复数加法运算效率为

$$\frac{N(N-1)}{N\log N} = \frac{N-1}{\log N}$$

当 $N=2^{10}$ 时，上式约等于 102；$N=2^{11}$ 时，上式约等于 186。

显然，N 越大，FFT 的运算效率越高。

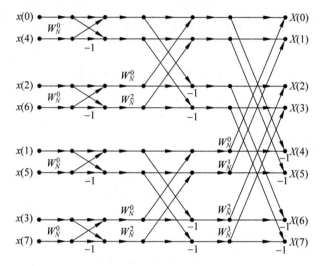

图 2-11　时域抽取完全分解得到的 8 点 FFT

2.5.2　基 2 频率抽取的快速傅里叶变换

当 N 为 2 的整数次幂时，基 2 时间抽取的 FFT 算法逐次将输入序列 $x(n)$ 根据序号的奇偶逐次分解成较短的子序列，完成 $X(k)$ 的计算，基 2 频率抽取的 FFT 算法则将输出序列 $X(k)$ 根据序号的奇偶逐次分解成较短的子序列，直到不能分解为止。下面先来看基 2 频率抽取的第一次分解过程。

由离散傅里叶变换的定义得

$$X(k) = \sum_{n=0}^{N-1} x(n)W_N^{kn} = \sum_{n=0}^{N/2-1} x(n)W_N^{kn} + \sum_{n=N/2}^{N-1} x(n)W_N^{kn}, \quad 0 \leqslant k \leqslant N-1 \quad (2.177)$$

在上式右边第二项中进行代换：若 $m=n-N/2$，则有 $n=m+N/2$，代入式(2.177)右侧第二项得

$$X(k) = \sum_{n=0}^{N/2-1} x(n)W_N^{kn} + \sum_{m=0}^{N/2-1} x(m+N/2)W_N^{k(m+N/2)}$$

$$= \sum_{n=0}^{N/2-1} x(n)W_N^{kn} + \sum_{n=0}^{N/2-1} x(n+N/2)W_N^{k(n+N/2)}, \quad 0 \leqslant k \leqslant N-1 \quad (2.178)$$

以上最后一步把求和的变量 m 换回 n。

考虑到 $W_N^{kN/2} = \mathrm{e}^{-jk2\pi N/2N} = \mathrm{e}^{-jk\pi} = (-1)^k$，式(2.178)变为

$$X(k) = \sum_{n=0}^{N/2-1} [x(n) + (-1)^k x(n+N/2)] W_N^{kn}, \quad 0 \leqslant k \leqslant N-1 \quad (2.179)$$

显然在区间 $0 \leqslant n \leqslant N/2-1$ 内 $x(n)$ 对应原序列的前半部分序列值，而 $x(n+N/2)$ 对应原序列的后半部分序列值，为方便起见，令

$$x_1(n) = x(n), \quad 0 \leqslant n \leqslant N/2-1 \quad (2.180)$$

$$x_2(n) = x(n+N/2), \quad 0 \leqslant n \leqslant N/2-1 \quad (2.181)$$

这样式(2.179)变为

$$X(k) = \sum_{n=0}^{N/2-1} [x_1(n) + (-1)^k x_2(n)] W_N^{kn}, \quad 0 \leqslant k \leqslant N-1 \quad (2.182)$$

从而 $X(k)$ 奇偶序号部分对应的表达式如下：

$$X(2l+1) = \sum_{n=0}^{N/2-1} [x_1(n) + (-1)^{2l+1} x_2(n)] W_N^{(2l+1)n}, \quad 0 \leqslant l \leqslant N/2-1 \quad (2.183)$$

$$X(2l) = \sum_{n=0}^{N/2-1} [x_1(n) + (-1)^{2l} x_2(n)] W_N^{2ln}, \quad 0 \leqslant l \leqslant N/2-1 \quad (2.184)$$

考虑到

$$W_N^{2l} = \mathrm{e}^{-j2l\left(\frac{2\pi}{N}\right)} = \mathrm{e}^{-jl\left(\frac{2\pi}{N/2}\right)} = W_{N/2}^l \quad (2.185)$$

所以有

$$X(2l+1) = \sum_{n=0}^{N/2-1} [x_1(n) - x_2(n)] W_N^n W_{N/2}^{ln}, \quad 0 \leqslant l \leqslant N/2-1 \quad (2.186)$$

$$X(2l) = \sum_{n=0}^{N/2-1} [x_1(n) + x_2(n)] W_{N/2}^{ln}, \quad 0 \leqslant l \leqslant N/2-1 \quad (2.187)$$

令

$$G(l) = X(2l+1), \quad 0 \leqslant l \leqslant N/2-1 \quad (2.188)$$

$$H(l) = X(2l), \quad 0 \leqslant l \leqslant N/2-1 \quad (2.189)$$

并令

$$g(n) = [x_1(n) - x_2(n)] W_N^n, \quad 0 \leqslant n \leqslant N/2-1 \quad (2.190)$$

$$h(n) = x_1(n) + x_2(n), \quad 0 \leqslant n \leqslant N/2-1 \quad (2.191)$$

这样经过第一次分解可以得到以下两个 $N/2$ 点 DFT：

$$G(l) = \sum_{n=0}^{N/2-1} g(n) W_{N/2}^{ln} = \mathrm{DFT}[g(n)], \quad 0 \leqslant l \leqslant N/2-1 \quad (2.192)$$

$$H(l) = \sum_{n=0}^{N/2-1} h(n) W_{N/2}^{ln} = \mathrm{DFT}[h(n)], \quad 0 \leqslant l \leqslant N/2-1 \quad (2.193)$$

这就完成了 N 点序列 $x(n)$ 的 N 点离散傅里叶变换 $X(k)$。这表明为了得到 $x(n)$ 的 N 点离散傅里叶变换 $X(k)$，只需先求得 $N/2$ 点离散傅里叶变换 $X_1(k)$ 和 $X_2(k)$，它们分别与$X(k)$奇数序号和偶数序号的 $N/2$ 个序列值对应。由 $x_1(n)$ 和 $x_2(n)$ 得到 $g(n)$ 和 $h(n)$ 也可以由"蝶形运算"完成，如图 2-12 所示。

图 2-13 为采用蝶形运算对原序列进行一次频率抽取计算 DFT 的示意图。这种分解一直进行下去。把第一分解后蝶形运算得到的两个 $N/2$ 点序列 $h(n)$($0 \leqslant n \leqslant N/2-1$) 和

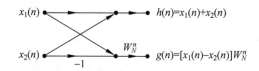

图 2-12 基 2 频率抽取 FFT 的蝶形运算

$g(n)(0 \leqslant n \leqslant N/2-1)$ 都分成前后等长的两个序列。比如把 $g(n)(0 \leqslant n \leqslant N/2-1)$ 分解为 $g_1(n)$ 和 $g_2(n)$：

$$g_1(n) = g(n), \quad 0 \leqslant n \leqslant N/4-1 \tag{2.194}$$

$$g_2(n) = g(n+N/4), \quad 0 \leqslant n \leqslant N/4-1 \tag{2.195}$$

对 $g_1(n)$ 和 $g_2(n)$ 完成蝶形运算得到两个 $N/4$ 点序列 $p(n)$ 和 $q(n)$，之后再它们进行 $N/4$ 点 DFT。蝶形运算如下：

$$p(n) = [g_1(n) - g_2(n)]W_{N/2}^n, \quad 0 \leqslant n \leqslant N/4-1 \tag{2.196}$$

$$q(n) = x_1(n) + x_2(n), \quad 0 \leqslant n \leqslant N/4-1 \tag{2.197}$$

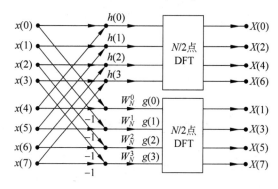

图 2-13 进行一次频率抽取计算 $N=8$ 点 DFT

图 2-14 为采用蝶形运算进行两次频率抽取计算 $N=8$ 点 DFT 的信号流图。与时间抽取算法完全一致的是，当 $N=2^M$ 时，这样的分解可以进行 M 次。每次分解都是把上一次分解得到的序列前后两半序列分解成两个序列，对得到的两个序列进行再蝶形运算。全部分解完成后对得到的所有 2 点序列进行 2 点 DFT 变换即可。图 2-15 为采用蝶形运算进行频率抽取完全分解后得到的 $N=8$ 点 FFT 的信号流图。对照图 2-11 和图 2-15，可以看出频率抽取的运算量与时间抽取相同。

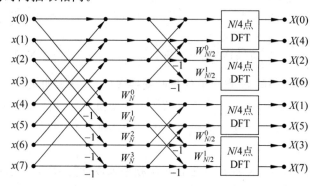

图 2-14 进行二次频率抽取后的信号流图（$N=8$）

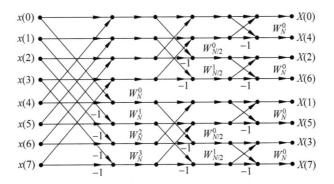

图 2-15　频率抽取完全分解得到的 $N=8$ 点 FFT

2.5.3　离散傅里叶反变换的快速算法

利用离散傅里叶正、反变换定义的对称性,借助 FFT 可以很方便地实现离散傅里叶反变换的快速算法——IFFT(Inverse FFT)。回顾离散傅里叶反变换的定义式:

$$x(n) = \frac{1}{N} \sum_{k=0}^{N-1} X(k) W_N^{-kn} \tag{2.198}$$

对式(2.198)两边取共轭得

$$x^*(n) = \left\{ \frac{1}{N} \sum_{k=0}^{N-1} X(k) W_N^{-kn} \right\}^* = \frac{1}{N} \sum_{k=0}^{N-1} X^*(k) W_N^{kn} \tag{2.199}$$

此即

$$N \cdot x^*(n) = \sum_{k=0}^{N-1} X^*(k) W_N^{kn} \tag{2.200}$$

将式(2.200)与以下离散傅里叶变换式进行比较,有

$$X(k) = \sum_{n=0}^{N-1} x(n) W_N^{kn} \tag{2.201}$$

可以看出,式(2.200)右边即为 $X^*(k)$ 的 DFT(这里时域序号为 k,频域序号为 n)。这就得到了第一种实现 IFFT 的方法,其步骤为:

(1) 对输入序列 $X(k)$ 取共轭得到 $X^*(k)$;

(2) 对 $X^*(k)$ 利用 FFT 计算 N 点 DFT;

(3) 对前述结果除以 N 并取共轭即可得 $X(k)$ 的离散傅里叶反变换 $x(n)$。

对离散傅里叶反变换式右边取两次共轭得

$$x(n) = \left\{ \left(\frac{1}{N} \sum_{k=0}^{N-1} X(k) W_N^{-kn} \right)^* \right\}^* = \frac{1}{N} \left\{ \sum_{k=0}^{N-1} X^*(k) W_N^{kn} \right\}^* \tag{2.202}$$

上式右边大括号内的部分即为 $X^*(k)$ 的 DFT(这里时域序号为 k,频域序号为 n)。这就得到了第二种实现 IFFT 的方法,其步骤为:

(1) 对输入序列 $X(k)$ 取共轭得到 $X^*(k)$;

(2) 对 $X^*(k)$ 利用 FFT 计算 N 点 DFT;

(3) 对前述结果取共轭并除以 N 即可得 $X(k)$ 的离散傅里叶反变换 $x(n)$。

另外也可以这样理解离散傅里叶反变换式:

$$x(n) = \frac{1}{N} \sum_{k=0}^{N-1} X(k) \, (W_N^{-k})^n \qquad (2.203)$$

将式(2.203)与离散傅里叶正变换式比较可以看出,如果把离散傅里叶正变换快速算法中的旋转因子 W_N^n 变换为 W_N^{-k},对最终的结果乘以常因子 $1/N$ 即可。这是第三种实现 IFFT 的方法。

2.6　快速傅里叶变换的应用

第 1 章已经详细讲解了两个有限长序列的循环卷积与线性卷积相等的条件:若两个序列的长度分别为 M_1 和 M_2,则两者的循环卷积与线性卷积相等的充要条件是循环卷积的点数 $N \geqslant M_1 + M_2 - 1$。由时域循环卷积定理知,循环卷积可以通过离散傅里叶变换间接完成,而离散傅里叶变换可以通过 FFT 完成,此时需要常选一个合适的整数 ℓ,满足:

$$N = 2^\ell \geqslant M_1 + M_2 - 1$$

式中 ℓ 是某个整数。图 2-16 所示为用 FFT 实现线性卷积的原理框图。

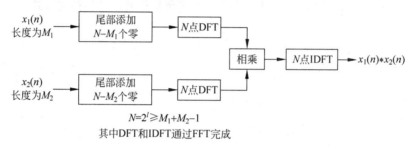

图 2-16　用 FFT 实现线性卷积

在很多时候需要计算一个有限长序列与一个无限长序列的线性卷积,或一个短的有限长序列与很长的有限长序列的线性卷积。比如,一段语音信号通过一个有限冲激响应滤波器(FIR)时,线性时不变系统的冲激响应为短的有限长序列,而语音信号是很长的序列,这时需要对上述用 FFT 计算两个有限长序列的方法进行改进。以下分别介绍用以计算有限长序列与无限长序列卷积的重叠相加法与重叠保留法。为不失一般性,以下假设有限长序列 $h(n)$ 和无限长序列 $x(n)$ 的起始序号都是 $n=0$,并设有限长序列 $h(n)$ 长度为 K。

2.6.1　用重叠相加法计算有限长序列和无限长序列的线性卷积

现在构造一系列长度均为 N 的子序列 $x_m(n)(m \geqslant 0)$,使得它们无缝地将无限长序列 $x(n)$ 衔接起来:

$$x_m(n) = \begin{cases} x(n+mN), & 0 \leqslant n \leqslant N-1 \\ 0, & \text{其他} \end{cases} \qquad (2.204)$$

即 $x_0(n)$ 由 $x(n)$ 在 $0 \leqslant n \leqslant N-1$ 内的 N 个序列值构成;$x_1(n)$ 由 $x(n)$ 在 $N \leqslant n \leqslant 2N-1$ 内的 N 个序列值构成;$x_2(n)$ 由 $x(n)$ 在 $2N \leqslant n \leqslant 3N-1$ 内的 N 个序列值构成。更一般地,$x_m(n)$ 由 $x(n)$ 在 $mN \leqslant n \leqslant (m+1)N-1$ 内的 N 个序列值构成。注意到所有子系列 $x_m(n)$ 序号的有效范围范围都是 $0 \leqslant n \leqslant N-1$,所以把 $x_m(n)$ 右移 mN 得到的序列 $x_m(n-mN)$ 与 $x(n)$ 在 $mN \leqslant n \leqslant (m+1)N-1$ 内的部分完全一致,这表明 $x(n)$ 可写为

$$x(n) = \sum_{m=0}^{\infty} x_m(n-mN) \tag{2.205}$$

设子序列 $x_m(n)$ 与 $h(n)$ 的线性卷积为 $y_m(n)$,则 $x_m(n-mN)$ 和 $h(n)$ 的线性卷积为 $y_m(n-mN)$。现在计算 $x(n)$ 和 $h(n)$ 的线性卷积得

$$y(n) = x(n) * h(n)$$

$$= \left[\sum_{m=0}^{\infty} x_m(n-mN) \right] * h(n)$$

$$= \sum_{l=0}^{\infty} \left[x_m(n-mN) * h(n) \right]$$

$$= \sum_{m=0}^{\infty} y_m(n-mN) \tag{2.206}$$

对任意非负整数 m,线性卷积 $y_m(n) = x_m(n) * h(n)$ 可以借助前面介绍的方法完成,只要 FFT 和 IFFT 的点数 $M = 2^{\ell} \geqslant N+K-1$($M$ 和 ℓ 为某个整数)即可。然后把 $y_m(n)$ 右移 mN,把得到的所有结果相叠加即可。用 FFT 实现重叠相加法的步骤如下:

(1) 选取合适的整数 N 使得存在整数 M 和 ℓ 满足不等式 $M = 2^{\ell} \geqslant N+K-1$;

(2) 计算 M 点 FFT:$H(k) = \text{FFT}[h(n)]$;

(3) 对任意 $m \geqslant 0$,计算 M 点 FFT:$X_m(k) = \text{FFT}[x_m(n)]$;

(4) 对任意 $m \geqslant 0$,计算乘积:$X_m(k)H(k)$;

(5) 对任意 $m \geqslant 0$,计算 M 点 IFFT:$y_m(n) = \text{IFFT}[X_m(k)H(k)]$;

(6) 最终的线性卷积结果为

$$y(n) = \sum_{m=0}^{\infty} y_m(n-mN)$$

考虑到 $y_m(n)$ 的长度为 $M \geqslant N+K-1$,$y_m(n-mN)$ 的起始序号为 mN、长度也为 M,所以 $y_m(n-mN)$ 的后 $M-N$ 个序列值的序号与 $y_{(m+1)}(n-(m+1)N)$ 的前 $M-N$ 个序列值的序号一一相等,所以在计算线性卷积时需要对这些序号对应的序列值一一进行重叠相加,所以这种方法称为重叠相加法(Overlap and Add)。重叠相加法的原理如图 2-17 所示。

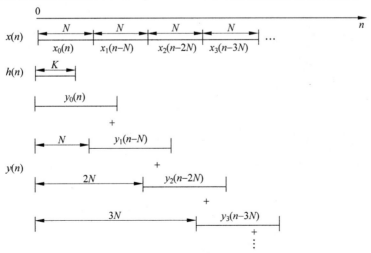

图 2-17 重叠相加法的原理

2.6.2 用重叠保留法计算有限长序列和无限长序列的线性卷积

现在介绍重叠保留法（Overlap and Save）的原理。先将无限长序列 $x(n)$ 分成长度为 $N > K$ 的前后有 $K-1$ 个重叠点的子序列 $x_m(n)$：

$$x_0(n) = \{\underbrace{0, 0, \cdots, 0}_{\text{添加}K-1\text{个零}}, x(0), \cdots, x(N-K)\} \tag{2.207}$$

$m \geqslant 1$ 时

$$x_m(n) = x(n + m(N+1-K) - (K-1)), \quad 0 \leqslant n \leqslant N-1 \tag{2.208}$$

可以看出

$$x_0(n) = \{\underbrace{0, 0, \cdots, 0}_{\text{添加}K-1\text{个零}}, x(0), \cdots, x(N-K)\} \tag{2.209}$$

$$x_1(n) = \{\underbrace{x(N-2K+2), \cdots}_{\text{和}x_0\text{后}K-1\text{个值重叠}}, x(N-K+1), \cdots, x(2N-2K+1)\} \tag{2.210}$$

$$x_2(n) = \{\underbrace{x(2N-3K+3), \cdots}_{\text{和}x_1\text{后}K-1\text{个值重叠}}, x(2N-2K+2), \cdots, x(3N-3K+2)\} \tag{2.211}$$

$$\vdots$$

即子序列 $x_{m+1}(n)$ 前 $K-1$ 个序列值与子序列 $x_m(n)$ 后 $K-1$ 个序列值完全相等而形成重叠。

然后依次计算这些子序列 $x_m(n)$ 与 $h(n)$ 的 N 点循环卷积 $y_{cm}(n) = x_m(n) \otimes h(n)$；最后将 $y_{cm}(n)$ 前 $K-1$ 个值舍弃，将后 $N+1-K$ 个值依次输出，全部这些输出值就是 $x(n)$ 与 $h(n)$ 线性卷积的结果。重叠保留法的示意图如图 2-18 所示。

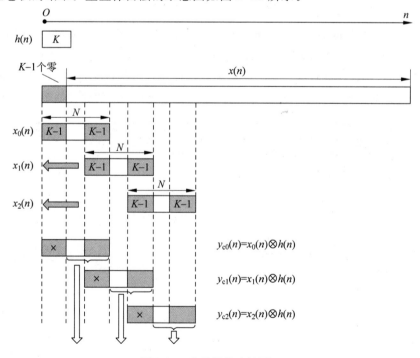

图 2-18　重叠保留法的原理

重叠保留法的可行性在于式(1.148)：

$$y_c(n) = y_L(n), \quad M_1 + M_2 - 1 - N \leqslant n \leqslant N-1 \tag{2.212}$$

这里两个序列长度分别为 $M_1 = K$ 和 $M_2 = N$，上式变为

$$y_c(n) = y_L(n), \quad K-1 \leqslant n \leqslant N-1 \tag{2.213}$$

考虑到 $x_m(n)$ 与 $h(n)$ 的 N 点循环卷积为 $y_{cm}(n) = x_m(n) \otimes h(n)$、$x_m(n)$ 与 $h(n)$ 的线性卷积为 $y_{Lm}(n) = x_m(n) * h(n)$，则有

$$y_{cm}(n) = y_{Lm}(n), \quad K-1 \leqslant n \leqslant N-1 \tag{2.214}$$

重叠保留法利用 N 点循环卷积 $y_{cm}(n)$ 与对应的线性卷积 $y_{Lm}(n)$ 在 $K-1 \leqslant n \leqslant N-1$ 内相等这个事实，将 $y_{cm}(n)$ 在范围 $0 \leqslant n \leqslant K-2$ 内的 $K-1$ 个序列值舍弃，而将其余序号对应的序列值依次输出，所得结果就是线性卷积。

综上所述，用 FFT 实现重叠保留法的步骤如下：

(1) 选取整数 N 使得 $2^\ell = N > K$，在 $x(n)$ 的前端插入 $K-1$ 个零后把新的序列分成长度为 N 的前后有 $K-1$ 个重叠点的子序列 $x_m(n)$；

(2) 计算 N 点 FFT：$H(k) = \mathrm{DFT}[h(n)]$；

(3) 对任意 $m \geqslant 0$，计算 N 点 FFT：$X_m(k) = \mathrm{DFT}[x_m(n)]$；

(4) 对任意 $m \geqslant 0$，计算乘积：$X_m(k)H(k)$；

(5) 对任意 $m \geqslant 0$，计算 N 点 IFFT：$y_{cm}(n) = \mathrm{IDFT}[X_m(k)H(k)]$；

(6) 对任意 $m \geqslant 0$，将 $y_{cm}(n)$ 前 $K-1$ 个值舍弃，将后 $N+1-K$ 个值依次输出，即可得 $x(n)$ 与 $h(n)$ 的线性卷积。

循环卷积 $y_{cm}(n)$ 最后 $N+1-K$ 个值与线性卷积 $y_{Lm}(n)$ 对应序号的序列值相等，这是重叠保留法"保留"的理论基础。但我们尚需证明保留的这些值刚好构成线性卷积序列值。下面对重叠保留法进行严格的证明。

假设 $y_{cm}(n)$ 后 $N+1-K$ 个值依次排列构成线性卷积 $y(n)$，或者说，当 $m(N+1-K) \leqslant n \leqslant (N-K) + m(N+1-K)$，$m \geqslant 0$ 时

$$y_L(n) = y_{cm}(n + (K-1) - m(N+1-K)) \tag{2.215}$$

则由式(2.215)和式(2.214)可知下式成立：

$$y_L(n) = y_{Lm}(n + (K-1) - m(N-K+1)) \tag{2.216}$$

反过来说，如果上式成立，则由上式和式(2.214)知式(2.215)成立。以下给出式(2.216)的严谨证明。

先证明当 $m \geqslant 1$ 时式(2.216)成立。由线性卷积的定义，可得有限长序列 $h(n)$（$0 \leqslant n \leqslant K-1$）与无限长序列 $x(n)$ 的线性卷积 $y_L(n)$ 为

$$y_L(n) = \sum_{l=0}^{K-1} x(n-l)h(l) \tag{2.217}$$

由上式可得

$$y_L(n + m(N-K+1) - (K-1)) = \sum_{l=0}^{K-1} x(n + m(N-K+1) - (K-1) - l)h(l) \tag{2.218}$$

上式右边即子序列 $x_m(n) = x(n + m(N+1-K) - (K-1))$ 与 $h(n)$ 的线性卷积 $y_{Lm}(n)$，所以上式可写为

$$y_L(n+m(N-K+1)-(K-1)) = y_{Lm}(n) \tag{2.219}$$

此即

$$y_L(n) = y_{Lm}(n+(K-1)-m(N-K+1)) \tag{2.220}$$

下面证明当 $m=0$ 时式(2.216)亦成立。先计算 $x(n)$ 与 $h(n)$ 线性卷积 $y_L(n)$ 起始 $N+1-K$ 个序列值。由线性卷积定义 $y_L(n) = x(n)*h(n) = \sum\limits_{l=0}^{K-1} x(n-l)h(l)$，依此可得

$$y_L(0) = x(0)h(0) \tag{2.221}$$
$$y_L(1) = x(1)h(0) + x(0)h(1) \tag{2.222}$$
$$\vdots$$
$$y_L(N-K)$$
$$= x(n)*h(n) = \sum_{l=0}^{K-1} x(N-K-l)h(l)$$
$$= x(N-K)h(0) + x(N-K-1)h(1) + \cdots + x(N+1-2K)h(K-1) \tag{2.223}$$

由循环卷积的定义，序列 $h(n)(0 \leqslant n \leqslant K-1)$ 与序列 $x_0(n)(0 \leqslant n \leqslant N-1)$ 的 N 点循环卷积为

$$y_{c0}(n) = \sum_{l=0}^{N-1} x_0(l)h(\langle n-l \rangle_N) \tag{2.224}$$

考虑到 $x_0(n) = \{\underbrace{0,0,\cdots,0}_{\text{添加}K-1\text{个零}}, x(0), \cdots, x(N-K)\}$，上式变为

$$y_{c0}(n) = \sum_{l=K-1}^{N-1} x_0(l)h(\langle n-l \rangle_N) \tag{2.225}$$

循环卷积后边 $N+1-K$ 个取值为

$$y_{c0}(n) = \sum_{l=K-1}^{N-1} x_0(l)h(\langle n-l \rangle_N), \quad K-1 \leqslant n \leqslant N-1 \tag{2.226}$$

下面给出循环卷积 $y_{c0}(n)$ 后边 $N+1-K$ 个值。

(1) $y_{c0}(K-1)$ 为

$$y_{c0}(K-1) = \sum_{l=K-1}^{N-1} x_0(l)h(\langle K-1-l \rangle_N)$$
$$= x_0(K-1)h(0) + \sum_{l=K}^{N-1} x_0(l)h(N+K-1-l) \tag{2.227}$$

考虑到 $h(n)$ 序号范围为 $0 \leqslant n \leqslant K-1$，上式右边求和项全部为零，上式变为

$$y_{c0}(K-1) = x_0(K-1)h(0) = x(0)h(0) \tag{2.228}$$

(2) $y_{c0}(K)$ 为

$$y_{c0}(K) = x_0(K-1)h(1) + x_0(K)h(0) + \sum_{l=K+1}^{N-1} x_0(l)h(N+K-l) \tag{2.229}$$

同样考虑到 $h(n)$ 序号范围为 $0 \leqslant n \leqslant K-1$，上式右边求和项全部为零，上式变为

$$y_{c0}(K) = x_0(K-1)h(1) + x_0(K)h(0) = x(0)h(1) + x(1)h(0) \tag{2.230}$$

(3) 当 $K+1 \leqslant n \leqslant N-2$ 时，可以依上述方法推导得到 $y_{c0}(n)$。

(4) $y_{c0}(N-1)$ 为

$$y_{c0}(N-1) = \sum_{l=K-1}^{N-1} x_0(l)h(\langle N-1-l \rangle_N)$$

$$= x_0(K-1)h(N-K) + x_0(K)h(N-K-1) + \cdots + x_0(N-1)h(0)$$

$$= x(0)h(N-K) + x(1)h(N-K-1) + \cdots + x(N-K)h(0) \quad (2.231)$$

考虑到 $h(n)$ 序号范围为 $0 \leqslant n \leqslant K-1$，上式变为

$$y_{c0}(N-1) = x(N-2K+1)h(K-1) + \cdots + x(N-K-1)h(1) + x(N-K)h(0)$$

$$(2.232)$$

这样就得到了线性卷积 $y_L(n)$ 起始 $N+1-K$ 个序列值与循环卷积 $y_{c0}(n)$ 后边 $N+1-K$ 个序列值的关系式：

$$y_L(n) = y_{c0}(n+(K-1)), \quad 0 \leqslant n \leqslant N-K \quad (2.233)$$

这就证明了式(2.216)当 $m=0$ 时也成立。

重叠保留法是"数字信号处理"课程中用来计算一个长序列与一个短序列的线性卷积的两种重要方法之一，它首先由长序列构造出前后有重叠的子序列，然后用快速傅里叶变换计算这些子序列与短序列的线性卷积。但当循环卷积的点数少于线性卷积的长度时，两者只有后边一些序列值相等，这是重叠保留法的理论基础。前面首先分析了这一点，接着尝试证明了这些保留下来的序列值依次输出的结果刚好就是长序列与短序列的线性卷积结果。

在构造子序列 $x_0(n)$ 时，在原始长序列 $x(n)$ 起始时刻之前添加了 $K-1$ 个零，这样剔除 $x_0(n)$ 与 $h(n)$ 循环卷积前 $K-1$ 个值而保留得到的后 $N+1-K$ 个值刚好就是 $x(n)$ 与 $h(n)$ 线性卷积的起始 $N+1-K$ 个值。巧妙地添加 $K-1$ 个零点，等价于将循环卷积的结果右移了 $K-1$ 个序号位置，而它们与对应的线性卷积结果一致，这正是输出 $y_{c0}(n)$ 后 $N+1-K$ 个值的理论基础。同样，在构造子序列 $x_m(n)$ $(m \geqslant 1)$ 时，前后两个子序列的前后 $K-1$ 个序列值重叠，如果不人为地设计这种重叠，只输出 $x_m(n)$ 与 $h(n)$ 循环卷积后 $N+1-K$ 个序列值，则会遗漏线性卷积的结果。

回顾有限长序列 $h(n)$ $(0 \leqslant n \leqslant K-1)$ 和无限长序列 $x(n)$ $(n \geqslant 0)$ 的线性卷积：

$$y_L(n) = x(n) * h(n) = \sum_{m=-\infty}^{\infty} x(n-m)h(m) = \sum_{m=0}^{K-1} x(n-m)h(m) \quad (2.234)$$

可以看出，当 n 开始逐渐从 0 增大到 $K-1$ 时，上式最右侧表达式参与求和的项数逐渐从 1 增大到 K；当 $n \geqslant K$ 后，在相当长的一段时间内，上式右边参与求和的项数一直固定为 $h(n)$ 的长度 K，卷积结果由这 K 个求和项之和构成；当无限长序列 $x(n)$ 最后 $K-1$ 个序列值输入完成时，式(2.234)最右侧表达式参与求和的项数开始逐渐从 K 减小到 1。用序号和匹配法求解 $h(n)$ 和 $x(n)$ 的线性卷积的过程如图 2-19 所示，无限长输入序列 $x(n)$ 终止阶段的 K 个序号值依次写为 $\underline{x(K-1)}, \cdots, \underline{x(1)}, \underline{x(0)}$。无限长输入序列 $x(n)$ 依次与 $h(0), h(1), \cdots,$ $h(K-1)$ 相乘，乘积结果每行右移一格，最后对这些乘积项(对应于线性卷积求和运算中的求和项)按列相加的结果就是线性卷积的结果。从图 2-19(竖线右侧部分)可以看出，整个表格形成一个平行四边形，前述特点一目了然。起始阶段或终止阶段得到的 $K-1$ 个卷积结果都是因为没有充分嵌入输入序列 $x(n)$ 的信息，所以是不充分、不完全的，这是线性卷积的边界效应。

乘 $h(0)$	$x(0)$ $x(1)$ $\cdots$ $x(\boldsymbol{K-1})$ $x(K)$ $\cdots$ $\underline{x(K-1)}$ $\cdots$ $\underline{x(1)}$ $\underline{x(0)}$
乘 $h(1)$	$x(0)$ $x(1)$ $\cdots$ $x(K-1)$ $x(K)$ $\cdots$ $\underline{x(K-1)}$ $\cdots$ $\boldsymbol{x(1)}$ $\underline{x(0)}$
$\cdots$	$\cdots$ $\cdots$ $\cdots$ $\cdots$
乘 $h(K-1)$	$\boldsymbol{x(0)}$ $x(1)$ $\cdots$ $x(K-1)$ $x(K)$ $\cdots$ $\boldsymbol{x(K-1)}$ $\cdots$ $\underline{x(1)}$ $\underline{x(0)}$

图 2-19　用序号和匹配法求有限长序列 $h(n)$ 和无限长序列 $x(n)$ 的线性卷积

由式(2.234)可知,抛开起始阶段和终止阶段,时刻 n 的卷积为

$$y_{\mathrm{L}}(n) = \sum_{m=0}^{K-1} x(n-m)h(m)$$

$$= x(n)h(0) + x(n-1)h(1) + \cdots + x(n-(K-1))h(K-1) \quad (2.235)$$

这表明时刻 n 的线性卷积是由时刻 n 及之前 $K-1$ 个时刻 $x(n)$ 序列值 $x(n), x(n-1), \cdots,$ $x(n-(K-1))$ 的加权和(或者说它们与 $h(n)$ 的线性卷积)构成。

对 $m \geqslant 0$,定义以下子序列:

$$\tilde{x}_m(n) = x(n+m(N+1-K)), m(N+1-K) \leqslant n \leqslant (N-K)+m(N+1-K)$$
$$(2.236)$$

作为实例,这里给出前两个子序列的具体取值:

$$\tilde{x}_0(n) = \{x(0), x(1), \cdots, x(N-K)\}, \quad 0 \leqslant n \leqslant (N-K)$$
$$\tilde{x}_1(n) = \{x(N-K+1), x(N-K+2), \cdots, x(2N-2K+1)\},$$
$$(N+1-K) \leqslant n \leqslant (N-K)+(N+1-K)$$

这些子序列有以下特点:

(1) 这些子序列 $\tilde{x}_m(n)$ 依次排列就构成了输入序列 $x(n)$,此即

$$x(n) = \sum_{m=0} \tilde{x}_m(n) \quad (2.237)$$

(2) 任意子序列 $\tilde{x}_m(n)$ 的长度都是 $N+1-K$;

(3) 子序列 $\tilde{x}_m(n)$ 的起始序号是 $m(N+1-K)$,终止序号是 $(N-K)+m(N+1-K)$;

(4) 子序列 $\tilde{x}_m(n)$ 的序列值与前文定义的子序列 $x_m(n)$ 后边 $N+1-K$ 的序列值一一对应;

(5) 与 $x_m(n)$ 不同,$\tilde{x}_m(n)$ 前后序列值不存在重叠。

因此,$x(n)$ 和 $h(n)$ 的线性卷积就可以分解为各个子序列 $\tilde{x}_m(n)$ 与 $h(n)$ 的线性卷积 $\tilde{y}_{\mathrm{L}m}(n) = \tilde{x}_m(n) * h(n)$,并且 $\tilde{y}_{\mathrm{L}m}(n)$ 的起始时刻是 $\tilde{x}_m(n)$ 的起始时刻 $m(N+1-K)$ 与 $h(n)$ 的起始时刻 0 之和——$m(N+1-K)$。

记重叠保留法中的子序列 $x_m(n)$ 右移 $m(N+1-K)$ 形成的序列为 $\hat{x}_m(n)$,此即

$$\hat{x}_m(n) = x_m(n+m(N+1-K)), \quad m(N+1-K) \leqslant n \leqslant (N-1)+m(N+1-K)$$
$$(2.238)$$

需要注意的是,$\tilde{x}_m(n)$ 的序列值与 $\hat{x}_m(n)$ 后 $N+1-K$ 个序列值一一对应;$\tilde{x}_m(n)$ 与 $\hat{x}_m(n)$ 的起始时刻都是 $m(N+1-K)$。记 $\hat{x}_m(n)$ 与 $h(n)$ 的线性卷积为 $\hat{y}_{\mathrm{L}m}(n) = \hat{x}_m(n) * h(n)$,则线性卷积 $\hat{y}_{\mathrm{L}m}(n)$ 后 $N+1-K$ 个序列值与线性卷积 $\tilde{y}_{\mathrm{L}m}(n)$ 全部序列值一一对应,而线性卷积 $\hat{y}_{\mathrm{L}m}(n)$ 后 $N+1-K$ 个序列值与循环卷积 $y_{\mathrm{c}m}(n) = \hat{x}_m(n) \otimes h(n)$ 后 $N+1-K$ 个序列值一一对应,因此循环卷积 $y_{\mathrm{c}m}(n)$ 后 $N+1-K$ 个序列值依次输出结果就是 $x(n)$ 与 $h(n)$ 的线性卷积。$\tilde{y}_{\mathrm{L}m}(n)$ 在起始时刻 $m(N+1-K)$ 的序列值与该时刻及输入序列 $x(n)$ 之前 $K-1$ 个时

刻的序列值有关；而重叠保留法巧妙地将前后子序列 $x_m(n)$ 的 $K-1$ 个序列值进行重叠处理,足见其巧妙之处。

观察式(2.232),为了充分利用长序列 $x(n)$ 的各个输入序列值,右边求和项中 x 的序号必须非负,此即

$$N-2K+1 \geqslant 0 \Leftrightarrow N \geqslant 2K-1 \qquad (2.239)$$

也可以这样理解,因为任意一个子序列 $x_m(n)$ 与前后两个子序列 $x_{m-1}(n)$ 和 $x_{m+1}(n)$ 都有 $K-1$ 个重叠点,而这些重叠点不交叠(或者说这两个长度 $K-1$ 的重叠点序列之间还有一定的间隔),所以子序列的长度

$$N > 2(K-1) \Leftrightarrow N \geqslant 2K-1 \qquad (2.240)$$

这实际上给出了各个子序列的长度 N 和系统冲激响应 $h(n)$ 的长度 K 要满足的一个隐性约束条件。

例 2-9　分别用重叠相加法和重叠保留法计算 $x(n)=n+2,0 \leqslant n \leqslant 12$ 和 $h(n)=\{1,2,1\}$ 的线性卷积。用重叠相加法时子序列的长度为6,用重叠保留法时子序列的长度为8。

解：先采用重叠相加法。将 $x(n)$ 分成长度为 6 的子序列:

$$x_0(n) = \{2,3,4,5,6,7\}$$
$$x_1(n) = \{8,9,10,11,12,13\}$$
$$x_2(n) = \{14,0,0,0,0,0\}$$

计算这些子序列与 $h(n)$ 的 $6+3-1=8$ 点循环卷积如下:

$$y_0(n) = \{2,3,4,5,6,7\} \otimes \{1,2,1\} = \{2,7,12,16,20,24,20,7\}$$
$$y_1(n) = \{8,9,10,11,12,13\} \otimes \{1,2,1\} = \{8,25,36,40,44,48,38,13\}$$
$$y_2(n) = \{14,0,0,0,0,0\} \otimes \{1,2,1\} = \{14,28,14\}$$

将以上结果尾部进行重叠相加得:

$$y(n) = y_0(n) + y_1(n-6) + y_2(n-12)$$
$$= \{2,7,12,16,20,24,28,32,36,40,44,48,52,41,14\}$$

上式的具体计算见表 2-3。线性卷积结果中黑体部分是重叠相加的所得。

表 2-3　重叠相加法的计算

$y_0(n)$	2	7	12	16	20	24	**20**	**7**						
$y_1(n-6)$							**8**	**25**	36	40	44	48	**38**	**13**	
$y_2(n-12)$													**14**	**28**	14
$y(n)$	2	7	12	16	20	24	**28**	**32**	36	40	44	48	**52**	**41**	14

以下采用重叠保留法计算。构造子序列如下:

$$x_0(n) = \{0,0,2,3,4,5,6,7\}$$
$$x_1(n) = \{6,7,8,9,10,11,12,13\}$$
$$x_2(n) = \{12,13,14,0,0,0,0,0\}$$

计算这些子序列与 $h(n)$ 的 8 点循环卷积如下:

$$y_0(n) = \{0,0,2,3,4,5,6,7\} \otimes \{1,2,1\} = \{20,7,2,7,12,16,20,24\}$$
$$y_1(n) = \{6,7,8,9,10,11,12,13\} \otimes \{1,2,1\} = \{44,32,28,32,36,40,44,48\}$$
$$y_2(n) = \{12,13,14,0,0,0,0,0\} \otimes \{1,2,1\} = \{12,37,52,41,14\}$$

舍弃 $y_0(n)$、$y_1(n)$ 和 $y_2(n)$ 前面 2 个值,剩余的值依次排列就构成了所求的线性卷积:

$$y(n) = x(n) * h(n) = \{2,7,12,16,20,24,28,32,36,40,44,48,52,41,14\}$$

上式的具体计算见表 2-4。把 $y_0(n)$、$y_1(n)$ 和 $y_2(n)$ 最前边 2 个值舍去,余下的依次输出就是线性卷积的结果。

表 2-4　重叠保留法的计算

$y_0(n)$	~~20~~	~~7~~	2	7	12	16	20	24							
$y_1(n)$							~~44~~	~~32~~	28	32	36	40	44	48	
$y_2(n)$													~~12~~	~~37~~	52	41	14
$y(n)$			2	7	12	16	20	24	28	32	36	40	44	48	52	41	14

2.6.3　利用快速傅里叶变换计算相关函数

复数序列 $x(n)$ 和复数序列 $y(n)$ 的线性相关定义如下:

$$r_{xy}(n) = \sum_{m=-\infty}^{\infty} x(m)y^*(m-n) \tag{2.241}$$

考虑到 $y(n)$ 为复数序列,所以这里取其共轭 $y^*(n)$。$x(n)$ 和 $y(n)$ 的线性相关与线性卷积存在以下关系式:

$$r_{xy}(n) = x(n) * y^*(-n) \tag{2.242}$$

证明如下:令 $y_1(n) = y(-n)$,由线性卷积的定义有

$$x(n) * y^*(-n) = x(n) * y_1^*(n) = \sum_{m=-\infty}^{\infty} x(m)y_1^*(n-m) \tag{2.243}$$

考虑到 $y_1(n) = y(-n)$,所以 $y_1(n-m) = y(m-n)$,将此式代入上式右边得

$$x(n) * y^*(-n) = \sum_{m=-\infty}^{\infty} x(m)y^*(m-n) = r_{xy}(n) \tag{2.244}$$

以下先假设 $x(n)$ 的有效序号范围为:$0 \leqslant n \leqslant M_1 - 1$,$y(n)$ 的有效序号范围为:$-(M_2-1) \leqslant n \leqslant 0$。由线性相关的定义得,$x(n)$ 和 $y(n)$ 两者的线性相关为

$$r_{xy}(n) = \sum_{m=-\infty}^{\infty} x(m)y^*(m-n) \tag{2.245}$$

显然上式右边求和项 $x(m)y^*(m-n)$ 不为零的条件为

$$\begin{cases} 0 \leqslant m \leqslant M_1 - 1 \\ -(M_2-1) \leqslant m-n \leqslant 0 \end{cases} \tag{2.246}$$

此即

$$\begin{cases} 0 \leqslant m \leqslant M_1 - 1 \\ 0 \leqslant n-m \leqslant M_2 - 1 \end{cases} \tag{2.247}$$

将以上两式两边分别相加得线性相关 $r_{xy}(n)$ 的有效范围为

$$0 \leqslant n \leqslant M_1 + M_2 - 2 \tag{2.248}$$

记复数序列 $x(n)$ 和复数序列 $y(n)$ 的循环相关为 $\tilde{r}_{xy}(n)$,即

$$\tilde{r}_{xy}(n) = \sum_{m=0}^{N-1} x(m)y^*(\langle m-n \rangle_N) \tag{2.249}$$

式中 $N \geqslant \max(M_1, M_2)$；考虑到 $y(n)$ 为复数序列,所以这里取其共轭 $y^*(n)$。很容易得到以下类似于式(1.145)的关系式：

$$\tilde{r}_{xy}(n) = r_{xy}(n) + r_{xy}(n+N), \quad 0 \leqslant n \leqslant N-1 \tag{2.250}$$

下面推导以上结论。由循环相关的定义得 $x(n)$ 和 $y(n)$ 两者的循环相关为

$$\tilde{r}_{xy}(n) = \sum_{m=0}^{N-1} x(m) y^*(\langle m-n \rangle_N) = \sum_{m=0}^{N-1} x(m) \sum_{\ell} y^*(m-n+lN), \quad 0 \leqslant n \leqslant N-1 \tag{2.251}$$

式中 ℓ 为满足 $0 \leqslant m-n+\ell N \leqslant N-1$ 的整数,上式右边交换对 ℓ 和 m 的求和次序得

$$\tilde{r}_{xy}(n) = \sum_{\ell} \sum_{m=0}^{N-1} x(m) y^*(m-n+\ell N), \quad 0 \leqslant n \leqslant N-1 \tag{2.252}$$

考虑到上式右边求和时 $0 \leqslant m \leqslant N-1$ 和 $0 \leqslant n \leqslant N-1$,所以

$$-(N-1) \leqslant m-n \leqslant N-1 \tag{2.253}$$

显然使得 $0 \leqslant m-n+\ell N \leqslant N-1$ 不是空集的整数 ℓ 只能为 0 或者 1。这样式(2.252)变为

$$\tilde{r}_{xy}(n) = \sum_{m=0}^{N-1} x(m) y^*(m-n) + \sum_{m=0}^{N-1} x(m) y^*(m-n+N), \quad 0 \leqslant n \leqslant N-1 \tag{2.254}$$

考虑到 $x(n)$ 和 $y(n)$ 的线性相关 $r_{xy}(n)$ 为

$$r_{xy}(n) = \sum_{m=0}^{N-1} x(m) y^*(m-n), \quad 0 \leqslant n \leqslant M_1+M_2-2 \tag{2.255}$$

比较以上两式即可得式(2.250)。

同线性卷积与循环卷积的关系一样,式(2.255)表明只要循环相关的点数 $N \geqslant M_1 + M_2 - 1$,则线性相关 $r_{xy}(n)$ 与循环相关 $\tilde{r}_{xy}(n)$ 相等。

选择 $N = 2^l \geqslant M_1 + M_2 - 1$($l$ 为某个整数),利用 FFT 计算线性相关的步骤如下：

(1) 求 N 点 FFT：$X(k) = \mathrm{DFT}[x(n)]$；

(2) 求 N 点 FFT：$Y^*(k) = \mathrm{DFT}[y(\langle -n \rangle_N)]$；

(3) 求 N 点 IFFT：$\mathrm{IDFT}[X(k)Y^*(k)]$,所得结果即为 $r_{xy}(n)$。

需要说明的是,以上假设 $x(n)$ 的有效序号范围为 $0 \leqslant n \leqslant M_1-1$,$y(n)$ 的有效序号范围为 $-(M_2-1) \leqslant n \leqslant 0$。如果 $x(n)$ 的实际起始序号为 n_1,$y(n)$ 的实际起始序号为 n_2,则所求的线性相关值与上述结果一致,只是起始序号由 0 变为 $n_1 - n_2 - (M_2-1)$。这是因为若 $x(n)$ 和 $y(n)$ 两者的线性相关为 $r_{xy}(n)$,则 $x(n-n_1)$ 和 $y(n-n_2)$ 两者的线性相关为 $r_{xy}(n-n_1+n_2)$。

习题

2-1 证明：

$$\sum_{n=0}^{N-1} W_N^{nk} = N \cdot \delta(k-lN), \quad l \text{ 为整数}$$

2-2 FIR 滤波器的冲激响应为 $h(n) = \{3,2,3\}$,$0 \leqslant n \leqslant 2$,利用 DFT 和 IDFT 间接计算它对输入 $x(n) = \{1,2,2,1,3\}$,$0 \leqslant n \leqslant 4$ 的响应。提示：首先需要确定 DFT 和 IDFT 最

小的点数。

2-3 已知 $x(n)=\{1,2,3,4\},0\leqslant n\leqslant 3$,分别计算序列的 4 点、6 点、16 点 DFT,分析这些结果的异同点。

2-4 利用 DFT 的矩阵形式计算:

(1) $x(n)=\{1,2,3,2\},0\leqslant n\leqslant 3$ 的 4 点 DFT;

(2) $x(n)=\{1,2,3,2\},0\leqslant n\leqslant 3$ 的 6 点 DFT;

(3) $x(n)=\{1,2,3,2,3,4\},0\leqslant n\leqslant 5$ 的 6 点 DFT。

2-5 已知 N 为某个偶正整数,N 点实序列 $x(n)$ 满足以下对称性:

$$x(n+N/2)=-x(n),\quad n=0,1,\cdots,N/2-1$$

证明 $x(n)$ 的离散傅里叶变换 $X(k)$ 具有以下性质:

(1) 对偶的正整数 k,序列频谱的偶次谐波为零,即 $X(k)=0$;

(2) 通过计算序列 $x(n)$ 的前 $N/2$ 个序列值的 $N/2$ 点 DFT,就可以得到序列频谱的奇次谐波。

2-6 先计算 $x(n)=\{1,2,3,2,1,0\},-2\leqslant n\leqslant 3$ 的傅里叶变换 $\widetilde{X}(e^{j\omega})$;再计算 $x(n)=\{3,2,1,0,1,2\},0\leqslant n\leqslant 5$ 的 6 点离散傅里叶变换 $X(k)$;分析 $\widetilde{X}(e^{j\omega})$ 与 $X(k)$ 之间存在何种关系。

2-7 已知 $x(n)=\{1,2,3,4\},0\leqslant n\leqslant 3$

(1) 计算序列的 6 点离散傅里叶变换 $X(k)$;

(2) 若 $Y(k)=W_4^* X(k),0\leqslant k\leqslant 5$,求 $Y(k)$ 对应的时域序列 $y(n)$;

(3) 计算 $X_R(k)$ 对应的时域序列;

(4) 计算 $X_I(k)$ 对应的时域序列。

2-8 已知 $x(n)=\{1,2,3,1,5\}$ 和 $y(n)=\{1,2,2,1,0,0\}$。

(1) 直接通过 DFT 定义式计算 6 点离散傅里叶变换 $X(k)$ 和 $Y(k)$;

(2) 构造一个复数序列 $z(n)=x(n)+j\cdot y(n)$,通过求 $z(n)$ 的 DFT 间接计算 $X(k)$ 和 $Y(k)$。

2-9 已知 $x(n)=\{1,2,3,4,5,6,7,8,9,-5\},0\leqslant n\leqslant 9,x(n)$ 的 10 点离散傅里叶变换为 $X(k)$,在不直接计算得到 $X(k)$ 的情况下,求解:

(1) $X(0)$;

(2) $X(5)$;

(3) $\displaystyle\sum_{k=0}^{9}X(k)$;

(4) $\displaystyle\sum_{k=0}^{9}e^{-j\pi k/5}X(k)$;

(5) $\displaystyle\sum_{k=0}^{9}|X(k)|^2$。

2-10 实序列 $x(n)$ 和实序列 $y(n)$ 分别是 8 点复序列 $g(n)$ 的实部和虚部,即

$$g(n)=x(n)+j\cdot y(n)$$

$g(n)$ 的 8 点 DFT 为:

$$\{2+3j,4-5j,3-j,6+2j,5j,8+3j,13+2j,5-8j\}$$

试求 $x(n)$ 和 $y(n)$ 的 8 点 DFT。

2-11 已知 $x(n) = 2n+1, 0 \leqslant n \leqslant 12$ 和 $h(n) = \{1,2,3\}, 0 \leqslant n \leqslant 2$。

(1) 用重叠相加法计算两者的线性卷积,子序列的长度取 6;

(2) 用重叠保留法计算两者的线性卷积,子序列的长度取 8;

(3) 直接用线性卷积的定义计算两者的线性卷积。

2-12 如果用重叠相加法计算 L 点长序列 $x(n)$ 和 K 点短序列 $h(n)$ 的线性卷积,那么使得运算操作最少的分块长度应该是多少? 如果用重叠保留法计算,那么使得运算操作最少的分块长度又应该是多少呢?

第 3 章

无限长单位脉冲响应
滤波器的设计方法

本章内容提要

本章主要讲解数字滤波器的基本原理和无限长单位脉冲响应滤波器的设计方法。数字滤波器是由乘法器、加法器和延时单元组成的一种算法或装置,其作用是滤除数字信号中不需要的分量,保留有用的分量。

设计一个数字滤波器一般包括下列三个步骤:

(1) 按照信号处理的任务要求,确定滤波器的性能指标。这些指标包括滤波器的通带范围和阻带范围、通带波动以及阻带最小衰减。

(2) 用一个因果稳定的离散线性时不变系统的系统函数去逼近待设计滤波器的性能指标。根据离散线性时不变系统单位脉冲响应长度的不同,数字滤波器可以分为无限长单位脉冲响应(Infinite Impulse Response,IIR)滤波器和有限长单位脉冲响应(Finite Impulse Response,FIR)滤波器两类。

(3) 数字滤波器的实现,包括选择滤波器的运算结构,确定运算和系数存储的字长,滤波器的硬件实现等。

本章和第 4 章讨论(2)的内容,即根据给定的性能指标确定滤波器的系统函数。第 5 章讨论滤波器的实现技术。

3.1 数字滤波器的基本原理

数字滤波器是一种离散线性时不变系统,可以用差分方程来描述其输入 $x(n)$ 和输出 $y(n)$ 之间的关系:

$$y(n) = \sum_{i=0}^{M} b_i x(n-i) - \sum_{i=1}^{N} a_i y(n-i) \tag{3.1}$$

其中 M、N 都是整数,且一般满足 $M \leqslant N$;a_i 和 b_i 分别是延迟信号 $y(n-i)$ 和 $x(n-i)$ 的加权系数。当选择一组特定的系数 a_i 和 b_i 后,就可以在输入序列 $x(n)$ 中滤除不需要的频率分量,得到输出序列 $y(n)$。数字滤波器设计的一项重要工作就是确定系数 a_i 和 b_i,使得滤波器的频率响应 $H(e^{j\omega})$ 符合性能指标的要求。

在式(3.1)两边取 $\mathcal{Z}$ 变换,即可得到该数字滤波器的系统函数:

$$H(z) = \frac{\sum\limits_{i=0}^{M} b_i z^{-i}}{1 + \sum\limits_{i=1}^{N} a_i z^{-i}} \tag{3.2}$$

该式描述的系统称为 N 阶数字滤波器。在式(3.2)中,只有存在一个 $a_i \neq 0 (i>0)$,其对应的单位脉冲响应 $h(n)$ 为无限长,这样的系统就称为无限长单位脉冲响应(IIR)滤波器;若对任意 $i>0$,都有 $a_i = 0$,则其对应的单位脉冲响应 $h(n)$ 为有限长,这样的系统就称为有限长单位脉冲响应(FIR)滤波器。当 $a_i = 0 (i>0)$ 时,式(3.1)可以化为

$$y(n) = \sum_{i=0}^{M} b_i x(n-i) = \sum_{i=0}^{M} h(i) x(n-i) \tag{3.3}$$

此时差分方程就是一种卷积运算,因此其单位脉冲响应 $h(n)$ 为

$$h(i) = b_i, \quad i = 0, 1, 2, \cdots, M \tag{3.4}$$

$h(n)$ 的长度为 $M+1$。

3.1.1 理想滤波器

经典信号处理中,通常假设有用信号和干扰信号分布在频谱的不同频带上。这样在数字滤波器的幅频响应中,只要将有用信号所在频带的幅度设置为"1",将干扰信号所在频带的幅度设置为"0",即可保留有用信号,滤除干扰信号。幅频特性是分段常数的滤波器称为经典滤波器。根据通带的位置不同,经典数字滤波器可以分为四种基本类型,即低通(Low-Pass,LP)、高通(High-Pass,HP)、带通(Band-Pass,BP)和带阻(Band-Stop,BS)滤波器,它们的幅频特性如图 3-1 所示。与模拟滤波器不同,数字滤波器的频率响应是以 2π 为周期的,图 3-1 只给出了一个周期内($-\pi \sim \pi$)的幅频特性。设数字系统的采样频率为 f_s,则数字角频率 $-\pi$ 和 π 分别对应 $-\dfrac{f_s}{2}$ 和 $\dfrac{f_s}{2}$,即数字系统的最高频率。而模拟滤波器的最高频率为无穷大,例如,模拟低通滤波器的通带为 $[-\Omega_c, \Omega_c]$,阻带为 $(-\infty, -\Omega_c]$ 和 $[\Omega_c, +\infty]$。

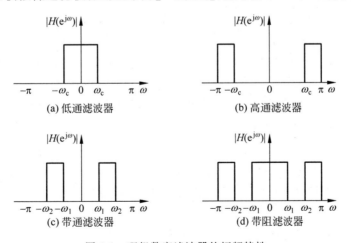

图 3-1　理想数字滤波器的幅频特性

3.1.2 实际滤波器

如图 3-1 所示为理想滤波器,其幅频特性存在间断点(ω_c,ω_1,ω_2),这在物理上是不可实现的。实际滤波器的幅频特性是连续函数,在通带和阻带之间总存在一个过渡带,且在通带和阻带内的幅频响应也不是严格的"1"和"0",而是有一个波动范围。图 3-2 是实际低通数字滤波器的幅频特性,在通带$[0,\omega_c]$和阻带$[\omega_r,\pi]$之间存在过渡带(ω_c,ω_r),ω_c 和 ω_r 分别是通带和阻带的边界角频率(在不引起混淆的前提下,可以简称为边界频率)。在通带内,滤波器幅频响应的最大波动值为 δ_1,即

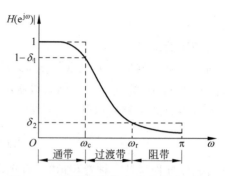

图 3-2　实际低通数字滤波器的幅频特性

$1-\delta_1 \leqslant |H(e^{j\omega})| \leqslant 1$;在阻带内,滤波器幅频响应的最小衰减值为 δ_2。

在实际应用中,一般用通带最大波动 δ 和阻带最小衰减 At 来描述通带和阻带内幅频响应的波动范围。通带最大波动 δ 定义为通带内幅频响应的最大值 1 与最小值 $1-\delta_1$ 之比的对数值:

$$\delta = 20\lg\left(\frac{|H(e^{j\omega})|_{\max}}{|H(e^{j\omega})|_{\min}}\right) = 20\lg\left(\frac{1}{1-\delta_1}\right) = -20\lg(1-\delta_1) \quad \omega < \omega_c \tag{3.5}$$

阻带最小衰减 At 定义为通带内幅频响应最大值 1 与阻带内幅频响应最大值 δ_2 之比的对数值:

$$At = 20\lg\left(\frac{1}{|H(e^{j\omega})|_{\max}}\right) = 20\lg\left(\frac{1}{\delta_2}\right) = -20\lg\delta_2 \quad \omega > \omega_r \tag{3.6}$$

若不考虑数字滤波器的实现,则 IIR 滤波器的设计就是根据给定的性能指标,确定差分方程式(3.1)或系统函数 $H(z)$ 的系数 a_i 和 b_i。

IIR 滤波器的设计通常有两类方法:

(1) 根据模拟滤波器设计 IIR 滤波器。首先设计一个合适的模拟滤波器,然后再将其变换成满足给定性能指标的数字滤波器。模拟滤波器的设计方法已经发展得很成熟,有简单而严格的设计公式,设计起来既方便又准确,因此可以将这些方法推广到数字域,作为数字滤波器的设计工具。本章主要讨论这类方法,包括冲激响应不变法和双线性变换法。

(2) 最优化设计方法。首先确定一种最优准则,然后求在此最优准则下的滤波器系数 a_i 和 b_i。常用的最优准则包括最小均方误差准则和最大误差最小准则,它们分别要求设计出的实际频响幅度 $|H(e^{j\omega})|$ 与所要求的理想频响幅度 $|H_d(e^{j\omega})|$ 的均方误差最小和最大误差最小。最优化设计方法不需要模拟滤波器这个中间环节,因而也称为直接法。但是,这种设计方法需要进行大量的迭代计算,因此必须借助计算机进行设计。

3.2　模拟滤波器的设计方法

模拟滤波器的设计不属于本课程的范围,但是 IIR 滤波器的设计要用到模拟滤波器的设计知识,因此这里介绍几种常用的模拟滤波器设计方法。

模拟滤波器的设计就是根据给定的性能指标确定模拟系统函数 $H_a(s)$，使其逼近某种理想滤波器的系统函数。在这种逼近中，一般使用模拟滤波器频率响应的幅度平方函数：

$$A(\Omega^2) = |H_a(j\Omega)|^2 = H_a(j\Omega)H_a^*(j\Omega) \tag{3.7}$$

其中 Ω 是模拟角频率，$H_a(j\Omega)$ 是模拟滤波器的频率响应。因为模拟滤波器的冲激响应 $h_a(t)$ 是实函数，所以 $H_a(j\Omega)$ 满足共轭对称性：

$$H_a^*(j\Omega) = H_a(-j\Omega) \tag{3.8}$$

所以

$$A(\Omega^2) = H_a(j\Omega)H_a(-j\Omega) \tag{3.9}$$

将上式从 s 平面的虚轴延拓到整个 s 平面，即令 $s=j\Omega$，得

$$A(\Omega^2) = H_a(s)H_a(-s) \tag{3.10}$$

在模拟滤波器设计中，可以使用巴特沃斯滤波器、切比雪夫滤波器或椭圆滤波器求幅度平方函数 $A(\Omega^2)$，这在本节的后续部分将详细讲述。下面先介绍根据给定的幅度平方函数 $A(\Omega^2)$ 求模拟滤波器系统函数 $H_a(s)$ 的方法。

在稳态条件下，$s=j\Omega$，则 $\Omega^2=-s^2$，所以 $A(\Omega^2)=A(-s^2)$，即在幅度平方函数 $A(\Omega^2)$ 的表达式中，令 $\Omega^2=-s^2$，即可得到 $A(-s^2)$。因为 $A(-s^2)=H_a(s)H_a(-s)$，所以 $A(-s^2)$ 的零点和极点一半来自于 $H_a(s)$，另一半来自于 $H_a(-s)$，且 $A(-s^2)$ 的零点（或极点）的分布关于实轴和虚轴对称。

理论上，可以选择 $A(-s^2)$ 的对称零点和极点的任意一半（互为共轭的一组零点或极点必须同时选择或不选），作为系统函数 $H_a(s)$ 的零点和极点，得到 $H_a(s)$ 的表达式。但是，为了保证系统的稳定性，应选择 $A(-s^2)$ 在 s 左半平面上的极点，作为 $H_a(s)$ 的极点；而零点可以选择 $A(-s^2)$ 的对称零点的任意一半。若要求设计的滤波器是最小相位系统（最小相位系统的逆系统也具有稳定性），则应选择 $A(-s^2)$ 在 s 左半平面上的零点，作为 $H_a(s)$ 的零点。

例 3-1　已知模拟滤波器的幅度平方函数 $A(\Omega^2)=\dfrac{\Omega^2+1}{\Omega^4+4}$，求最小相位条件下该滤波器的系统函数 $H_a(s)$。

解：令 $\Omega^2=-s^2$，则幅度平方函数可以转化为

$$A(-s^2) = \frac{-s^2+1}{s^4+4} = \frac{-(s+1)(s-1)}{[s+(1+j)][s-(1+j)][s+(1-j)][s-(1-j)]}$$

$A(-s^2)$ 有两个零点：-1 和 1，有四个极点：$-1+j$、$-1-j$、$1+j$ 和 $1-j$，它们在 s 平面上的分布如图 3-3 所示。

在最小相位条件下，应选择 $A(-s^2)$ 位于 s 左半平面上的零点 -1、极点 $-1+j$ 和 $-1-j$，作为模拟滤波器系统函数 $H_a(s)$ 的零点和极点，因此得

$$H_a(s) = \frac{s+1}{[s+(1+j)][s+(1-j)]} = \frac{s+1}{s^2+2s+2}$$

模拟滤波器设计就是根据给定的性能指标，求滤波器的系统函数 $H_a(s)$ 的过程。滤波器的性能指标包括通带边界频率 Ω_c（单位：rad/s）、阻带边界频率 Ω_r（单位：rad/s）、

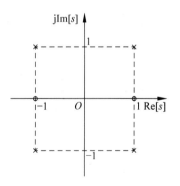

图 3-3　$A(-s^2)$ 的零极点分布

通带波动 δ(单位：dB)和阻带最小衰减 At(单位：dB)。

3.2.1 巴特沃斯滤波器

巴特沃斯滤波器(Butterworth Filter)是最常用的模拟滤波器,它具有通带最大平坦的幅频特性,且频率响应的幅度随着频率的升高而单调下降。巴特沃斯低通滤波器的幅度平方函数可以表示为

$$A(\Omega^2) = |H_a(j\Omega)|^2 = \frac{1}{1 + \left(\dfrac{j\Omega}{j\Omega_n}\right)^{2N}} \tag{3.11}$$

其中,Ω_n 是滤波器的边界频率,整数 N 是滤波器的阶数。当 $\Omega = \Omega_n$ 时,$A(\Omega^2) = \dfrac{1}{2}$,所以 $|H_a(j\Omega)| = \dfrac{\sqrt{2}}{2}$,从而 $20\lg|H_a(j\Omega)| = 20\lg\dfrac{\sqrt{2}}{2} \approx -3$,即在 Ω_n 处,幅频响应 $|H_a(j\Omega)|$ 衰减 3dB,因此 Ω_n 也称为滤波器的 3dB 边界频率。如果规定滤波器的通带波动为 3dB,那么 Ω_n 就是滤波器的通带边界频率。

图 3-4 给出了不同阶数时巴特沃斯滤波器的幅度平方函数,其中 Ω_c 和 Ω_r 分别表示滤波器的通带和阻带边界频率。滤波器的阶数 N 越大,通带的平坦性就越好,阻带的衰减就越大,过渡带也越陡。在过渡带内,阶数为 N 的巴特沃斯滤波器的幅频响应趋于 $-6N$dB/倍频程的渐近线。在滤波器设计时,通常根据此规律确定巴特沃斯滤波器的阶数。

令 $\Omega^2 = -s^2$,则幅度平方函数可以转化为

$$A(-s^2) = H_a(s) \cdot H_a(-s) = \frac{1}{1 + \left(\dfrac{s}{j\Omega_n}\right)^{2N}} \tag{3.12}$$

令 $1 + \left(\dfrac{s}{j\Omega_n}\right)^{2N} = 0$,可以得到幅度平方函数的极点:

$$s_p = (-1)^{\frac{1}{2N}}(j\Omega_n) = e^{j\frac{2k\pi+\pi}{2N}}e^{j\frac{\pi}{2}}\Omega_n = e^{j\left(\frac{2k\pi+\pi}{2N}+\frac{\pi}{2}\right)}\Omega_n, \quad k = 0,1,2,\cdots,2N-1 \tag{3.13}$$

因此,巴特沃斯滤波器的幅度平方函数 $A(-s^2)$ 有 $2N$ 个极点,它们等角度地分布在 $|s| = \Omega_n$ 的圆周上。图 3-5 是三阶巴特沃斯滤波器的极点分布,相邻极点之间的幅角相差 $60°$。

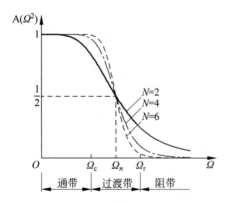

图 3-4　巴特沃斯滤波器的幅度平方函数

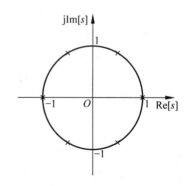

图 3-5　三阶巴特沃斯滤波器的极点分布

下面推导三阶巴特沃斯低通滤波器的系统函数 $H_a(s)$。

三阶巴特沃斯低通滤波器的 $A(-s^2)$ 有 6 个极点,其中位于 s 左半平面的三个极点分别是 $s_{p0}=\mathrm{e}^{\mathrm{j}\frac{2\pi}{3}}\Omega_n$,$s_{p1}=\mathrm{e}^{\mathrm{j}\pi}\Omega_n=-\Omega_n$ 和 $s_{p2}=\mathrm{e}^{\mathrm{j}\frac{4\pi}{3}}\Omega_n=\mathrm{e}^{-\mathrm{j}\frac{2\pi}{3}}\Omega_n$。选择 s_{p0}、s_{p1} 和 s_{p2} 作为滤波器系统函数 $H_a(s)$ 的极点,即可得到

$$H_a(s) = \frac{\Omega_n^3}{(s-\mathrm{e}^{\mathrm{j}\frac{2\pi}{3}}\Omega_n)(s+\Omega_n)(s-\mathrm{e}^{-\mathrm{j}\frac{2\pi}{3}}\Omega_n)} \tag{3.14}$$

其中,分子 Ω_n^3 的作用是使 $H_a(0)=1$。令 $s_1=\dfrac{s}{\Omega_n}$,则式(3.14)可以转化为

$$H_a(s_1) = \frac{1}{(s_1-\mathrm{e}^{\mathrm{j}\frac{2\pi}{3}})(s_1+1)(s_1-\mathrm{e}^{-\mathrm{j}\frac{2\pi}{3}})} = \frac{1}{s_1^3+2s_1^2+2s_1+1} \tag{3.15}$$

其中,$H_a(s_1)$ 是三阶巴特沃斯低通滤波器的归一化系统函数。

同理,可以得到一阶巴特沃斯低通滤波器的归一化系统函数:

$$H_a(s_1) = \frac{1}{s_1+1} \tag{3.16}$$

和二阶巴特沃斯低通滤波器的归一化系统函数:

$$H_a(s_1) = \frac{1}{s_1^2+\sqrt{2}\,s_1+1} \tag{3.17}$$

例 3-2 已知巴特沃斯低通滤波器的通带边界频率 $\Omega_c=1000\mathrm{rad/s}$,阻带边界频率 $\Omega_r=4000\mathrm{rad/s}$,通带波动 $\delta=3\mathrm{dB}$,阻带最小衰减 $At=30\mathrm{dB}$,求该滤波器的系统函数 $H_a(s)$。

解:因为巴特沃斯滤波器在过渡带内的幅频响应每倍频程衰减约 $6N\mathrm{dB}$,所以

$$6N\log_2\frac{4000}{1000} \geqslant 30-3$$

解得 $N \geqslant 3$,因此选择三阶巴特沃斯滤波器。

三阶巴特沃斯低通滤波器的归一化系统函数为

$$H_a(s_1) = \frac{1}{s_1^3+2s_1^2+2s_1+1}$$

因为滤波器的通带波动为 $3\mathrm{dB}$,所以 $\Omega_n=\Omega_c=1000$,从而 $s_1=\dfrac{s}{\Omega_n}=\dfrac{s}{1000}$,于是

$$H_a(s) = \frac{1}{\left(\dfrac{s}{1000}\right)^3+2\left(\dfrac{s}{1000}\right)^2+2\left(\dfrac{s}{1000}\right)+1} = \frac{10^9}{s^3+2\times10^3\cdot s^2+2\times10^6\cdot s+10^9}$$

在例 3-2 中,因为滤波器的通带波动正好是 $3\mathrm{dB}$,所以其 $3\mathrm{dB}$ 边界频率 Ω_n 等于通带边界频率 Ω_c。如果滤波器的通带波动小于 $3\mathrm{dB}$,那么其 $3\mathrm{dB}$ 边界频率 Ω_n 位于通带边界频率 Ω_c 和阻带边界频率 Ω_r 之间。此时可以根据过渡带内幅频响应每倍频程衰减约 $6N\mathrm{dB}$ 的规律近似估计 Ω_n 的值。

由于在滤波器的设计步骤中存在多次近似,所以得到的系统函数 $H_a(s)$ 不一定符合性能指标的要求,因此还要检查 $H_a(s)$ 的频率响应是否符合要求。如果通带波动过大或阻带最小衰减不足,那么可以增大阶数 N 的值,重新设计,直到符合性能指标的要求为止。

例 3-3 已知巴特沃斯高通滤波器的通带边界频率 $\Omega_c=2000\mathrm{rad/s}$,阻带边界频率 $\Omega_r=1000\mathrm{rad/s}$,通带波动 $\delta=3\mathrm{dB}$,阻带最小衰减 $At=12\mathrm{dB}$,求该滤波器的系统

函数 $H_a(s)$。

解：式(3.11)是巴特沃斯低通滤波器的幅度平方函数，而本题设计的是高通滤波器，因此不能直接使用式(3.11)求系统函数。但是，可以先通过某种平面变换 $v=F(s)$，将高通滤波器 $H_a(s)$ 的性能指标转换为低通滤波器 $H_p(v)$ 的性能指标；然后，根据式(3.11)，设计低通滤波器 $H_p(v)$；最后，通过平面变换 $v=F(s)$，将 $H_p(v)$ 转换为 $H_a(s)$。

从 v 平面到 s 平面的高通变换可以使用如下变换关系：

$$v = \frac{\Omega_c \Omega_r}{s}$$

令 $s=j\Omega$，$v=j\Theta$，则可以得到虚轴上的频率变换关系：

$$\Theta = -\frac{\Omega_c \Omega_r}{\Omega}$$

因此，$\Theta_c = -\Omega_r = -1000\text{rad/s}$，$\Theta_r = -\Omega_c = -2000\text{rad/s}$。

因为滤波器的通带波动为 3dB，阻带最小衰减为 12dB，所以

$$6N \log_2 \frac{2000}{1000} \geqslant 12 - 3$$

解得 $N \geqslant 2$，因此选择二阶巴特沃斯滤波器。

因为滤波器的通带波动为 3dB，所以 $\Theta_n = \Theta_c = 1000$。

因为二阶巴特沃斯低通滤波器的归一化系统函数为

$$H_a(s_1) = \frac{1}{s_1^2 + \sqrt{2}\,s_1 + 1}$$

所以低通滤波器的系统函数为

$$H_p(v) = \frac{1}{\left(\dfrac{v}{1000}\right)^2 + \sqrt{2}\,\dfrac{v}{1000} + 1}$$

将 $v = \dfrac{\Omega_c \Omega_r}{s} = \dfrac{2000 \times 1000}{s} = \dfrac{2 \times 10^6}{s}$ 代入上式，得

$$H_a(s) = \frac{s^2}{\left(\dfrac{2 \times 10^6}{1000}\right)^2 + \sqrt{2}\,\dfrac{2 \times 10^6}{1000}s + s^2} \approx \frac{s^2}{s^2 + 2828.4s + 4000000}$$

在 Matlab 中，可以用 buttord 和 butter 函数设计巴特沃斯滤波器。前者用于求滤波器的阶数和 3dB 边界频率，后者用于求滤波器的系数或零极点。

首先求巴特沃斯滤波器的阶数 N 和 3dB 边界角频率 Wn：

```
[N, Wn] = buttord(Wp, Ws, Rp, Rs, 's')
```

其中，Rp 和 Rs 分别为通带波动 δ 和阻带最小衰减 At，单位均为 dB；'s' 表示模拟滤波器设计，如无此参数，则表示数字滤波器设计；Wp 和 Ws 分别表示通带边界角频率 Ω_c 和阻带边界角频率 Ω_r，其值为标量(低通和高通滤波器)或二维向量(带通和带阻滤波器)。如果设计的是低通或高通滤波器，那么滤波器的阶数就是 N；如果设计的是带通或带阻滤波器，那么滤波器的阶数是 2N。

巴特沃斯滤波器的类型由 Wp 和 Ws 的值决定，它们的关系如表 3-1 所示。

表 3-1　滤波器的类型与 Wp、Ws 的关系

滤波器类型	Wp 与 Ws 的关系	通　带	阻　带
低通	Wp < Ws	$(0, Wp)$	$(Ws, +\infty)$
高通	Wp > Ws	$(Wp, +\infty)$	$(0, Ws)$
带通	$Ws_1 < Wp_1 < Wp_2 < Ws_2$	(Wp_1, Wp_2)	$(0, Ws_1), (Ws_2, +\infty)$
带阻	$Wp_1 < Ws_1 < Ws_2 < Wp_2$	$(0, Wp_1), (Wp_2, +\infty)$	(Ws_1, Ws_2)

然后,根据求得的 N 和 Wn 求滤波器的系数或零极点:

```
[b, a] = butter(N, Wn, 'ftype', 's')
[z, p, k] = butter(N, Wn, 'ftype', 's')
```

其中,'s'表示模拟滤波器设计;'ftype'指定滤波器类型,其值与滤波器类型的关系如表 3-2 所示。当'ftype'省略时,表示设计的是低通或带通滤波器,这两种滤波器通过 3dB 边界频率 Wn 的数据类型来区分;当设计的是高通或带阻滤波器时,必须用'high'或'stop'指明滤波器的类型。

表 3-2　滤波器的类型与'ftype'的关系

'ftype'	Wn 类型	滤波器类型
省略或'low'	标量	低通滤波器
省略或'bandpass'	二维向量	带通滤波器
'high'	标量	高通滤波器
'stop'	二维向量	带阻滤波器

输出参数 b 和 a 分别是系统函数分子和分母多项式的系数;z、p 和 k 分别是系统函数的零点向量、极点向量和增益(标量)。因为巴特沃斯低通滤波器没有零点,所以输出参数 z 实际上是一个空向量,输出参数与系统函数 $H(s)$ 的关系如下:

$$H(s) = \frac{b_1 s^N + b_2 s^{N-1} + \cdots + b_N s + b_{N+1}}{s^N + a_2 s^{N-1} + \cdots + a_N s + a_{N+1}} = \frac{k}{(s - p_1)(s - p_2)\cdots(s - p_N)} \tag{3.18}$$

其中,b_i 和 a_i 分别表示 b 和 a 的第 i 个元素;p_i 分别表示 p 的第 i 个元素,即系统函数 $H(s)$ 的第 i 个极点。值得注意的是,对高通、带通和带阻滤波器,输出参数 z 不是空向量,因而式(3.18)需要改为

$$H(s) = \frac{b_1 s^N + b_2 s^{N-1} + \cdots + b_N s + b_{N+1}}{s^N + a_2 s^{N-1} + \cdots + a_N s + a_{N+1}} = \frac{k(s - z_1)(s - z_2)\cdots(s - z_N)}{(s - p_1)(s - p_2)\cdots(s - p_N)} \tag{3.19}$$

例 3-4　用 Matlab 设计一个巴特沃斯高通滤波器,其性能指标如下:通带边界频率 $f_c = 4000\mathrm{Hz}$,阻带边界频率 $f_r = 2000\mathrm{Hz}$,通带波动 $\delta = 1\mathrm{dB}$,阻带最小衰减 $At = 20\mathrm{dB}$,求该滤波器的系统函数 $H(s)$,并画出滤波器的幅频特性。

解:本题的 Matlab 程序如下:

```
clear;                        % 清除 Matlab 工作空间中的所有变量
fp = 4000;
fr = 2000;
Wp = 2 * pi * fp;
Ws = 2 * pi * fr;
```

```
Rp = 1;
Rs = 20;
[N Wn] = buttord(Wp, Ws, Rp, Rs, 's');
[b a] = butter(N, Wn, 'high', 's');
w = 0:20:12000 * pi;                        % 模拟角频率的范围是 0～12000π
h = freqs(b, a, w);                         % 求模拟滤波器的频率响应
figure;                                     % 作一个空图
plot(w/(2 * pi), 20 * log10(abs(h)));       % 以线性频率为 x 轴, 频响幅度的对数值为 y 轴作图
axis([0 6000 - 50 0]);                      % 设置坐标轴的取值范围
grid;                                       % 在图中设置网格
xlabel('频率/Hz');                          % 设置 x 轴名称
ylabel('幅度/dB');                          % 设置 y 轴名称
```

由程序运行的结果可知，$N=5$，因此该程序生成的是一个五阶巴特沃斯带通滤波器，其系统函数为

$$H(s) = \frac{s^5}{s^5 + 1.025 \times 10^4 s^4 + 5.250 \times 10^7 s^3 + 1.663 \times 10^{11} s^2 + 3.254 \times 10^{14} s + 3.184 \times 10^{17}}$$

因为在高通滤波器的设计过程中，存在频率的倒数变换，所以该高通滤波器在原点处存在一个五阶零点。

该滤波器的幅频特性如图 3-6 所示，从图中可以看出该滤波器在通带边界频率 4000Hz 处的衰减值约为 1dB，在阻带边界频率 2000Hz 处的衰减值为 20dB，因此所设计的滤波器符合性能指标的要求。

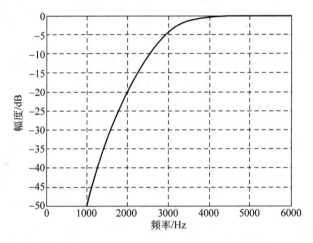

图 3-6　五阶巴特沃斯高通滤波器的幅频特性

3.2.2　切比雪夫滤波器

切比雪夫滤波器(Chebyshev Filter)是一种幅频响应在通带或阻带上等波纹波动的滤波器。它在过渡带上的衰减比巴特沃斯带通滤波器更快，因而在同等性能指标下，它的阶数更低。但其在通带或阻带内存在幅度波动，幅频特性的平坦性没有巴特沃斯带通滤波器好。

根据波动频段的不同，可以将切比雪夫滤波器分为切比雪夫 I 型滤波器和切比雪夫 II 型滤波器。前者的幅频响应在通带是等波纹波动的，在阻带是递减的；后者幅频响应在通带是递减的，在阻带是等波纹波动的。切比雪夫 I 型滤波器的幅度平方函数为

$$A(\Omega^2) = |H_a(\mathrm{j}\Omega)|^2 = \frac{1}{1 + \varepsilon^2 V_N^2\left(\dfrac{\Omega}{\Omega_c}\right)} \qquad (3.20)$$

其中, Ω_c 为通带边界频率; ε 为小于 1 的正数, 是与通带波纹有关的参数, ε 越大通带波动越大; $V_N(x)$ 是 N 阶切比雪夫多项式:

$$V_N(x) = \begin{cases} \cos(N\arccos x) & |x| \leqslant 1 \\ \cosh(N\mathrm{arc}\cosh x) & |x| > 1 \end{cases} \qquad (3.21)$$

由式(3.21)可知, 当 $|x| \leqslant 1$, 即 $|\Omega| \leqslant \Omega_c$ 时, $|V_N(x)| \leqslant 1$, 因此在通带范围内, 幅度平方函数 $A(\Omega^2)$ 在 1 与 $\dfrac{1}{1+\varepsilon^2}$ 之间波动; 当 $|x| > 1$, 即 $|\Omega| > \Omega_c$ 时, 随着 $|\Omega|$ 的增大, $|V_N(x)|$ 迅速增加, $A(\Omega^2)$ 就迅速趋于零。

切比雪夫Ⅰ型滤波器的幅度平方函数如图 3-7 所示, 其中 $\dfrac{1}{A}$ 是滤波器在阻带边界频率处的幅频响应。当 N 为奇数时, $A(\Omega^2)$ 在 $\Omega=0$ 处取通带的最大值 1; 当 N 为偶数时, $A(\Omega^2)$ 在 $\Omega=0$ 处取通带的最小值 $\dfrac{1}{1+\varepsilon^2}$。

切比雪夫滤波器的参数 ε 由通带波动 δ 决定。对比图 3-7 的幅度平方函数和图 3-2 的幅度函数, 可知

$$\frac{1}{1+\varepsilon^2} = (1 - \delta_1)^2 \qquad (3.22)$$

将式(3.22)代入式(3.5), 得

$$\delta = -20\lg(1 - \delta_1) = 10\lg\frac{1}{(1-\delta_1)^2} = 10\lg(1 + \varepsilon^2) \qquad (3.23)$$

将(3.23)改写为指数形式, 即可得到参数 ε^2 的计算公式:

$$\varepsilon^2 = 10^{\frac{\delta}{10}} - 1 \qquad (3.24)$$

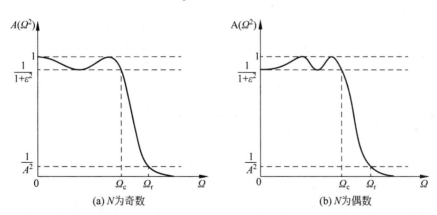

图 3-7　切比雪夫Ⅰ型滤波器的幅度平方函数

滤波器的阶数 N 越大, 过渡带就越窄, 阻带最小衰减也越大, 频率响应的逼近特性就越好, 但是滤波器的结构就越复杂。因此在实际应用中总是选择正好符合或略大于最小阻带衰减的 N 值。切比雪夫滤波器的阶数 N 由阻带边界条件确定。滤波器在阻带边界频率处

的幅频响应 $\dfrac{1}{A}$ 就是图 3-2 中的 δ_2,因而根据式(3.6),得

$$A = 10^{\frac{At}{20}} \tag{3.25}$$

在 $\Omega = \Omega_r$ 处,滤波器频响幅度的衰减值必须小于或等于性能指标中给定的最小阻带衰减:

$$\frac{1}{1 + \varepsilon^2 V_N^2 \left(\dfrac{\Omega_r}{\Omega_c} \right)} \leqslant \frac{1}{A^2} \tag{3.26}$$

从而

$$\left| V_N \left(\frac{\Omega_r}{\Omega_c} \right) \right| \geqslant \frac{\sqrt{A^2 - 1}}{\varepsilon} \tag{3.27}$$

因为 $\dfrac{\Omega_r}{\Omega_c} > 1$,所以

$$\cosh \left(N \cosh^{-1} \frac{\Omega_r}{\Omega_c} \right) \geqslant \frac{\sqrt{A^2 - 1}}{\varepsilon} \tag{3.28}$$

于是

$$N \geqslant \frac{\cosh^{-1} \dfrac{\sqrt{A^2 - 1}}{\varepsilon}}{\cosh^{-1} \dfrac{\Omega_r}{\Omega_c}} \tag{3.29}$$

由式(3.29)可知,阻带边界频率处的衰减越大,滤波器的阶数就越高。

切比雪夫滤波器幅度平方函数的参数 ε 和 N 确定后,就可以根据幅度平方函数求滤波器的极点(切比雪夫滤波器没有零点),并将 s 左半平面上的极点作为滤波器系统函数 $H_a(s)$ 的极点,求得 $H_a(s)$。因为切比雪夫滤波器的幅度平方函数含有切比雪夫多项式,所以求极点的过程比较复杂,因此一般借助 Matlab 等软件完成设计工作。

在 Matlab 中,可以用 cheb1ord 和 cheby1 函数设计切比雪夫 I 型滤波器。前者用于求滤波器的阶数 N,后者用于求滤波器的系数或零极点。

首先求切比雪夫滤波器的阶数 N:

```
[N, Wp] = cheb1ord(Wp, Ws, Rp, Rs, 's')
```

其中,参数 Wp、Ws、Rp、Rs、's' 的含义与 buttord 函数相同。

然后,根据求得的 N 求滤波器的系数或零极点:

```
[b, a] = cheby1(N, Rp, Wp, 'ftype', 's')
[z, p, k] = cheby1(N, Rp, Wp, 'ftype', 's')
```

其中,b、a、z、p、k 和 ftype' 的含义与 butter 函数相同。因为切比雪夫低通滤波器也没有零点,所以 z 是一个空向量,输出参数与系统函数 $H(s)$ 的关系同式(3.18)。

在 Matlab 中,也可以调用 cheb2ord 和 cheby2 函数设计切比雪夫 II 型滤波器,即阻带等波纹的切比雪夫滤波器。

例 3-5 用 Matlab 设计一个切比雪夫低通滤波器,其性能指标如下:通带边界频率 $f_c = 3000\mathrm{Hz}$,阻带边界频率 $f_r = 5000\mathrm{Hz}$,通带波动 $\delta = 3\mathrm{dB}$,阻带最小衰减 $At = 40\mathrm{dB}$,求该

滤波器的系统函数 $H(s)$，并画出滤波器的幅频特性。

解：本题的 Matlab 程序如下：

```
clear;
fp = 3000;
fr = 5000;
Wp = 2 * pi * fp;
Ws = 2 * pi * fr;
Rp = 3;
Rs = 40;
[N, Wp] = cheb1ord(Wp, Ws, Rp, Rs, 's');
[b, a] = cheby1(N, Rp, Wp, 'low', 's');
w = 0:20:20000 * pi;
h = freqs(b, a, w);
figure;
plot(w/(2 * pi),20 * log10(abs(h)));
grid;
xlabel('频率/Hz');
ylabel('幅度/dB');
```

该程序生成的是一个五阶切比雪夫带通滤波器，其系统函数为

$$H(s) = \frac{1.491 \times 10^{20}}{s^5 + 1.083 \times 10^4 s^4 + 5.028 \times 10^8 s^3 + 3.676 \times 10^{12} s^2 + 5.150 \times 10^{16} s + 1.491 \times 10^{20}}$$

该滤波器的幅频特性如图 3-8 所示，从图中可以看出该滤波器在通带边界频率 3000Hz 处的衰减值约为 3dB，在阻带边界频率 5000Hz 处的衰减值超过 40dB，满足"阻带最小衰减为 40dB"的要求，因此所设计的滤波器符合性能指标的要求。

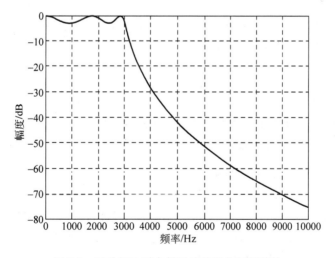

图 3-8　五阶切比雪夫低通滤波器的幅频特性

3.2.3　椭圆滤波器

椭圆滤波器（Elliptic Filter）也称考尔滤波器（Cauer Filter），是一种幅度在通带和阻带上都等波纹波动的滤波器。与其他滤波器相比，对于给定的阶数和波纹要求，椭圆滤波器具有最窄的过渡带宽；对于给定的性能指标，椭圆滤波器的阶数最低。就这一点而言，椭圆滤

波器是最优的。

椭圆滤波器的幅度平方函数由雅可比椭圆函数决定：

$$A(\Omega^2) = |H_a(j\Omega)|^2 = \frac{1}{1 + \varepsilon^2 R_N^2(\Omega, L)} \tag{3.30}$$

其中，$R_N(\Omega, L)$ 称为雅可比椭圆函数，L 是一个表示波形性质的参量。椭圆滤波器的幅度平方特性如图 3-9 所示，当 N 为奇数时，$A(\Omega^2)$ 在 $\Omega = 0$ 处取通带的最大值 1；当 N 为偶数时，$A(\Omega^2)$ 在 $\Omega = 0$ 处取通带的最小值 $\frac{1}{1 + \varepsilon^2}$。

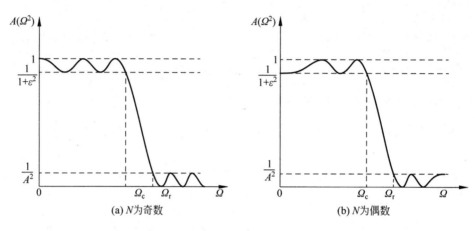

图 3-9　椭圆滤波器的幅度平方函数

椭圆滤波器的阶数 N 的确定和系统函数 $H_a(s)$ 的求解过程都比较复杂，因此一般借助 Matlab 等软件完成设计工作。

在 Matlab 中，可以用 ellipord 和 ellip 函数设计椭圆滤波器。前者用于求滤波器的阶数 N，后者用于求滤波器的系数或零极点。

首先求椭圆滤波器的阶数 N：

```
[N, Wp] = ellipord(Wp, Ws, Rp, Rs,'s')
```

其中，参数 Wp、Ws、Rp、Rs、's'的含义与 buttord 函数相同。

然后，根据求得的 N 求滤波器的系数或零极点：

```
[b, a] = ellip(N, Rp, Rs, Wp, 'ftype', 's')
[z, p, k] = ellip(N, Rp, Rs, Wp, 'ftype', 's')
```

其中，b、a、z、p、k 和 ftype'的含义与 butter 函数相同。与巴特沃斯和切比雪夫滤波器不同，椭圆滤波器不是一个全极点网络，既有极点，也有零点，因此 z 不是一个空向量，其输出参数与滤波器的系统函数 $H(s)$ 的关系同式(3.19)。

例 3-6　用 Matlab 设计一个椭圆高通滤波器，其性能指标如下：通带边界频率 $f_c = 5000\text{Hz}$，阻带边界频率 $f_r = 3000\text{Hz}$，通带波动 $\delta = 3\text{dB}$，阻带最小衰减 $At = 40\text{dB}$，求该滤波器的系统函数 $H(s)$，并画出滤波器的幅频特性。

解：本题的 Matlab 程序如下：

```
clear;
```

```
fp = 5000; fr = 3000; Rp = 3; Rs = 40;
Wp = 2 * pi * fp;
Ws = 2 * pi * fr;
[N, Wp] = ellipord(Wp, Ws, Rp, Rs,'s');
[b, a] = ellip(N, Rp, Rs, Wp, 'high', 's');
w = 0:20:20000 * pi;
h = freqs(b, a, w);
figure;
plot(w/(2 * pi),20 * log10(abs(h)));
axis([0 10000 - 80 0]);
grid;
xlabel('频率/Hz');
ylabel('幅度/dB');
```

由程序运行的结果可知,$N=4$,因此该程序生成的是一个四阶椭圆带通滤波器,其系统函数为

$$H(s) = \frac{0.708s^4 + 1.683 \times 10^{-10}s^3 + 4.238 \times 10^8 s^2 + 0.070s + 3.798 \times 10^{16}}{s^4 + 5.622 \times 10^4 s^3 + 4.870 \times 10^9 s^2 + 6.936 \times 10^{13} s + 3.798 \times 10^{18}}$$

该滤波器的幅频特性如图 3-10 所示,从图中可以看出该滤波器在通带边界频率 5000Hz 处的衰减值约为 3dB,在阻带边界频率 3000Hz 处的衰减值约为 40dB,满足"阻带最小衰减为 40dB"的要求,因此所设计的滤波器符合性能指标的要求。

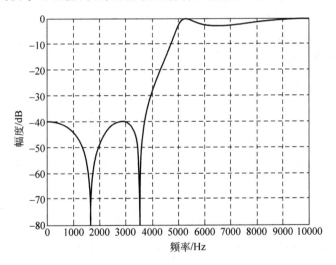

图 3-10   四阶椭圆高通滤波器的幅频特性

在上述三种常用的模拟滤波器中,对于给定的性能指标,椭圆滤波器的阶数可最低,切比雪夫滤波器次之,巴特沃斯滤波器的阶数最高;而参数灵敏度则正好相反。

3.3   冲激响应不变法

根据模拟滤波器设计数字滤波器的主要步骤如下:

(1)按照一定的变换规则,将给定的数字滤波器的性能指标转换为相应的模拟滤波器的性能指标。

（2）若设计的不是数字低通滤波器，则还需要将步骤（1）得到模拟滤波器（高通、带通或带阻滤波器）的性能指标转换为模拟低通滤波器的性能指标。这是因为模拟滤波器的设计模型（巴特沃斯、切比雪夫或椭圆滤波器）只给出了模拟低通滤波器的幅度平方函数。

（3）根据模拟低通滤波器的性能指标，用某种模拟滤波器的逼近方法（巴特沃斯、切比雪夫或椭圆滤波器）设计模拟低通滤波器，得到其系统函数 $H_L(s)$。

（4）若设计的不是数字低通滤波器，则利用步骤（2）中的同一变换规则，将模拟低通滤波器的系统函数 $H_L(s)$ 转换为与数字滤波器对应的模拟滤波器的系统函数 $H_a(s)$；若设计的就是数字低通滤波器，则 $H_L(s)$ 就是 $H_a(s)$。

（5）利用步骤（1）中的同一变换规则，将模拟滤波器的系统函数 $H_a(s)$ 转换为数字滤波器的系统函数 $H(z)$。

步骤（1）的变换规则就是将模拟滤波器转换为数字滤波器的方法，即将模拟滤波器的系统函数 $H_a(s)$ 转换为数字滤波器的系统函数 $H(z)$，也就是将系统函数从 s 平面变换到 z 平面。这种变换必须满足两个基本原则：

① $H(z)$ 的频率响应与 $H_a(s)$ 的频率响应保持一致，即 s 平面的虚轴必须映射到 z 平面的单位圆 $e^{j\omega}$ 上；

② 因果稳定的 $H_a(s)$ 能映射成因果稳定的 $H(z)$，即 s 平面的左半平面 $\text{Re}[s] < 0$ 必须映射到 z 平面单位圆的内部 $|z| < 1$。

这种从 s 平面到 z 平面的变换方法主要包括冲激响应不变法和双线性变换法，本节和下一节分别讨论这两种方法。

冲激响应不变法（脉冲响应不变法）使数字滤波器的单位脉冲响应 $h(n)$ 逼近模拟滤波器的冲激响应 $h_a(t)$，即使 $h(n)$ 恰好等于 $h_a(t)$ 的采样值：

$$h(n) = h_a(nT) \tag{3.31}$$

其中，T 是采样周期。

令 $H_a(s)$ 是 $h_a(t)$ 的拉普拉斯变换，$H(z)$ 是 $h(n)$ 的 $\mathcal{Z}$ 变换。为了推导 $H(z)$ 和 $H_a(s)$ 之间的变换关系，首先将 $H_a(s)$ 表示为部分分式形式：

$$H_a(s) = \sum_{i=1}^{N} \frac{A_i}{s - s_i} \tag{3.32}$$

其中，s_i 是 $H_a(s)$ 的第 i 个极点；A_i 是第 i 个极点的系数（常数）。对 $H_a(s)$ 做拉普拉斯逆变换，得到模拟滤波器的冲激响应：

$$h_a(t) = \sum_{i=1}^{N} A_i e^{s_i t} u(t) \tag{3.33}$$

其中，$u(t)$ 是单位阶跃函数。

然后，对 $h_a(t)$ 进行等间距采样，得到数字滤波器的单位脉冲响应 $h(n)$：

$$h(n) = h_a(nT) = \sum_{i=1}^{N} A_i e^{s_i n T} u(n) = \sum_{i=1}^{N} A_i \left(e^{s_i T}\right)^n u(n) \tag{3.34}$$

最后，对 $h(n)$ 取 $\mathcal{Z}$ 变换，即可得到数字滤波器的系统函数：

$$H(z) = \sum_{i=1}^{N} \frac{A_i}{1 - e^{s_i T} z^{-1}} \tag{3.35}$$

下面推导冲激响应不变法的平面映射关系。冲激函数 $h_a(t)$ 的理想采样的拉氏变换为

$$\hat{H}_a(s) = \int_{-\infty}^{\infty} \left(h_a(t) \sum_{n=-\infty}^{\infty} \delta(t - nT) \right) e^{-st} \, dt$$

$$= \sum_{n=-\infty}^{\infty} \int_{-\infty}^{\infty} h_a(t) \delta(t - nT) e^{-st} \, dt$$

$$= \sum_{n=-\infty}^{\infty} h_a(nT) e^{-nsT}$$

$$= \sum_{n=-\infty}^{\infty} h_a(n) e^{-nsT} \tag{3.36}$$

冲激函数 $h_a(t)$ 的理想采样的拉氏变换 $\hat{H}_a(s)$ 就是其理想采样的系数序列 $h(n)$ 的 $\mathcal{Z}$ 变换：

$$H(z) = \sum_{n=-\infty}^{\infty} h(n) z^{-n} \tag{3.37}$$

对比式(3.36)和式(3.37)，即可得到 s 平面与 z 平面的映射关系：

$$z = e^{sT} \tag{3.38}$$

而 $z = re^{j\omega}$，$s = \sigma + j\Omega$，所以

$$re^{j\omega} = e^{(\sigma + j\Omega)T} = e^{\sigma T} \cdot e^{j\Omega T} \tag{3.39}$$

从而

$$\begin{cases} r = e^{\sigma T} \\ \omega = \Omega T \end{cases} \tag{3.40}$$

上式表明，z 的模 r 由 s 的实部 σ 决定，z 的幅角 ω 由 s 的虚部 Ω 决定。冲激响应不变法的平面映射关系就是 s 平面到 z 平面的标准映射关系。这种映射关系具有如下特点：

① 当 $\sigma = 0$ 时，$r = 1$，因此 s 平面的虚轴映射为 z 平面的单位圆。

② 当 $\sigma < 0$ 时，$r < 1$；当 $\sigma > 0$ 时，$r > 1$。这表明，s 左半平面映射为 z 平面单位圆的内部，s 右半平面映射为 z 平面单位圆的外部。

③ 因为 $\omega = \Omega T$，所以当 ω 自 $-\pi$ 到 π 变化时，Ω 从 $-\dfrac{\pi}{T}$ 变化到 $\dfrac{\pi}{T}$。这表明，s 平面上每一条宽为 $\dfrac{2\pi}{T}$ 的横带部分都将映射到 z 平面的整个平面上；每一横带的左半部分映射到 z 平面单位圆的内部，右半部分映射到 z 平面单位圆的外部。虽然虚轴映射到单位圆上，但虚轴的每一段 $\dfrac{2\pi}{T}$ 都对应单位圆的一周。这种"多对一"的映射关系如图 3-11 所示。

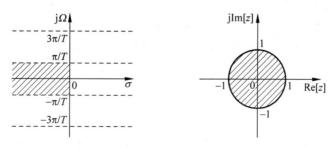

图 3-11　冲激响应不变法的平面映射关系

冲激函数 $h_a(t)$ 的理想采样的拉普拉斯变换 $\hat{H}_a(s)$ 与 $h_a(t)$ 本身的拉普拉斯变换 $H_a(s)$ 之间存在以下关系：

$$\hat{H}_a(s) = \frac{1}{T} \sum_{m=-\infty}^{\infty} H_a\left(s + \mathrm{j}\frac{2\pi}{T}m\right) \tag{3.41}$$

即数字滤波器的系统函数 $H(z)$ 与模拟滤波器的系统函数 $H_a(s)$ 之间的关系为

$$H(z)\big|_{z=\mathrm{e}^{sT}} = \hat{H}_a(s) = \frac{1}{T} \sum_{m=-\infty}^{\infty} H_a\left(s + \mathrm{j}\frac{2\pi}{T}m\right) \tag{3.42}$$

式(3.42)表明，冲激响应不变法首先对模拟滤波器的系统函数 $H_a(s)$ 进行周期延拓，然后通过变换关系 $z=\mathrm{e}^{sT}$，完成 s 平面到 z 平面的映射。需要特别指出的是，映射关系 $z=\mathrm{e}^{sT}$ 描述的是 $H_a(s)$ 的周期延拓 $\hat{H}_a(s)$ 与 $H(z)$ 的变换关系，在冲激响应不变法中并不存在从 s 平面到 z 平面的直接映射关系。

相应地，数字滤波器的频率响应并不是简单地重现模拟滤波器的频率响应，而是模拟滤波器频率响应的周期延拓：

$$H(\mathrm{e}^{\mathrm{j}\omega}) = \frac{1}{T} \sum_{m=-\infty}^{\infty} H_a\left(\mathrm{j}\frac{\omega + 2\pi m}{T}\right) \tag{3.43}$$

只有当模拟滤波器的频率响应带限于折叠频率以内时，即

$$H_a(\mathrm{j}\Omega) = 0, \quad |\Omega| \geqslant \frac{\Omega_s}{2} = \frac{\pi}{T} \tag{3.44}$$

数字滤波器的频率响应才会不失真地重现模拟滤波器的频率响应：

$$H(\mathrm{e}^{\mathrm{j}\omega}) = \frac{1}{T} H_a\left(\mathrm{j}\frac{\omega}{T}\right), \quad |\omega| < \pi \tag{3.45}$$

但是，实际模拟滤波器的频率响应都不是严格带限的，因此周期延拓后的各周期分量的频谱就会发生交叠，即产生频率响应的混叠失真。模拟滤波器的频率响应在折叠频率以上衰减越大，混叠失真就越小。

如果模拟滤波器的系统函数 $H_a(s)$ 是稳定的，即其全部极点都在 s 左半平面，那么由映射关系 $z=\mathrm{e}^{sT}$ 变换得到的 $H(z)$ 的全部极点都在 z 平面单位圆的内部，即数字滤波器的系统函数 $H(z)$ 也是稳定的，因此冲激响应不变法总可以将稳定的模拟系统变换为稳定的数字系统。

冲激响应不变法的另一个重要优点是，当 $-\frac{\pi}{T} \leqslant \Omega \leqslant \frac{\pi}{T}$ 时，数字频率 ω 和模拟频率 Ω 成线性关系，即 $\omega=\Omega T$。因此数字滤波器的频率特性与模拟滤波器的频率特性基本相同。例如，一个线性相位模拟滤波器可以映射成一个线性相位数字滤波器。

因为存在频率响应的混叠失真，所以冲激响应不变法一般只适用于带限模拟滤波器的设计，比如低通和带通滤波器设计；而高通和带阻滤波器设计不宜采用冲激响应不变法。

例 3-7 已知模拟滤波器的系统函数为

$$H(s) = \frac{1}{s^2 + 7s + 12}$$

设采样周期 $T=1$，用冲激响应不变法将该模拟滤波器转换为数字滤波器。

解：首先将模拟滤波器的系统函数 $H(s)$ 展开为部分分式的形式：

$$H(s) = \frac{1}{s^2 + 7s + 12} = \frac{1}{s+3} - \frac{1}{s+4}$$

然后，根据 $H(s)$ 的极点 s_i 及其系数 A_i，得到数字滤波器的系统函数：

$$H(z) = \sum_{i=1}^{N} \frac{A_i}{1 - e^{s_i T} z^{-1}} = \frac{1}{1 - e^{-3} z^{-1}} - \frac{1}{1 - e^{-4} z^{-1}} = \frac{(e^{-3} - e^{-4}) z^{-1}}{1 - (e^{-3} + e^{-4}) z^{-1} + e^{-7} z^{-2}}$$

例 3-8 用冲激响应不变法设计一个巴特沃斯数字低通滤波器，其性能指标如下：采样频率 $f_s = 8000\text{Hz}$，通带边界频率 $f_c = 1500\text{Hz}$，阻带边界频率 $f_r = 3000\text{Hz}$，通带波动 $\delta = 3\text{dB}$，阻带最小衰减 $At = 18\text{dB}$，求该滤波器的系统函数 $H(z)$。

解：模拟低通滤波器的边界变频为

$$\Omega_c = 2\pi f_c = 3000\pi\text{rad/s}, \quad \Omega_r = 2\pi f_r = 6000\pi\text{rad/s}$$

因为巴特沃斯滤波器在过渡带内的幅频响应每倍频程衰减约 $6Nd\text{B}$，所以 $6N \log_2 \frac{6000\pi}{3000\pi} \geqslant$ $18 - 3$，解得 $N \geqslant 3$，因此选择三阶巴特沃斯滤波器。

三阶巴特沃斯低通滤波器的归一化系统函数为

$$H_a(s_1) = \frac{1}{s_1^3 + 2s_1^2 + 2s_1 + 1}$$

因为滤波器的通带波动为 3dB，所以 $\Omega_n = \Omega_c = 3000\pi$，从而 $s_1 = \frac{s}{\Omega_n} = \frac{s}{3000\pi}$，于是

$$H_a(s) = \frac{1}{\left(\frac{s}{3000\pi}\right)^3 + 2\left(\frac{s}{3000\pi}\right)^2 + 2\left(\frac{s}{3000\pi}\right) + 1}$$

将 $H_a(s)$ 展开为部分分式的形式，然后根据式(3.35)，即可得到数字滤波器的系统函数：

$$H(z) = \frac{0.3424 z^{-1} + 0.1584 z^{-2}}{1 - 0.8884 z^{-1} + 0.4866 z^{-2} - 0.0948 z^{-3}}$$

在冲激响应不变法中，需要求解模拟系统函数 $H_a(s)$ 的极点 s_i，从而将 $H_a(s)$ 展开为部分分式的形式。这个过程是比较复杂的，一般不要求手工计算。Matlab 的 impinvar 函数可以将模拟系统函数 $H_a(s)$ 转换为数字系统函数 $H(z)$：

```
[bz, az] = impinvar(b, a, fs)
```

其中，b 和 a 分别是 $H_a(s)$ 的分子多项式和分母多项式的系数；bz 和 az 分别是 $H(z)$ 的分子多项式和分母多项式的系数，即

$$H(z) = \frac{bz_1 + bz_2 z^{-1} + bz_3 z^{-2} + \cdots + bz_{N+1} z^{-N}}{1 + az_2 z^{-1} + az_3 z^{-2} + \cdots + az_{N+1} z^{-N}} \tag{3.46}$$

例 3-9 用冲激响应不变法设计一个切比雪夫数字带通滤波器，其性能指标如下：采样频率 $f_s = 1000\text{Hz}$，通带边界频率分别为 200Hz 和 300Hz，阻带边界频率分别为 100Hz 和 400Hz，通带波动 $\delta = 1\text{dB}$，阻带最小衰减 $At = 40\text{dB}$，求该滤波器的系统函数 $H(z)$，并画出滤波器的幅频特性。

解：本题的 Matlab 程序如下：

```
clear;
fs = 1000; fp = [200 300]; fr = [100 400]; Rp = 1; Rs = 40;
```

```
Wp = 2 * pi * fp;
Ws = 2 * pi * fr;
[N Wn] = cheb1ord(Wp, Ws, Rp, Rs, 's');
[b, a] = cheby1(N, Rp, Wp, 'bandpass', 's');
[bz,az] = impinvar(b,a,fs);
[h,w] = freqz(bz,az);
f = w * fs/(2 * pi);
figure;
plot(f,20 * log10(abs(h)));
axis([0 500 - 55 0]);
grid;
xlabel('频率/Hz');
ylabel('幅度/dB');
```

由程序运行的结果可知,$N=4$,因此该程序生成的是一个八阶带通数字滤波器,其系统函数为

$$H(z) = \frac{0.003z^{-1} - 0.005z^{-2} - 0.008z^{-3} + 0.021z^{-4} - 0.011z^{-5} - 0.002z^{-6} + 0.002z^{-7}}{1 - 0.127z^{-1} + 3.064z^{-2} - 0.271z^{-3} + 3.838z^{-4} - 0.223z^{-5} + 2.294z^{-6} - 0.068z^{-7} + 0.550z^{-8}}$$

该滤波器的幅频特性如图 3-12 所示,从图中可以看出该滤波器在通带边界频率 200Hz 和 300Hz 处的衰减值约为 1dB,在阻带边界频率 100Hz 和 400Hz 处的衰减值都大于 40dB,满足性能指标的要求。

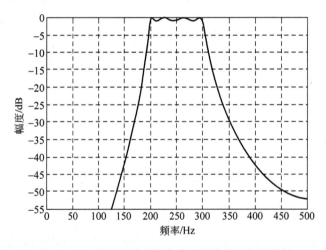

图 3-12　八阶切比雪夫数字带通滤波器的幅频特性

3.4　双线性变换法

冲激响应不变法使数字滤波器在时域上逼近模拟滤波器的冲激响应,具有频率特性与模拟滤波器基本保持一致的优点,但它的主要缺点是容易产生频率响应的混叠失真。这是因为该方法中从 s 平面到 z 平面的映射不是一一映射,s 平面的每一条宽为 $\frac{2\pi}{T}$ 的横带都会映射到整个 z 平面上。

如果将整个 s 平面先压缩变换到中介平面 s_1 的一条横带上,再通过标准变换关系 $z=$

$\mathrm{e}^{s_1 T}$ 将该横带变换到整个 z 平面上，就可以构建 s 平面到 z 平面的一一映射关系，从而消除多值变换性，如图 3-13 所示。

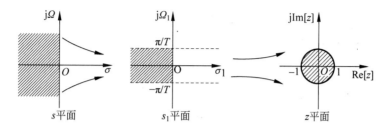

图 3-13　双线性变换法的映射关系

为了将 s 平面的整个 $\mathrm{j}\Omega$ 轴压缩到 s_1 平面 $\mathrm{j}\Omega_1$ 轴的从 $-\dfrac{\pi}{T}$ 到 $\dfrac{\pi}{T}$ 的一段上，采用如下反正切函数实现压缩：

$$\Omega_1 = \frac{2}{T} \cdot \arctan\left(\frac{\Omega}{c}\right) \tag{3.47}$$

其中，c 是任意常数。在上述变换中，当 Ω 从 $-\infty$ 变化到 $+\infty$ 时，Ω_1 从 $-\dfrac{\pi}{T}$ 变化到 $\dfrac{\pi}{T}$。

为了推导从 s 平面到 z 平面的平面映射关系，首先将式（3.47）改写为正切变换的形式：

$$\Omega = c \cdot \tan\left(\frac{\Omega_1 T}{2}\right) \tag{3.48}$$

从而

$$\mathrm{j}\Omega = c \cdot \mathrm{j}\tan\left(-\mathrm{j}\frac{\mathrm{j}\Omega_1 T}{2}\right) \tag{3.49}$$

然后，将上述变换延拓到整个 s 平面和 s_1 平面上：

$$s = c \cdot \mathrm{j}\tan\left(-\mathrm{j}\frac{s_1 T}{2}\right) = c \cdot \mathrm{j}\frac{\sin\left(-\mathrm{j}\dfrac{s_1 T}{2}\right)}{\cos\left(-\mathrm{j}\dfrac{s_1 T}{2}\right)} \tag{3.50}$$

于是

$$s = c \cdot \mathrm{j}\frac{\dfrac{\mathrm{e}^{\mathrm{j}\left(-\mathrm{j}\frac{s_1 T}{2}\right)} - \mathrm{e}^{-\mathrm{j}\left(-\mathrm{j}\frac{s_1 T}{2}\right)}}{2\mathrm{j}}}{\dfrac{\mathrm{e}^{\mathrm{j}\left(-\mathrm{j}\frac{s_1 T}{2}\right)} + \mathrm{e}^{-\mathrm{j}\left(-\mathrm{j}\frac{s_1 T}{2}\right)}}{2}} = c \cdot \frac{\mathrm{e}^{\frac{s_1 T}{2}} - \mathrm{e}^{-\frac{s_1 T}{2}}}{\mathrm{e}^{\frac{s_1 T}{2}} + \mathrm{e}^{-\frac{s_1 T}{2}}} = c \cdot \frac{1 - \mathrm{e}^{-s_1 T}}{1 + \mathrm{e}^{-s_1 T}} \tag{3.51}$$

最后，将 s_1 平面到 z 平面的标准映射关系 $z = \mathrm{e}^{s_1 T}$ 代入上式，即可得到

$$s = c \cdot \frac{1 - z^{-1}}{1 + z^{-1}} \tag{3.52}$$

$$z = \frac{c + s}{c - s} \tag{3.53}$$

上述 s 平面到 z 平面的单值映射关系称为双线性变换。

为了得到双线性变换的频率变换关系，在式（3.52）中，令 $s = \mathrm{j}\Omega$，$z = \mathrm{e}^{\mathrm{j}\omega}$，得

$$j\Omega = c \cdot \frac{1 - e^{-j\omega}}{1 + e^{-j\omega}} = c \cdot \frac{e^{j\frac{\omega}{2}} - e^{-j\frac{\omega}{2}}}{e^{j\frac{\omega}{2}} + e^{-j\frac{\omega}{2}}} = c \cdot j\frac{\sin\left(\frac{\omega}{2}\right)}{\cos\left(\frac{\omega}{2}\right)} = j \cdot c \cdot \tan\left(\frac{\omega}{2}\right) \tag{3.54}$$

化简,即可得到双线性变换的频率变换关系:

$$\Omega = c \cdot \tan\left(\frac{\omega}{2}\right) \tag{3.55}$$

在低频处,式(3.55)可以近似为

$$\Omega \approx c \cdot \frac{\omega}{2} \tag{3.56}$$

即

$$\omega \approx \frac{2\Omega}{c} \tag{3.57}$$

此时,模拟角频率 Ω 和数字角频率 ω 之间近似成线性关系。为了使数字滤波器在低频率处的频率特性逼近模拟滤波器的频率特性,一般令常数 $c = \frac{2}{T}$,则低频率处的频率变换关系为

$$\omega \approx \Omega T \tag{3.58}$$

这可以逼近模拟角频率 Ω 与数字角频率 ω 之间的标准变换关系。

当 $c = \frac{2}{T}$ 时,双线性变换的平面映射关系为

$$s = \frac{2}{T} \cdot \frac{1 - z^{-1}}{1 + z^{-1}} \tag{3.59}$$

$$z = \frac{1 + \frac{T}{2} \cdot s}{1 - \frac{T}{2} \cdot s} \tag{3.60}$$

频率变换关系为

$$\Omega = \frac{2}{T}\tan\left(\frac{\omega}{2}\right) \tag{3.61}$$

双线性变换的频率变换关系如图 3-14 所示。由图可见,s 平面的整个虚轴被映射到 z 平面的单位圆上,s 平面 $\Omega = 0$ 对应 z 平面 $\omega = 0$,$\Omega = -\infty$ 对应 z 平面 $\omega = -\pi$,$\Omega = +\infty$ 对应 z 平面 $\omega = \pi$。双线性变换具有从 s 平面到 z 平面一一映射的优点,因而不存在频率响应的混叠问题。然而,然而这种优点是通过对频率轴高频段的严重非线性压缩换来的。只有在零频率附近,ω 和 Ω 之间才有与冲激响应变换法类似的线性关系(标准映射)。随着的 $|\Omega|$ 的增大,由于反正切

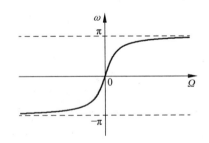

图 3-14 双线性变换的频率变换关系

函数的作用,ω 被压制在 $-\pi \sim \pi$ 的范围内,增长非常缓慢,此时 ω 与 Ω 呈非线性关系。这种非线性关系保证了数字滤波器的频率响应不会发生混叠,但也会使数字滤波器的频率响应相对于原模拟滤波器的频率响应产生畸变。

下面考查双线性变换的稳定性问题,即该变换是否可以将 s 左半平面映射到 z 平面单位圆的内部。

将 $s=\sigma+j\Omega$ 代入式(3.60),得

$$z = \frac{\left(1+\dfrac{\sigma T}{2}\right)+j\,\dfrac{\Omega T}{2}}{\left(1-\dfrac{\sigma T}{2}\right)-j\,\dfrac{\Omega T}{2}} \tag{3.62}$$

从而

$$|z| = \frac{\sqrt{\left(1+\dfrac{\sigma T}{2}\right)^2+\left(\dfrac{\Omega T}{2}\right)^2}}{\sqrt{\left(1-\dfrac{\sigma T}{2}\right)^2+\left(\dfrac{\Omega T}{2}\right)^2}} \tag{3.63}$$

显然,当 $\sigma<0$ 时,$|z|<1$;当 $\sigma>0$ 时,$|z|>1$。即 s 左半平面映射到 z 平面单位圆的内部,s 右半平面映射到 z 平面单位圆的外部。因此,稳定的模拟滤波器经过双线性变换后,得到的数字滤波器也是稳定的。

双线性变换法的主要缺点是其频率响应相对于原模拟滤波器有非线性畸变。例如,一个模拟微分器,其幅度与频率是直线关系,但通过双线性变换后,得到的却不是数字微分器;线性相位模拟滤波器经双线性变换后,得到的数字滤波器是非线性相位的。因此双线性变换法只能用于模拟滤波器的幅频响应是分段常数的情形,即只能用于设计低通、高通、带通、带阻等选频滤波器。

对于幅频特性是分段常数的模拟滤波器,经过双线性变换后,得到的数字滤波器的幅频特性仍然是分段常数的。但是在每一段的临界频率点处发生了频率畸变。这种频率畸变可以通过频率的预畸变加以校正,也就是将临界频率预先加以逆畸变。这样,双线性变换后的临界频率就正好映射到所需要的频率上。例如,图 3-15 中的一组临界数字频率 $\omega_i(i=1,2,3,4)$ 通过式(3.61),变换成一组模拟临界频率 $\Omega_i(i=1,2,3,4)$;然后利用这组临界频率设计模拟原型带通滤波器;最后,对该模拟带通滤波器作双线性变换,即可得到所需要的数字带通滤波器。

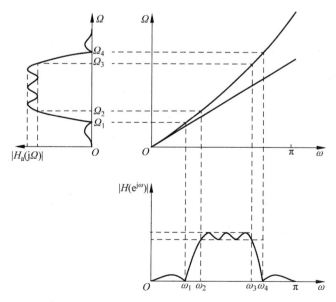

图 3-15 双线性变换的非线性预畸变

在双线性变换法中，s 平面到 z 平面有直接的代数映射关系，因此可以通过简单的变量置换得到数字滤波器的系统函数：

$$H(z) = H_a(s)\Big|_{s=\frac{2}{T}\frac{1-z^{-1}}{1+z^{-1}}} = H_a\left(\frac{2}{T}\frac{1-z^{-1}}{1+z^{-1}}\right) \tag{3.64}$$

数字滤波器的频率响应为

$$H(e^{j\omega}) = H(j\omega) = H_a(j\Omega)\Big|_{\Omega=\frac{2}{T}\tan\frac{\omega}{2}} = H_a\left(j\frac{2}{T}\tan\frac{\omega}{2}\right) \tag{3.65}$$

双线性变换法的变量置换比冲激响应不变法的部分分式分解便捷得多，求系统函数可以直接在 s 域与 z 域之间进行，无须通过拉普拉斯逆变换返回时域。因此，除非注重滤波器的时域瞬态响应，其他情况下的 IIR 滤波器设计一般都采用双线性变换法。

例 3-10 用双线性变换法设计一个巴特沃斯数字低通滤波器，其性能指标如下：采样频率 $f_s = 8000\text{Hz}$，通带边界频率 $f_c = 2000\text{Hz}$，阻带边界频率 $f_r = 3000\text{Hz}$，通带波动 $\delta = 3\text{dB}$，阻带最小衰减 $At = 20\text{dB}$。

解：首先，用预畸变公式计算模拟低通滤波器的边界频率：

$$\Omega_c = \frac{2}{T}\tan\left(\frac{\omega_c}{2}\right) = \frac{2}{T}\tan\left(\frac{1}{2}\left(2\pi\frac{f_c}{f_s}\right)\right) = \frac{2}{T}\tan\left(\frac{\pi}{4}\right) = \frac{2}{T}$$

$$\Omega_r = \frac{2}{T}\tan\left(\frac{\omega_r}{2}\right) = \frac{2}{T}\tan\left(\frac{1}{2}\left(2\pi\frac{f_r}{f_s}\right)\right) = \frac{2}{T}\tan\left(\frac{3\pi}{8}\right) \approx 2.414 \times \frac{2}{T}$$

然后，求模拟低通滤波器的系统函数。因为巴特沃斯滤波器在过渡带内的幅频响应每倍频程衰减约 $6N\text{dB}$，所以

$$6N\log_2\frac{\Omega_r}{\Omega_c} = 6N\log_2 2.414 \geqslant 20-3$$

解得 $N \geqslant 3$，因此选择三阶巴特沃斯滤波器。

三阶巴特沃斯低通滤波器的归一化系统函数为

$$H_a(s_1) = \frac{1}{s_1^3 + 2s_1^2 + 2s_1 + 1}$$

因为滤波器的通带波动为 3dB，所以 $\Omega_n = \Omega_c = \frac{2}{T}$，从而 $s_1 = \frac{s}{\Omega_n} = \frac{T}{2}s$，因此模拟低通滤波器的系统函数为

$$H_a(s) = \frac{1}{1 + 2\left(\frac{T}{2}s\right) + 2\left(\frac{T}{2}s\right)^2 + \left(\frac{T}{2}s\right)^3}$$

最后，将双线性关系代入 $H_a(s)$，即可得到数字滤波器的系统函数：

$$H(z) = H_a(s)\Big|_{s=\frac{2}{T}\frac{1-z^{-1}}{1+z^{-1}}} = \frac{1}{1 + 2\left(\frac{1-z^{-1}}{1+z^{-1}}\right) + 2\left(\frac{1-z^{-1}}{1+z^{-1}}\right)^2 + \left(\frac{1-z^{-1}}{1+z^{-1}}\right)^3}$$

$$= \frac{(1+z^{-1})^3}{6 + 2z^{-2}} = \frac{1 + 3z^{-1} + 3z^{-2} + z^{-3}}{6 + 2z^{-2}}$$

$$= \frac{0.1667 + 0.5z^{-1} + 0.5z^{-2} + 0.1667z^{-3}}{1 + 0.3333z^{-2}}$$

该数字低通滤波器的幅频特性如图 3-16 所示，由图可见，该滤波器在阻带边界频率 3000Hz

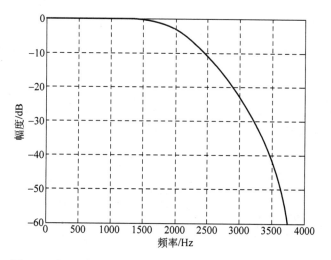

图 3-16　用双线性变换法设计的数字低通滤波器的幅频特性

处的衰减值超过 20dB，符合性能指标的要求。

在 Matlab 中，可以用 bilinear 函数将模拟系统函数 $H_a(s)$ 转换为数字系统函数 $H(z)$：

```
[bz, az] = bilinear(b, a, fs)
```

其中，b 和 a 分别是 $H_a(s)$ 的分子多项式和分母多项式的系数；bz 和 az 分别是 $H(z)$ 的分子多项式和分母多项式的系数。

例 3-11　用 Matlab 设计一个三阶巴特沃斯数字低通滤波器，其性能指标如下：采样频率 $f_s = 8000\text{Hz}$，3dB 边界频率 $f_n = 2000\text{Hz}$。要求分别用冲激响应不变法和双线性变换法进行设计，并在同一个坐标系中作出它们的幅频响应。

解：本题的 Matlab 程序如下：

```
clear;
fs = 8000;
fn = 2000;
[b1 a1] = butter(3,2 * pi * fn,'s');
[bz1,az1] = impinvar(b1,a1,fs);
[h1,w] = freqz(bz1,az1);
[b2 a2] = butter(3,2 * fs * tan(pi * fn/fs),'s');
[bz2,az2] = bilinear(b2,a2,fs);
[h2,w] = freqz(bz2,az2);
f = w * fs/(2 * pi);
figure;
plot(f,abs(h1),'- .r',f,abs(h2),'- b');
axis([0 4000 0 1]);
grid;
xlabel('频率/Hz');
ylabel('幅度');
legend('脉冲响应不变法','双线性变换法'); % 给图中的不同曲线加上图例.
```

用冲激响应不变法设计的数字低通滤波器的系统函数为

$$H_{\text{imp}}(z) = \frac{0.5813z^{-1} + 0.2114z^{-2}}{1 - 0.3984z^{-1} + 0.2475z^{-2} - 0.0432z^{-3}}$$

用双线性变换法设计的数字低通滤波器的系统函数分别为

$$H_{\text{bil}}(z) = \frac{0.1667 + 0.5z^{-1} + 0.5z^{-2} + 0.1667z^{-3}}{1 + 0.3333z^{-2}}$$

这两种方法设计的数字滤波器的幅频特性如图 3-17 所示，由图可见，由于存在频率响应的混叠效应，冲激响应不变法在过渡带和阻带的衰减特性会变差，其性能不如双线性变换法。

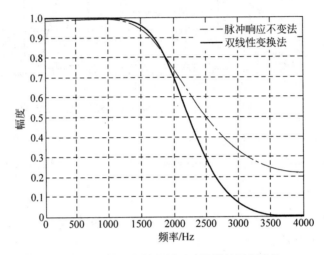

图 3-17　巴特沃斯数字低通滤波器的幅频特性

例 3-12　用 Matlab 设计一个切比雪夫数字高通滤波器，其性能指标如下：采样频率 $f_s = 8000\,\text{Hz}$，通带边界频率 $f_c = 3000\,\text{Hz}$，阻带边界频率 $f_r = 2000\,\text{Hz}$，通带波动 $\delta = 1\text{dB}$，阻带最小衰减 $At = 40\text{dB}$。

解：由于设计的是数字高通滤波器，因此采用双线性变换法，其 Matlab 程序如下：

```
clear;
fs = 8000; fp = 3000; fr = 2000; Rp = 1; Rs = 40;
Wp = 2 * pi * fp;
Ws = 2 * pi * fr;
wp = 2 * fs * tan(2 * pi * fp/fs/2);
ws = 2 * fs * tan(2 * pi * fr/fs/2);
[N,wp] = cheb1ord(wp,ws,Rp,Rs,'s');
[b,a] = cheby1(N,Rp,wp,'high','s');
[bz,az] = bilinear(b,a,fs);
[h,w] = freqz(bz,az);
f = w * fs/(2 * pi);
figure;
plot(f,20 * log10(abs(h)));
axis([0,4000, - 50,0]);
grid;
xlabel('频率/Hz');
ylabel('幅度/dB');
```

该程序生成的是四阶切比雪夫数字高通滤波器,其系统函数为

$$H(z) = \frac{0.0042 - 0.0170z^{-1} + 0.0254z^{-2} - 0.0170z^{-3} + 0.0042z^{-4}}{1 + 2.7280z^{-1} + 3.2550z^{-2} + 1.9259z^{-3} + 0.4751z^{-4}}$$

滤波器的幅频响应如图 3-18 所示,在阻带边界频率 2000Hz 处的衰减值超过 40dB,符合性能指标的要求。

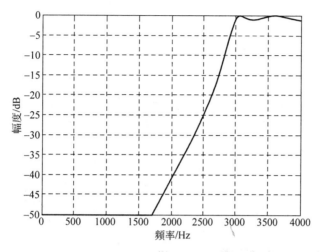

图 3-18 切比雪夫数字高通滤波器的幅频特性

例 3-13 用 Matlab 设计一个椭圆数字带阻滤波器,其性能指标如下:通带边界频率分别为 100Hz 和 400Hz,阻带边界频率分别为 200Hz 和 300Hz,采样频率 $f_s = 1000$Hz,通带波动 $\delta = 1$dB,阻带最小衰减 $At = 40$dB。

解: 由于设计的是数字带阻滤波器,因此采用双线性变换法,其 Matlab 程序如下:

```
clear;
fs = 1000; fp = [100 400]; fr = [200 300]; Rp = 1; Rs = 40;
Wp = 2 * pi * fp;
Ws = 2 * pi * fr;
wp = 2 * fs * tan(2 * pi * fp/fs/2);
ws = 2 * fs * tan(2 * pi * fr/fs/2);
[N, wp] = ellipord(wp, ws, Rp, Rs, 's');
[b, a] = ellip(N, Rp, Rs, wp, 'stop', 's');
[bz, az] = bilinear(b, a, fs);
[h, w] = freqz(bz, az);
f = w * fs/(2 * pi);
figure;
plot(f, 20 * log10(abs(h)));
axis([0, 500, -50, 0]);
grid;
xlabel('频率/Hz');
ylabel('幅度/dB');
```

该程序生成的是六阶椭圆数字带阻滤波器,其系统函数为

$$H(z) = \frac{0.0982 + 0.2162z^{-2} + 0.2162z^{-4} + 0.0982z^{-6}}{1 - 0.9531z^{-2} + 0.8714z^{-4} - 0.2895z^{-6}}$$

滤波器的幅频响应如图 3-19 所示,在阻带边界频率 200Hz 和 300Hz 处的衰减值约为 40dB,符合性能指标的要求。

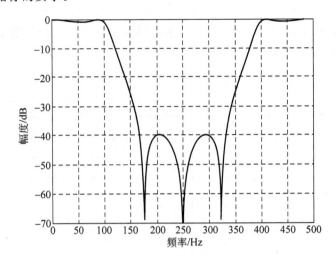

图 3-19 椭圆数字带阻滤波器的幅频特性

3.5 模拟-数字频带变换法

模拟滤波器和数字滤波器有低通、高通、带通、带阻等多种类型。冲激响应不变法和双线性变换法只能将模拟滤波器转换为同类型的数字滤波器,例如,将模拟高通滤波器转换为数字高通滤波器。而模拟滤波器的设计模型(巴特沃斯、切比雪夫或椭圆滤波器)只给出了模拟低通滤波器的幅度平方函数。于是,如果设计的是高通、带通或带阻数字滤波器,那么需要先将数字滤波器的性能指标转换为同类型的模拟滤波器的性能指标,再通过模拟域的频率转换,将其转换为模拟低通滤波器的性能指标。模拟低通滤波器设计好后,先将其转换为与数字滤波器同类型的模拟滤波器,再用冲激响应不变法和双线性变换法将其转换为数字滤波器。因此,在高通、带通或带阻数字滤波器设计中,总是涉及两个模拟滤波器,即与数字滤波器同类型的模拟滤波器和模拟低通滤波器。

实际上,可以直接使用模拟低通滤波器完成数字高通、带通和带阻滤波器的设计,这需要构建从模拟低通滤波器到各种数字滤波器的频率变换关系。从模拟低通到数字低通的频率变换可以采用 3.4 节介绍的双线性变换法,本节主要讨论从模拟低通到数字高通、数字带通和数字带阻的频率变换法。

3.5.1 从模拟低通到数字高通的频率变换

由模拟低通滤波器到模拟高通滤波器的变换就是 s 变量的倒量变换。设模拟低通滤波器 $H_a(s)$ 的极点为 $p_i = a + bj$,则模拟高通滤波器 $H_a(s^{-1})$ 的对应极点为

$$q_i = \frac{1}{p_i} = \frac{1}{a + bj} = \frac{a - bj}{a^2 + b^2} \qquad (3.66)$$

显然,q_i 实部的符号与 p_i 实部的符号保持一致。如果 $H_a(s)$ 的全部极点都在 s 左半平面,则 $H_a(s^{-1})$ 的全部极点也在 s 左半平面,即倒量变换并不影响模拟滤波器的稳定性。

将倒量变换用于数字高通滤波器设计，只需在双线性变换中用倒数 s^{-1} 取代原变量 s，即可得到从模拟低通到数字高通的平面映射关系(以下简称为高通变换)：

$$s = \frac{T}{2} \cdot \frac{1+z^{-1}}{1-z^{-1}} \tag{3.67}$$

$$z = \frac{s+\dfrac{T}{2}}{s-\dfrac{T}{2}} \tag{3.68}$$

在式(3.67)中，令 $s=\mathrm{j}\Omega, z=\mathrm{e}^{\mathrm{j}\omega}$，可得

$$\mathrm{j}\Omega = \frac{T}{2} \cdot \frac{\mathrm{e}^{\mathrm{j}\omega}+1}{\mathrm{e}^{\mathrm{j}\omega}-1} = \frac{T}{2} \cdot \frac{\mathrm{e}^{\mathrm{j}\frac{\omega}{2}}+\mathrm{e}^{-\mathrm{j}\frac{\omega}{2}}}{\mathrm{e}^{\mathrm{j}\frac{\omega}{2}}-\mathrm{e}^{-\mathrm{j}\frac{\omega}{2}}} = -\mathrm{j}\frac{T}{2}\cot\left(\frac{\omega}{2}\right) \tag{3.69}$$

即

$$\Omega = -\frac{T}{2}\cot\left(\frac{\omega}{2}\right) \tag{3.70}$$

因为正负边界频率是对称的，所以求模拟边界频率时通常用下列频率变换关系：

$$\Omega = \frac{T}{2}\cot\left(\frac{\omega}{2}\right) \tag{3.71}$$

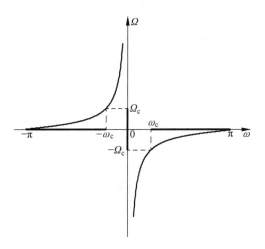

图 3-20　模拟低通-数字高通频率变换

式(3.70)的频率变换关系如图 3-20 所示，图中横轴和纵轴上的粗线分别表示数字滤波器和模拟滤波器的通带。由图可见，该频率变换关系将模拟滤波器的正低频通带 $[0,\Omega_\mathrm{c}]$ 映射为数字滤波器的负高频通带 $[-\pi,-\omega_\mathrm{c}]$，将模拟滤波器的负低频通带 $[-\Omega_\mathrm{c},0]$ 映射为数字滤波器的正高频通带 $[\omega_\mathrm{c},\pi]$，实现了从模拟低通到数字高通的频率转换。

下面考察高通变换的稳定性。将 $s=\sigma+\mathrm{j}\Omega$ 代入式(3.68)，并在等式两边取模，得

$$|z| = \frac{\sqrt{\left(\sigma+\dfrac{T}{2}\right)^2+\Omega^2}}{\sqrt{\left(\sigma-\dfrac{T}{2}\right)^2+\Omega^2}} \tag{3.72}$$

显然，当 $\sigma<0$ 时，$|z|<1$；当 $\sigma>0$ 时，$|z|>1$。即 s 左半平面映射到 z 平面单位圆的内部，s 右半平面映射到 z 平面单位圆的外部。因此，稳定的模拟滤波器经过高通变换后，得到的数

字滤波器也是稳定的。

例 3-14 用双线性变换法设计一个巴特沃斯数字高通滤波器,其性能指标如下:采样频率 $f_s = 8000\text{Hz}$,通带边界频率 $f_c = 2000\text{Hz}$,阻带边界频率 $f_r = 1000\text{Hz}$,通带波动 $\delta = 3\text{dB}$,阻带最小衰减 $At = 20\text{dB}$。

解:首先,用预畸变公式计算模拟低通滤波器的边界频率:

$$\Omega_c = \frac{T}{2}\cot\left(\frac{\omega_c}{2}\right) = \frac{T}{2}\cot\left(\frac{1}{2}\left(2\pi\frac{f_c}{f_s}\right)\right) = \frac{T}{2}\cot\left(\frac{\pi}{4}\right) = \frac{T}{2}$$

$$\Omega_r = \frac{T}{2}\cot\left(\frac{\omega_r}{2}\right) = \frac{T}{2}\cot\left(\frac{1}{2}\left(2\pi\frac{f_r}{f_s}\right)\right) = \frac{T}{2}\cot\left(\frac{\pi}{8}\right) \approx 2.414 \times \frac{T}{2}$$

然后,求模拟低通滤波器的系统函数。因为巴特沃斯滤波器在过渡带内的幅频响应每倍频程衰减约 $6N\text{dB}$,所以

$$6N\log_2\frac{\Omega_r}{\Omega_c} = 6N\log_2 2.414 \geqslant 20 - 3$$

解得 $N \geqslant 3$,因此选择三阶巴特沃斯滤波器。

三阶巴特沃斯低通滤波器的归一化系统函数为

$$H_a(s_1) = \frac{1}{s_1^3 + 2s_1^2 + 2s_1 + 1}$$

因为滤波器的通带波动为 3dB,所以 $\Omega_n = \Omega_c = \frac{T}{2}$,从而 $s_1 = \frac{s}{\Omega_n} = \frac{2}{T}s$,因此模拟低通器的系统函数为

$$H_a(s) = \frac{1}{1 + 2\left(\frac{2}{T}s\right) + 2\left(\frac{2}{T}s\right)^2 + \left(\frac{2}{T}s\right)^3}$$

最后,将高通变换关系代入 $H_a(s)$,即可得到数字滤波器的系统函数:

$$H(z) = H_a(s)\bigg|_{s=\frac{T}{2}\frac{1+z^{-1}}{1-z^{-1}}} = \frac{1}{1 + 2\left(\frac{1+z^{-1}}{1-z^{-1}}\right) + 2\left(\frac{1+z^{-1}}{1-z^{-1}}\right)^2 + \left(\frac{1+z^{-1}}{1-z^{-1}}\right)^3}$$

$$= \frac{(1-z^{-1})^3}{6+2z^{-2}} = \frac{1 - 3z^{-1} + 3z^{-2} - z^{-3}}{6+2z^{-2}}$$

$$= \frac{0.1667 - 0.5z^{-1} + 0.5z^{-2} - 0.1667z^{-3}}{1 + 0.3333z^{-2}}$$

该数字高通滤波器的幅频特性如图 3-21 所示,由图可见,该滤波器在阻带边界频率 1000Hz 处的衰减值超过 20dB,符合性能指标的要求。

3.5.2 从模拟低通到数字带通的频率变换

在从模拟低通滤波器到数字带通滤波器的变换中,将 $\Omega = 0$ 映射到数字带通滤波器的正负中心频率 $\pm\omega_0$ 上,将 $\Omega = -\infty$ 映射到数字域的 $\omega = -\pi$ 和 $\omega = +0$ 上,将 $\Omega = +\infty$ 映射到数字域的 $\omega = -0$ 和 $\omega = \pi$ 上,即将模拟域 $(-\infty, +\infty)$ 同时映射到数字域 $(-\pi, 0)$ 和 $(0, \pi)$ 上。满足上述要求的双线性变换为

$$s = \frac{(z - e^{j\omega_0})(z - e^{-j\omega_0})}{(z-1)(z+1)} = \frac{z^2 - 2z\cos\omega_0 + 1}{z^2 - 1} \tag{3.73}$$

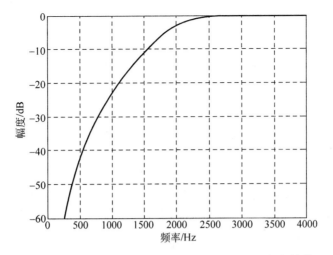

图 3-21　用高通变换法设计的数字高通滤波器的幅频特性

在式(3.73)中,令 $s=\mathrm{j}\Omega,z=\mathrm{e}^{\mathrm{j}\omega}$,可得

$$\mathrm{j}\Omega = \frac{\mathrm{e}^{\mathrm{j}2\omega} - 2\mathrm{e}^{\mathrm{j}\omega}\cos\omega_0 + 1}{\mathrm{e}^{\mathrm{j}2\omega} - 1} = \frac{\mathrm{e}^{\mathrm{j}\omega} - 2\cos\omega_0 + \mathrm{e}^{-\mathrm{j}\omega}}{\mathrm{e}^{\mathrm{j}\omega} - \mathrm{e}^{-\mathrm{j}\omega}} = \frac{2\cos\omega - 2\cos\omega_0}{2\mathrm{j}\sin\omega} \tag{3.74}$$

即

$$\Omega = \frac{\cos\omega_0 - \cos\omega}{\sin\omega} \tag{3.75}$$

式(3.75)的带通频率变换关系如图 3-22 所示,图中横轴和纵轴上的粗线分别表示数字滤波器和模拟滤波器的通带。由图可见,该频率变换关系将模拟滤波器的低频通带$[-\Omega_c,$ $\Omega_c]$同时映射为数字滤波器的负通带$[-\omega_2,-\omega_1]$和正通带$[\omega_1,\omega_2]$,实现了从模拟低通到数字带通的频率转换。

在设计数字带通滤波器时,性能指标只会给出通带上下边界频率 ω_1 和 ω_2 的值,而通带中心频率 ω_0 则需要通过计算得到。由图 3-22 可知,模拟边界频率 Ω_c 和 $-\Omega_c$ 分别对应数字边界频率 ω_2 和 ω_1,因此

$$\Omega_c = \frac{\cos\omega_0 - \cos\omega_2}{\sin\omega_2} \tag{3.76}$$

$$-\Omega_c = \frac{\cos\omega_0 - \cos\omega_1}{\sin\omega_1} \tag{3.77}$$

因为 Ω_c 和 $-\Omega_c$ 是模拟低通的一对镜像频率,它们互为相反数,所以

$$\frac{\cos\omega_0 - \cos\omega_2}{\sin\omega_2} = -\frac{\cos\omega_0 - \cos\omega_1}{\sin\omega_1} \tag{3.78}$$

从而

$$\cos\omega_0 = \frac{\sin(\omega_1 + \omega_2)}{\sin\omega_1 + \sin\omega_2} \tag{3.79}$$

通过式(3.79)求得数字中心频率 ω_0 后,即可用式(3.76)求模拟低通滤波器的边界频率 Ω_c。

下面考查带通变换的稳定性。将 $s=\sigma+\mathrm{j}\Omega$ 和 $z=r\mathrm{e}^{\mathrm{j}\omega}$ 代入式(3.73),得

$$\sigma+\mathrm{j}\Omega = \frac{r^2\mathrm{e}^{\mathrm{j}2\omega} - 2r\mathrm{e}^{\mathrm{j}\omega}\cos\omega_0 + 1}{r^2\mathrm{e}^{\mathrm{j}2\omega} - 1} \tag{3.80}$$

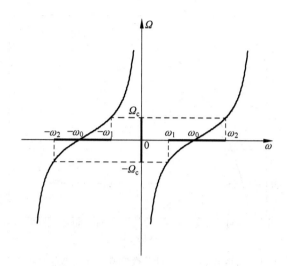

图 3-22　模拟低通-数字带通频率变换

从而

$$\sigma + \mathrm{j}\Omega = \frac{(r^2-1)(r^2-2r\cos\omega\cos\omega_0+1)}{r^4-2r^2\cos(2\omega)+1} + \mathrm{j}\frac{2r(r^2+1)\sin\omega\cos\omega_0-2r^2\sin(2\omega)}{r^4-2r^2\cos(2\omega)+1}$$

$$(3.81)$$

于是

$$\sigma = (r^2-1)\cdot\frac{(r-1)^2+2r(1-\cos\omega\cos\omega_0)}{(r^2-1)^2+2r^2(1-\cos(2\omega))}$$

$$(3.82)$$

显然，z 的模 r 的大小由 s 的实部 σ 的符号决定，当 $\sigma<0$ 时，$r<1$；当 $\sigma>0$ 时，$r>1$。

即 s 左半平面映射到 z 平面单位圆的内部，s 右半平面映射到 z 平面单位圆的外部。因此，稳定的模拟滤波器经过式(3.73)的带通变换后，得到的数字滤波器也是稳定的。

例 3-15　用双线性变换法设计一个巴特沃斯数字带通滤波器，其性能指标如下：采样频率 $f_s=6000\,\mathrm{Hz}$，通带边界频率 $f_{c1}=1000\,\mathrm{Hz}$ 和 $f_{c2}=2000\,\mathrm{Hz}$，阻带边界频率 $f_{r1}=500\,\mathrm{Hz}$ 和 $f_{r2}=2500\,\mathrm{Hz}$，通带波动 $\delta=3\,\mathrm{dB}$，阻带最小衰减 $At=18\,\mathrm{dB}$。

解　首先确定数字带通滤波器的通带和阻带角频率：

$$\omega_{c1}=2\pi\frac{f_{c1}}{f_s}=\frac{1}{3}\pi,\quad \omega_{c2}=2\pi\frac{f_{c2}}{f_s}=\frac{2}{3}\pi,\quad \omega_{r1}=2\pi\frac{f_{r1}}{f_s}=\frac{1}{6}\pi,\quad \omega_{r2}=2\pi\frac{f_{r2}}{f_s}=\frac{5}{6}\pi$$

然后求数字带通滤波器的中心频率：

$$\cos\omega_0=\frac{\sin(\omega_{c1}+\omega_{c2})}{\sin\omega_{c1}+\sin\omega_{c2}}=\frac{\sin\left(\frac{1}{3}\pi+\frac{2}{3}\pi\right)}{\sin\frac{1}{3}\pi+\sin\frac{2}{3}\pi}=0$$

再求模拟低通滤波器的通带边界角频率 Ω_c 和阻带边界角频率 Ω_r：

$$\Omega_c=\frac{\cos\omega_0-\cos\omega_{c2}}{\sin\omega_{c2}}=\frac{0-\cos\frac{2}{3}\pi}{\sin\frac{2}{3}\pi}=\frac{\sqrt{3}}{3}\,\mathrm{rad/s}$$

$$\Omega_{r1} = \left| \frac{\cos\omega_0 - \cos\omega_{r1}}{\sin\omega_{r1}} \right| = \left| \frac{0 - \cos\frac{1}{6}\pi}{\sin\frac{1}{6}\pi} \right| = \sqrt{3}\,\text{rad/s}$$

$$\Omega_{r2} = \frac{\cos\omega_0 - \cos\omega_{r2}}{\sin\omega_{r2}} = \frac{0 - \cos\frac{5}{6}\pi}{\sin\frac{5}{6}\pi} = \sqrt{3}\,\text{rad/s}$$

因为巴特沃斯滤波器在过渡带内的幅频响应每倍频程衰减约 $6N\,\text{dB}$，所以

$$6N\log_2\frac{\Omega_{r2}}{\Omega_c} = 6N\log_2 3 \geqslant 18 - 3$$

解得 $N \geqslant 2$，因此选择二阶巴特沃斯滤波器。

二阶巴特沃斯低通滤波器的归一化系统函数为

$$H_a(s_1) = \frac{1}{s_1^2 + \sqrt{2}\,s_1 + 1}$$

因为滤波器的通带波动为 3dB，所以 $\Omega_n = \Omega_c$，从而 $s_1 = \dfrac{s}{\Omega_c} = \sqrt{3}\,s$，因此模拟低通滤波器的系统函数为

$$H_a(s) = \frac{1}{(\sqrt{3}\,s)^2 + \sqrt{6}\,s + 1}$$

因为 $\cos\omega_0 = 0$，所以带通变换关系式(3.73)可以转化为 $s = \dfrac{z^2+1}{z^2-1}$，将其代入 $H_a(s)$，即可得到数字滤波器的系统函数：

$$H(z) = H_a(s)\bigg|_{s=\frac{z^2+1}{z^2-1}} = \frac{1}{3\dfrac{(z^2+1)^2}{(z^2-1)^2} + \sqrt{6}\,\dfrac{z^2+1}{z^2-1} + 1}$$

$$= \frac{z^4 - 2z^2 + 1}{(4+\sqrt{6})z^4 + 4z^2 + 4 - \sqrt{6}}$$

$$= \frac{0.15511 - 0.3101z^{-2} + 0.1551z^{-4}}{1 + 0.6202z^{-2} + 0.2404z^{-4}}$$

该数字带通滤波器的幅频特性如图 3-23 所示，由图可见，该滤波器在阻带边界频率 500Hz 和 2500Hz 处的衰减值约为 19dB，符合性能指标的要求。

3.5.3 从模拟低通到数字带阻的频率变换

用 s^{-1} 取代带通变换关系式(3.73)中的 s，即可得到从模拟低通到数字带阻的双线性平面映射关系：

$$s = \frac{z^2 - 1}{z^2 - 2z\cos\omega_0 + 1} \tag{3.83}$$

在式(3.83)中，令 $s = j\Omega, z = e^{j\omega}$，即可得到频率变换关系：

$$\Omega = \frac{\sin\omega}{\cos\omega - \cos\omega_0} \tag{3.84}$$

其中，ω_0 是数字滤波器阻带的中心频率，计算公式为

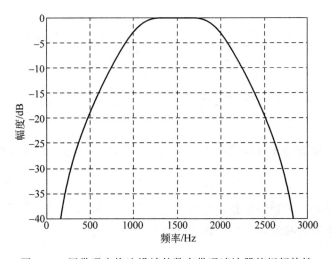

图 3-23　用带通变换法设计的数字带通滤波器的幅频特性

$$\cos\omega_0 = \frac{\sin(\omega_1 + \omega_2)}{\sin\omega_1 + \sin\omega_2} \tag{3.85}$$

式(3.84)的带阻频率变换关系如图 3-24 所示,图中横轴和纵轴上的粗线分别表示数字滤波器和模拟滤波器的通带。由图可见,该频率变换关系将模拟滤波器的正低频通带$[0,\Omega_c]$同时映射为数字滤波器的负高频通带$[-\pi,-\omega_2]$和正低频通带$[0,\omega_1]$,将模拟滤波器的负低频通带$[-\Omega_c,0]$同时映射为数字滤波器的负低频通带$[-\omega_1,0]$和正高频通带$[\omega_2,\pi]$,实现了从模拟低通到数字带阻的频率转换。

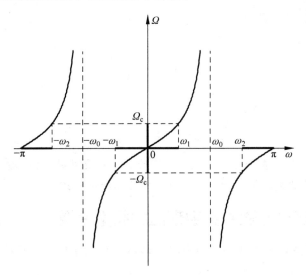

图 3-24　模拟低通-数字带阻频率变换

将 $s=\sigma+\mathrm{j}\Omega$ 和 $z=re^{\mathrm{j}\omega}$ 代入式(3.83),可以发现 z 的模 r 的大小由 s 的实部 σ 的符号决定,当 $\sigma<0$ 时,$r<1$;当 $\sigma>0$ 时,$r>1$。即 s 左半平面映射到 z 平面单位圆的内部,s 右半平面映射到 z 平面单位圆的外部。因此,稳定的模拟滤波器经过式(3.73)的带阻双线性变换后,得到的数字滤波器也是稳定的。

例 3-16　用双线性变换法设计一个巴特沃斯数字带阻滤波器，其性能指标如下：采样频率 $f_s = 6000\text{Hz}$，通带边界频率 $f_{c1} = 500\text{Hz}$ 和 $f_{c2} = 2500\text{Hz}$，阻带边界频率 $f_{r1} = 1000\text{Hz}$ 和 $f_{r2} = 2000\text{Hz}$，通带波动 $\delta = 3\text{dB}$，阻带最小衰减 $At = 18\text{dB}$。

解：首先确定数字带阻滤波器的通带和阻带角频率：

$$\omega_{c1} = 2\pi \frac{f_{c1}}{f_s} = \frac{1}{6}\pi, \quad \omega_{c2} = 2\pi \frac{f_{c2}}{f_s} = \frac{5}{6}\pi, \quad \omega_{r1} = 2\pi \frac{f_{r1}}{f_s} = \frac{1}{3}\pi, \quad \omega_{r2} = 2\pi \frac{f_{r2}}{f_s} = \frac{2}{3}\pi$$

然后求数字带阻滤波器的中心频率：

$$\cos\omega_0 = \frac{\sin(\omega_{c1} + \omega_{c2})}{\sin\omega_{c1} + \sin\omega_{c2}} = \frac{\sin\left(\frac{1}{6}\pi + \frac{5}{6}\pi\right)}{\sin\frac{1}{6}\pi + \sin\frac{5}{6}\pi} = 0$$

再求模拟低通滤波器的通带边界角频率 Ω_c 和阻带边界角频率 Ω_r：

$$\Omega_c = \frac{\sin\omega_{c1}}{\cos\omega_{c1} - \cos\omega_0} = \frac{\sin\frac{1}{6}\pi}{\cos\frac{1}{6}\pi - 0} = \frac{\sqrt{3}}{3}\,\text{rad/s}$$

$$\Omega_{r1} = \frac{\sin\omega_{r1}}{\cos\omega_{r1} - \cos\omega_0} = \frac{\sin\frac{1}{3}\pi}{\cos\frac{1}{3}\pi - 0} = \sqrt{3}\,\text{rad/s}$$

$$\Omega_{r2} = \left|\frac{\sin\omega_{r2}}{\cos\omega_{r2} - \cos\omega_0}\right| = \left|\frac{\sin\frac{2}{3}\pi}{\cos\frac{2}{3}\pi - 0}\right| = \sqrt{3}\,\text{rad/s}$$

因为巴特沃斯滤波器在过渡带内的幅频响应每倍频程衰减约 $6N\text{dB}$，所以

$$6N\log_2\frac{\Omega_{r1}}{\Omega_c} = 6N\log_2 3 \geqslant 18 - 3$$

解得 $N \geqslant 2$，因此选择二阶巴特沃斯滤波器。

二阶巴特沃斯低通滤波器的归一化系统函数为

$$H_a(s_1) = \frac{1}{s_1^2 + \sqrt{2}s_1 + 1}$$

因为滤波器的通带波动为 3dB，所以 $\Omega_n = \Omega_c$，从而 $s_1 = \frac{s}{\Omega_c} = \sqrt{3}s$，因此模拟低通滤波器的系统函数为

$$H_a(s) = \frac{1}{\left(\sqrt{3}s\right)^2 + \sqrt{6}s + 1}$$

因为 $\cos\omega_0 = 0$，所以带阻变换关系式(3.83)可以转化为 $s = \frac{z^2 - 1}{z^2 + 1}$，将其代入 $H_a(s)$，即可得到数字滤波器的系统函数：

$$H(z) = H_a(s)\bigg|_{s = \frac{z^2-1}{z^2+1}} = \frac{1}{3\frac{(z^2-1)^2}{(z^2+1)^2} + \sqrt{6}\frac{z^2-1}{z^2+1} + 1}$$

$$= \frac{z^4 + 2z^2 + 1}{(4 + \sqrt{6})z^4 - 4z^2 + 4 - \sqrt{6}}$$

$$= \frac{0.15511 + 0.3101z^{-2} + 0.1551z^{-4}}{1 - 0.6202z^{-2} + 0.2404z^{-4}}$$

该数字带阻滤波器的幅频特性如图 3-25 所示,由图可见,该滤波器在阻带边界频率 1000Hz 和 2000Hz 处的衰减值约为 19dB,符合性能指标的要求。

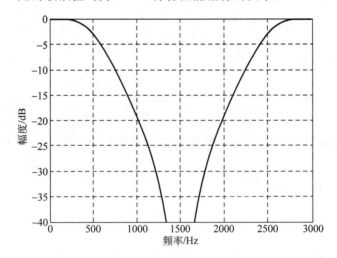

图 3-25   用带阻变换法设计的数字带阻滤波器的幅频特性

3.6   数字-数字频带变换法

在频带变换法中,除了可以使用模拟低通滤波器完成数字高通、带通和带阻滤波器的设计外,还可以对一个已有的原型数字低通滤波器进行数字域的频率变换,得到各种类型的目标数字滤波器,包括低通、高通、带通和带阻滤波器。这种从低通数字滤波器到各种类型数字滤波器的频带变换,也称为 z 平面变换法。

给定数字滤波器的低通原型系统函数 $H_p(z)$,通过频率变换,可得到各种不同类型的数字滤波器 $H(z)$,这种变换将 $H_p(z)$ 的 z 平面映射变换到 $H(z)$ 的 z 平面。为了区分变换前后两个不同的 z 平面,将变换前的 z 平面定义为 u 平面,则从 u 平面到 z 平面的映射关系可表示为

$$u^{-1} = G(z^{-1}) \tag{3.86}$$

其中,$G(z^{-1})$ 是平面变换函数。将式(3.86)代入低通原型系统函数 $H_p(u)$,即可得到目标数字滤波器的系统函数:

$$H(z) = H_p(u) \bigg|_{u^{-1} = G(z^{-1})} \tag{3.87}$$

平面变换函数 $G(z^{-1})$ 必须满足两个基本原则:

(1) 稳定性要求,即 u 平面单位圆的内部必须对应 z 平面单位圆的内部。

(2) 频率响应要求,即 u 平面的单位圆必须映射到 z 平面的单位圆上。

(3) 如果用 θ 和 ω 分别表示 u 平面和 z 平面的数字角频率,那么根据频率响应要求,在单位圆上式(3.86)可以表示为

$$e^{-j\theta} = G(e^{-j\omega}) = |G(e^{-j\omega})| e^{j\varphi(\omega)} \tag{3.88}$$

其中，$\varphi(\omega)$ 是 $G(\mathrm{e}^{-\mathrm{j}\omega})$ 的相位函数。为了使式(3.88)成立，平面变换函数 $G(z^{-1})$ 在单位圆上的幅度必须恒等于 1，即

$$|\,G(\mathrm{e}^{-\mathrm{j}\omega})\,|\equiv 1 \tag{3.89}$$

这样的函数称为全通函数。任何全通函数都可以表示为

$$u^{-1}=G(z^{-1})=\pm\prod_{i=1}^{N}\frac{z^{-1}-\alpha_i^*}{1-\alpha_i z^{-1}} \tag{3.90}$$

其中，α_i 是 $G(z^{-1})$ 的极点，可以是实数，也可以是共轭复数，但必须保证在单位圆内，即 $|\alpha_i|<1$，以保证变换的稳定性不变；$G(z^{-1})$ 的所有零点都是极点的共轭倒数；N 称为全通函数的阶数。

下面证明全通函数符合稳定性要求和频率响应要求。不妨设 $N=1$，$z=r\mathrm{e}^{\mathrm{j}\omega}$，$\alpha_i=r_i\mathrm{e}^{\mathrm{j}\omega_i}$，在全通函数两边取模，得

$$|\,u^{-1}\,|=\left|\frac{(r^{-1}\cos\omega-r_i\cos\omega_i)+\mathrm{j}(r_i\sin\omega_i-r^{-1}\sin\omega)}{[1-r_i r^{-1}\cos(\omega_i-\omega)]-\mathrm{j}[r_i r^{-1}\sin(\omega_i-\omega)]}\right|=\sqrt{\frac{r_i^2+r^{-2}-2r_i r^{-1}\cos(\omega_i-\omega)}{1+r_i^2 r^{-2}-2r_i r^{-1}\cos(\omega_i-\omega)}} \tag{3.91}$$

从而

$$|\,u\,|^2=\frac{r^2+r_i^2-2r_i r\cos(\omega_i-\omega)}{r_i^2 r^2+1-2r_i r\cos(\omega_i-\omega)} \tag{3.92}$$

因为 $r^2+r_i^2-(r_i^2 r^2+1)=(r^2-1)(1-r_i^2)$，且 $r_i=|\alpha_i|<1$，所以当 $r<1$ 时，$r^2+r_i^2<r_i^2 r^2+1$，从而 $|u|<1$，反之也成立；当 $r=1$ 时，$r^2+r_i^2=r_i^2 r^2+1$，从而 $|u|=1$，反之也成立；当 $r>1$ 时，$r^2+r_i^2>r_i^2 r^2+1$，从而 $|u|>1$，反之也成立。即全通函数将 u 平面的单位圆内部映射到 z 平面单位圆的内部，将 u 平面的单位圆映射到 z 平面的单位圆上，将 u 平面的单位圆外部映射到 z 平面单位圆的外部，因此全通变换满足稳定性要求和频率响应要求。

若阶数 $N>1$，则 $|u|$ 的表达式是 N 项的乘积。当 $r<1$ 时，每一乘积项都小于 1，因而 $|u|<1$；当 $r=1$ 时，每一乘积项都等于 1，因而 $r=1$；当 $r>1$ 时，每一乘积项都大于 1，因而 $|u|>1$。因此，对任意阶数 N，全通变换都满足稳定性要求和频率响应要求。

可以证明，当 ω 从 0 变化到 π 时，全通函数的相角 $\varphi(\omega)$ 的变化量为 $N\pi$，因此可以根据相角的变化情况，选择全通变换的阶数 N。不同的阶数 N 和常数 α_i，对应不同的 z 平面变换。

3.6.1 从数字低通到数字低通的频率变换

在从数字低通到数字低通的频率变换中，原型滤波器 $H_\mathrm{p}(u)$ 和目标滤波器 $H(z)$ 都是低通滤波器，只是边界频率不同。当 θ 从 0 变化到 π 时，ω 也从 0 变化到 π，所以全通函数的阶数 $N=1$。又因为全通函数需满足边界条件 $G(1)=1$ 和 $G(-1)=-1$，所以

$$u^{-1}=G(z^{-1})=\frac{z^{-1}-\alpha}{1-\alpha z^{-1}} \tag{3.93}$$

其中，实数 α 满足 $|\alpha|<1$。在式(3.93)中，令 $u=\mathrm{e}^{\mathrm{j}\theta}$，$z=\mathrm{e}^{\mathrm{j}\omega}$，即可得到单位圆上的频率变换关系：

$$\mathrm{e}^{-\mathrm{j}\theta}=\frac{\mathrm{e}^{-\mathrm{j}\omega}-\alpha}{1-\alpha\mathrm{e}^{-\mathrm{j}\omega}} \tag{3.94}$$

从而

$$e^{-j\omega} = \frac{e^{-j\theta} + \alpha}{1 + \alpha e^{-j\theta}} \tag{3.95}$$

于是

$$\cos\omega - j\sin\omega = \frac{\alpha + \cos\theta - j\sin\theta}{1 + \alpha\cos\theta - j\alpha\sin\theta} = \frac{2\alpha + (1 + \alpha^2)\cos\theta}{\alpha^2 + 2\alpha\cos\theta + 1} - j\frac{(1 - \alpha^2)\sin\theta}{\alpha^2 + 2\alpha\cos\theta + 1} \tag{3.96}$$

因此

$$\omega = \arccos\left(\frac{2\alpha + (1 + \alpha^2)\cos\theta}{\alpha^2 + 2\alpha\cos\theta + 1}\right) \tag{3.97}$$

式(3.97)的频率变换关系如图 3-26 所示。除 $\alpha = 0$ 外,频率变换都是非线性关系,当 $\alpha > 0$ 时,该变换对频带进行压缩;当 $\alpha < 0$ 时,该变换对频带进行扩张。但是对幅度响应为分段常数的滤波器,变换后仍可得到幅度响应为分段常数的滤波器。

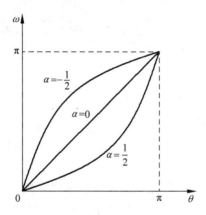

图 3-26　从数字低通到数字低通的频率变换关系

将原型低通滤波器的边界频率 θ_c 和目标低通滤波器的边界频率 ω_c 代入式(3.94),即可得到参数 α 的计算公式:

$$\alpha = \frac{e^{-j\theta_c} - e^{-j\omega_c}}{e^{-j(\theta_c + \omega_c)} - 1} = \frac{e^{-j\frac{\theta_c - \omega_c}{2}} - e^{j\frac{\theta_c - \omega_c}{2}}}{e^{-j\frac{\theta_c + \omega_c}{2}} - e^{j\frac{\theta_c + \omega_c}{2}}} = \frac{\sin\left(\frac{\theta_c - \omega_c}{2}\right)}{\sin\left(\frac{\theta_c + \omega_c}{2}\right)} \tag{3.98}$$

用上式得到参数 α 后,将式(3.93)代入 $H_p(u)$,即可得到目标数字低通滤波器的系统函数 $H(z)$。显然,在这种设计方法中,目标滤波器的通带波动和阻带最小衰减是不可调整的,由原型低通滤波器 $H_p(u)$ 决定。

3.6.2　从数字低通到数字高通的频率变换

在式(3.93)中,用 $-z$ 替换 z,则单位圆上的频率响应将旋转 $180°$,于是原单位圆上的低频通带就变换为高频通带,从而得到从数字低通到数字高通的平面映射关系:

原 z 平面上的低通就变换为相应的高通,即

$$u^{-1} = \frac{(-z)^{-1} - \alpha}{1 - \alpha(-z)^{-1}} = -\frac{z^{-1} + \alpha}{1 + \alpha z^{-1}} \tag{3.99}$$

在式(3.99)中,令 $u = e^{j\theta}$,$z = e^{j\omega}$,即可得到单位圆上的频率变换关系:

$$e^{-j\theta} = -\frac{e^{-j\omega} + \alpha}{1 + \alpha e^{-j\omega}} \tag{3.100}$$

将原型低通滤波器的边界频率 θ_c 和目标高通滤波器的边界频率 ω_c 代入上式,即可得到参数 α 的计算公式:

$$\alpha = -\frac{1 + e^{-j(\omega_c + \theta_c)}}{e^{-j\omega_c} + e^{-j\theta_c}} = -\frac{\cos\left(\dfrac{\omega_c + \theta_c}{2}\right)}{\cos\left(\dfrac{\omega_c - \theta_c}{2}\right)} \tag{3.101}$$

式(3.100)的频率变换关系如图 3-27 所示。除 $\alpha=0$ 外,频率变换都是非线性关系,当 $\alpha>0$ 时,该变换对频带进行压缩;当 $\alpha<0$ 时,该变换对频带进行扩张。该频率变换将 θ 的正低频通带变换为 ω 的负高频通带,将 θ 的负低频通带变换为 ω 的正高频通带,实现了从数字低通到数字高通的频率变换。

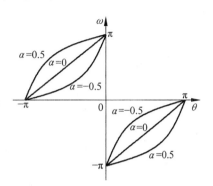

例 3-17 已知通带边界频率 $\theta_c = 0.5\pi$ 的数字低通滤波器的系统函数:

$$H_p(u^{-1}) = \frac{0.1667 + 0.5u^{-1} + 0.5u^{-2} + 0.1667u^{-3}}{1 + 0.3333u^{-2}}$$

图 3-27 从数字低通到数字高通的频率变换关系

求通带边界频率 $\omega_c = 0.5\pi$ 的数字高通滤波器的系统函数 $H(z)$。

解:首先根据式(3.101),求变换参数 α:

$$\alpha = -\frac{\cos\left(\dfrac{\omega_c + \theta_c}{2}\right)}{\cos\left(\dfrac{\omega_c - \theta_c}{2}\right)} = -\frac{\cos\left(\dfrac{0.5\pi + 0.5\pi}{2}\right)}{\cos\left(\dfrac{0.5\pi - 0.5\pi}{2}\right)} = 0$$

然后,将 $\alpha=0$ 代入式(3.99),得到平面映射关系:

$$u^{-1} = -\frac{z^{-1} + \alpha}{1 + \alpha z^{-1}} = -z^{-1}$$

最后,将上式代入 $H_p(u^{-1})$,即可得到数字高通滤波器的系统函数 $H(z)$:

$$H(z) = H_p(u^{-1})\big|_{u^{-1} = -z^{-1}} = \frac{0.1667 + 0.5(-z^{-1}) + 0.5\left(-z^{-1}\right)^2 + 0.1667\left(-z^{-1}\right)^3}{1 + 0.3333\left(-z^{-1}\right)^2}$$

$$= \frac{0.1667 - 0.5z^{-1} + 0.5z^{-2} - 0.1667z^{-3}}{1 + 0.3333z^{-2}}$$

3.6.3 从数字低通到数字带通的频率变换

在从数字低通到数字带通的变换中,将 $\theta=0$ 映射到数字带通滤波器的正负中心频率 $\pm\omega_0$ 上,将 $\theta=-\pi$ 映射到 $\omega=-\pi$ 和 $\omega=0$ 上,将 $\theta=\pi$ 映射到 $\omega=0$ 和 $\omega=\pi$ 上,即将 θ 域 $[-\pi,+\pi]$ 同时映射到 ω 域 $[-\pi,0]$ 和 $[0,\pi]$ 上。因此,当 ω 从 0 变换到 π 时,θ 从 $-\pi$ 变换到 π,从而全通函数的阶数 $N=2$,且 $G(1)=-1$,于是

$$G(z^{-1}) = -\frac{z^{-1} - \alpha^*}{1 - \alpha z^{-1}} \cdot \frac{z^{-1} - \alpha}{1 - \alpha^* z^{-1}} = -\frac{z^{-2} + r_1 z^{-1} + r_2}{r_2 z^{-2} + r_1 z^{-1} + 1} \tag{3.102}$$

其中,$r_1 = -2\mathrm{Re}[\alpha]$,$r_2 = |\alpha|^2$。

单位圆上的频率变换关系为

$$\mathrm{e}^{-\mathrm{j}\theta} = -\frac{\mathrm{e}^{-\mathrm{j}2\omega} + r_1 \mathrm{e}^{-\mathrm{j}\omega} + r_2}{r_2 \mathrm{e}^{-\mathrm{j}2\omega} + r_1 \mathrm{e}^{-\mathrm{j}\omega} + 1} \tag{3.103}$$

将带通的边界频率 ω_1 和 $\omega_2 (\omega_1 < \omega_2)$ 与其对应的低通原型边界频率 θ_c 和 $-\theta_\mathrm{c}$ 代入频率变换关系,即可求得变换参数 r_1 和 r_2:

$$r_1 = -\frac{2\alpha k}{k+1} \tag{3.104}$$

$$r_2 = \frac{k-1}{k+1} \tag{3.105}$$

其中,α 和 k 分别为

$$\alpha = \frac{\cos\left(\dfrac{\omega_2 + \omega_1}{2}\right)}{\cos\left(\dfrac{\omega_2 - \omega_1}{2}\right)} \tag{3.106}$$

$$k = \cot\left(\frac{\omega_2 - \omega_1}{2}\right)\tan\frac{\theta_\mathrm{c}}{2} \tag{3.107}$$

3.6.4　从数字低通到数字带阻的频率变换

在从数字低通到数字带阻的平面映射关系为

$$G(z^{-1}) = \frac{z^{-2} + r_1 z^{-1} + r_2}{r_2 z^{-2} + r_1 z^{-1} + 1} \tag{3.108}$$

单位圆上的频率变换关系为

$$\mathrm{e}^{-\mathrm{j}\theta} = \frac{\mathrm{e}^{-\mathrm{j}2\omega} + r_1 \mathrm{e}^{-\mathrm{j}\omega} + r_2}{r_2 \mathrm{e}^{-\mathrm{j}2\omega} + r_1 \mathrm{e}^{-\mathrm{j}\omega} + 1} \tag{3.109}$$

将带通的边界频率 ω_1 和 $\omega_2 (\omega_1 < \omega_2)$ 与其对应的低通原型边界频率 θ_c 和 $-\theta_\mathrm{c}$ 代入频率变换关系,即可求得变换参数 r_1 和 r_2:

$$r_1 = -\frac{2\alpha}{1+k} \tag{3.110}$$

$$r_2 = \frac{1-k}{1+k} \tag{3.111}$$

其中,α 和 k 分别为

$$\alpha = \frac{\cos\left(\dfrac{\omega_2 + \omega_1}{2}\right)}{\cos\left(\dfrac{\omega_2 - \omega_1}{2}\right)} \tag{3.112}$$

$$k = \tan\left(\frac{\omega_2 - \omega_1}{2}\right)\tan\frac{\theta_\mathrm{c}}{2} \tag{3.113}$$

习题

3-1　已知模拟滤波器的幅度平方函数 $A(\Omega^2) = \dfrac{\Omega^4 + 4}{\Omega^4 + 1}$,求最小相位条件下该滤波器的系统函数 $H_\mathrm{a}(s)$。

3-2　已知模拟滤波器的系统函数 $H(s)=\dfrac{3}{s^2+7s+10}$，采样周期 $T=1$，用冲激响应不变法将该模拟滤波器转换为数字滤波器。

3-3　用冲激响应不变法设计一个巴特沃斯数字低通滤波器，其性能指标如下：采样频率 $f_s=8000\text{Hz}$，通带边界频率 $f_c=1000\text{Hz}$，阻带边界频率 $f_r=4000\text{Hz}$，通带波动 $\delta=3\text{dB}$，阻带最小衰减 $At=12\text{dB}$。

3-4　已知模拟滤波器的系统函数 $H(s)=\dfrac{1}{s^2+\sqrt{2}\,s+1}$，采样周期 $T=2$，用双线性变换法将该模拟滤波器转换为数字滤波器。

3-5　用双线性变换法设计一个巴特沃斯数字低通滤波器，其性能指标如下：采样频率 $f_s=6000\text{Hz}$，通带边界频率 $f_c=1000\text{Hz}$，阻带边界频率 $f_r=2000\text{Hz}$，通带波动 $\delta=3\text{dB}$，阻带最小衰减 $At=27\text{dB}$。

3-6　用双线性变换法设计一个三阶巴特沃斯数字高通滤波器，采样频率 $f_s=2000\text{Hz}$，3dB 边界频率 $f_c=500\text{Hz}$。

(1) 求原型模拟低通滤波器的 3dB 边界角频率 Ω_c；

(2) 求数字高通滤波器的系统函数 $H(z)$。

3-7　用双线性变换法设计一个二阶巴特沃斯数字带通滤波器，通带边界频率为 $\omega_{c1}=0.25\pi$ 和 $\omega_{c2}=0.75\pi\text{Hz}$，通带波动 $\delta=3\text{dB}$。

(1) 求原型模拟低通滤波器的 3dB 边界角频率 Ω_c；

(2) 求数字带通滤波器的系统函数 $H(z)$。

3-8　用双线性变换法设计一个二阶巴特沃斯数字带阻滤波器，通带边界频率为 $\omega_{c1}=0.25\pi$ 和 $\omega_{c2}=0.75\pi\text{Hz}$，通带波动 $\delta=3\text{dB}$。

(1) 求原型模拟低通滤波器的 3dB 边界角频率 Ω_c；

(2) 求数字带阻滤波器的系统函数 $H(z)$。

3-9　已知通带边界频率 $\theta_c=0.375\pi$ 的数字低通滤波器的系统函数：

$$H_p(u^{-1})=\frac{0.3424u^{-1}+0.1584u^{-2}}{1-0.8884u^{-1}+0.4866u^{-2}-0.0948u^{-3}}$$

求通带边界频率为 $\omega_c=0.625\pi$ 的数字高通滤波器的系统函数 $H(z)$。

3-10　已知通带边界频率 $\theta_c=0.5\pi$ 的数字低通滤波器的系统函数：

$$H_p(u^{-1})=\frac{0.1667+0.5u^{-1}+0.5u^{-2}+0.1667u^{-3}}{1+0.3333u^{-2}}$$

求通带边界频率为 $\omega_1=0.25\pi$ 和 $\omega_1=0.75\pi$ 的数字带通滤波器的系统函数 $H(z)$。

第 4 章

有限长单位脉冲响应
滤波器的设计方法

本章内容提要

本章主要讲解有限长单位脉冲响应(FIR)滤波器的设计方法,包括窗函数法和频率采样法。FIR 滤波器是一种特殊的数字滤波器,它的输出只与输入及其延迟有关,而与输出信号的延迟无关,即不存在输出信号的反馈,其差分方程为

$$y(n) = \sum_{i=0}^{M} b_i x(n-i) \tag{4.1}$$

其中,M 是 FIR 滤波器的阶数。显然,式(4.1)既是差分方程,也是卷积运算,差分方程的系数 b_i 就是单位脉冲响应 $h(n)$ 的第 i 个值。在 FIR 滤波器设计中,习惯上用 N 表示 $h(n)$ 的长度,即 $N=M+1$,因此式(4.1)可以改写为

$$y(n) = \sum_{i=0}^{N-1} b_i x(n-i) \tag{4.2}$$

在式(4.2)两边取 Z 变换,即可得到 FIR 滤波器的系统函数:

$$H(z) = \sum_{i=0}^{N-1} b_i z^{-i} \tag{4.3}$$

FIR 滤波器的系统函数 $H(z)$ 只在 z 平面的原点处存在一个 $(N-1)$ 阶极点,在 z 平面的其他区域不存在其他极点,因而 FIR 滤波器总是稳定的。此外,因为 FIR 滤波器的单位脉冲响应 $h(n)$ 是有限长的,所以总可以通过适当的移位得到因果的 $h(n)$,因此 FIR 滤波器总是可实现的。除了稳定可实现外,FIR 滤波器的另一个突出优点是,在满足一定的对称条件下,可以实现严格的线性相位,这是 IIR 滤波器难以做到的。系统的线性相位特性在实际应用中有非常重要的意义。例如,在数据通信、图像处理等领域,通常要求信号在传输过程中不能有明显的相位失真,否则会导致输出信号的时域波形发生严重失真。因此,线性相位 FIR 滤波器得到了广泛应用。需要说明的是,普通 FIR 滤波器并不具有线性相位特性,只有当单位脉冲响应 $h(n)$ 满足一定的对称条件时,其相频响应才是线性的。在 FIR 的实际应用中,一般都要求其具有线性相位特性,因此本章只讨论线性相位 FIR 滤波器设计。

4.1 线性相位 FIR 滤波器的特点

设 $X(e^{j\omega})$ 是系统输入信号 $x(n)$ 的离散时间傅里叶变换(DTFT),则输入信号 $x(n)$ 可以表示为

$$x(n) = \frac{1}{2\pi} \int_{-\pi}^{\pi} |X(e^{j\omega})| e^{j[\omega n + \phi(\omega)]} d\omega \qquad (4.4)$$

其中，$\phi(\omega)$ 是 $X(e^{j\omega})$ 的相位。

设线性时不变系统的频率响应为 $H(e^{j\omega})$，则输出信号可以表示为

$$y(n) = \frac{1}{2\pi} \int_{-\pi}^{\pi} |X(e^{j\omega})| \cdot H(\omega) e^{j[\omega n + \phi(\omega) + \varphi(\omega)]} d\omega \qquad (4.5)$$

其中，实函数 $H(\omega)$ 是 $H(e^{j\omega})$ 的幅度函数，可以是正值，也可以是负值，且 $|H(\omega)| = |H(e^{j\omega})|$。

当 $H(\omega)$ 为负值时，系统将当前频率处的输出信号幅度设置为负值，这相当于给输出信号的相位增加 $180°$ 的相移。在线性 FIR 滤波器设计中，当 $\omega \in [0, \pi]$ 时，理想滤波器的幅度函数 $H_d(\omega) \geqslant 0$；当 $\omega \in [-\pi, 0]$ 或 $\omega \in [\pi, 2\pi]$ 时，$H_d(\omega)$ 的符号由它的对称性决定。但是，由于时域截断的影响，在区间 $[0, \pi]$ 上，实际滤波器的幅度函数 $H(\omega)$ 仍然会出现负值（在零附近小幅度振荡）。

如果系统的相频特性 $\varphi(\omega)$ 是线性的，那么 $\varphi(\omega)$ 与 ω 成正比，即

$$\varphi(\omega) = -\alpha\omega \qquad (4.6)$$

其中，α 是相位常数。将式(4.6)代入式(4.5)，得

$$y(n) = \frac{1}{2\pi} \int_{-\pi}^{\pi} |X(e^{j\omega})| \cdot H(\omega) e^{j[\omega(n-\alpha) + \varphi(\omega)]} d\omega \qquad (4.7)$$

显然，此时 $x(n)$ 的各频率成分都延迟 α 个单位，这可以保证输出信号的各频率成分叠加时不会发生时域错乱。如果系统的幅频函数为常数 1，即 $H(\omega) = 1$，那么输出信号 $y(n)$ 就是输入信号 $x(n)$ 的延迟，延迟时间为 α，因此 α 也称为群延迟常数。如果系统的相频特性 $\varphi(\omega)$ 是非线性的，那么 $x(n)$ 的各频率成分就会延迟不同的单位，这些成分叠加后形成的输出信号的时域波形就会发生严重失真，这在图像处理等领域是不允许的。

系统的群延迟 τ_g 定义为

$$\tau_g = -\frac{d\varphi(\omega)}{d\omega} \qquad (4.8)$$

如果群延迟 τ_g 等于常数 α，那么

$$\varphi(\omega) = \beta - \alpha\omega \qquad (4.9)$$

其中，常数 β 是附加相位。只有当附加相位 β 为某些特殊值时，群延迟为常数的系统才是线性相位系统。

4.1.1　线性相位条件

首先，将 FIR 滤波器的频率响应 $H(e^{j\omega})$ 分解为幅度函数 $H(\omega)$ 和相位函数 $\varphi(\omega)$ 的形式：

$$H(e^{j\omega}) = \sum_{n=0}^{N-1} h(n) e^{-j\omega n} = H(\omega) e^{j\varphi(\omega)} \qquad (4.10)$$

其中，$h(n)$ 是 FIR 滤波器的单位脉冲响应。

然后，将式(4.6)的线性相位条件代入式(4.10)，得

$$H(\omega) e^{-j\alpha\omega} = \sum_{n=0}^{N-1} h(n) e^{-j\omega n} \qquad (4.11)$$

因为上式左右两边的实部和虚部分别相等，所以它们的比值也相等，从而

$$\frac{\sin(\alpha\omega)}{\cos(\alpha\omega)} = \frac{\sum\limits_{n=0}^{N-1} h(n)\sin(\omega n)}{\sum\limits_{n=0}^{N-1} h(n)\cos(\omega n)} \tag{4.12}$$

于是

$$\sum_{n=0}^{N-1} h(n)\sin(\alpha\omega)\cos(\omega n) = \sum_{n=0}^{N-1} h(n)\sin(\omega n)\cos(\alpha\omega) \tag{4.13}$$

因此

$$\sum_{n=0}^{N-1} h(n)\sin[(\alpha-n)\omega] = 0 \tag{4.14}$$

因为 $\sin[(\alpha-n)\omega]$ 以 α 为中心呈奇对称,所以 $h(n)$ 以 α 为中心呈偶对称,即

$$\alpha = \frac{N-1}{2} \tag{4.15a}$$

$$h(n) = h(N-1-n), \quad 0 \leqslant n \leqslant N-1 \tag{4.15b}$$

显然,对满足式(4.6)的线性相位系统,群延迟常数为 $\dfrac{N-1}{2}$,即滤波器阶数的一半。

如果相位函数 $\varphi(\omega)$ 存在附加相位 β,即满足式(4.9),那么

$$\sum_{n=0}^{N-1} h(n)\sin[(\alpha-n)\omega-\beta] = 0 \tag{4.16}$$

当 $\beta=\pm\dfrac{\pi}{2}$ 时,$\sin[(\alpha-n)\omega-\beta]$ 以 α 为中心呈偶对称,所以 $h(n)$ 以 α 为中心呈奇对称,即

$$\alpha = \frac{N-1}{2} \tag{4.17a}$$

$$\beta = \pm\frac{\pi}{2} \tag{4.17b}$$

$$h(n) = -h(N-1-n), \quad 0 \leqslant n \leqslant N-1 \tag{4.17c}$$

显然,对满足式(4.9)的线性相位系统,群延迟常数仍然是滤波器阶数的一半,而且还产生一个 90° 的相移。这种使所有频率的相移都为 90° 的网络,称为 90° 移相器或正交变换网络,它与理想低通滤波器、理想微分器一样,具有重要的理论和实际意义。

4.1.2 幅度特性

线性相位 FIR 滤波器的单位脉冲响应 $h(n)$ 有偶对称和奇对称两种条件,即式(4.15b)和式(4.17c),而 $h(n)$ 的长度 N 有奇数和偶数两种情况,因此 $h(n)$ 有四种情况。下面分别讨论每种情况下线性相位 FIR 滤波器的幅度函数 $H(\omega)$ 的对称特性。

1. $h(n)$ 偶对称,N 为奇数

将偶对称条件 $h(n)=h(N-1-n)$,$0 \leqslant n \leqslant N-1$ 代入式(4.10),得

$$H(e^{j\omega}) = \sum_{n=0}^{N-1} h(n)e^{-j\omega n} = \sum_{n=0}^{\frac{N-3}{2}} h(n)e^{-j\omega n} + h\left(\frac{N-1}{2}\right)e^{-j\omega\left(\frac{N-1}{2}\right)} + \sum_{n=\frac{N+1}{2}}^{N-1} h(n)e^{-j\omega n}$$

$$= \sum_{n=0}^{\frac{N-3}{2}} h(n)e^{-j\omega n} + h\left(\frac{N-1}{2}\right)e^{-j\omega\left(\frac{N-1}{2}\right)} + \sum_{n=0}^{\frac{N-3}{2}} h(N-1-n)e^{-j\omega(N-1-n)}$$

$$= \sum_{n=0}^{\frac{N-3}{2}} h(n)\mathrm{e}^{-\mathrm{j}\omega n} + h\left(\frac{N-1}{2}\right)\mathrm{e}^{-\mathrm{j}\omega\left(\frac{N-1}{2}\right)} + \sum_{n=0}^{\frac{N-3}{2}} h(n)\mathrm{e}^{-\mathrm{j}\omega(N-1-n)}$$

$$= \sum_{n=0}^{\frac{N-3}{2}} h(n)\left[\mathrm{e}^{-\mathrm{j}\omega n} + \mathrm{e}^{-\mathrm{j}\omega(N-1-n)}\right] + h\left(\frac{N-1}{2}\right)\mathrm{e}^{-\mathrm{j}\omega\left(\frac{N-1}{2}\right)}$$

$$= \mathrm{e}^{-\mathrm{j}\omega\left(\frac{N-1}{2}\right)}\left\{h\left(\frac{N-1}{2}\right) + \sum_{n=0}^{\frac{N-3}{2}} h(n)\left[\mathrm{e}^{-\mathrm{j}\omega\left(n-\frac{N-1}{2}\right)} + \mathrm{e}^{\mathrm{j}\omega\left(n-\frac{N-1}{2}\right)}\right]\right\}$$

$$= \mathrm{e}^{-\mathrm{j}\omega\left(\frac{N-1}{2}\right)}\left\{h\left(\frac{N-1}{2}\right) + \sum_{n=0}^{\frac{N-3}{2}} 2h(n)\cos\left[\omega\left(n-\frac{N-1}{2}\right)\right]\right\} \tag{4.18}$$

显然,上式大括号中的表达式是 ω 的实函数,就是 $H(\mathrm{e}^{\mathrm{j}\omega})$ 的幅度函数 $H(\omega)$,即

$$H(\omega) = h\left(\frac{N-1}{2}\right) + \sum_{n=0}^{\frac{N-3}{2}} 2h(n)\cos\left[\omega\left(n-\frac{N-1}{2}\right)\right] \tag{4.19}$$

而 $H(\mathrm{e}^{\mathrm{j}\omega})$ 的相位函数满足式(4.6)和式(4.15a)的线性相位条件,即

$$\varphi(\omega) = -\omega\left(\frac{N-1}{2}\right) \tag{4.20}$$

下面考查 $H(\omega)$ 的对称特性。令 $m = n - \dfrac{N-1}{2}$,则式(4.19)可以改写为

$$H(\omega) = h\left(\frac{N-1}{2}\right) + \sum_{m=-1}^{-\frac{N-1}{2}} 2h\left(\frac{N-1}{2}+m\right)\cos(m\omega)$$

$$= h\left(\frac{N-1}{2}\right) + \sum_{n=1}^{\frac{N-1}{2}} 2h\left(\frac{N-1}{2}-n\right)\cos(-n\omega)$$

$$= h\left(\frac{N-1}{2}\right) + \sum_{n=1}^{\frac{N-1}{2}} 2h\left(\frac{N-1}{2}+n\right)\cos(n\omega) \tag{4.21}$$

由式(4.21)可知,$H(-\omega) = H(\omega)$,$H(2\pi-\omega) = H(\omega)$,因此幅度函数 $H(\omega)$ 关于 $\omega=0$ 和 $\omega=\pi$ 偶对称,其图像如图 4-1 所示。这类 FIR 滤波器可以用于实现低通、高通、带通和带阻滤波特性,其应用范围最广。

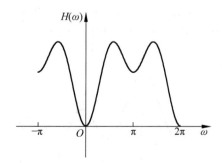

图 4-1　$h(n)$ 偶对称,N 为奇数时 FIR 滤波器的幅度平方函数

2. $h(n)$ 偶对称，N 为偶数

将偶对称条件 $h(n)=h(N-1-n),0\leqslant n\leqslant N-1$ 代入式(4.10)，得

$$H(\mathrm{e}^{\mathrm{j}\omega})=\sum_{n=0}^{N-1}h(n)\mathrm{e}^{-\mathrm{j}\omega n}=\sum_{n=0}^{\frac{N}{2}-1}h(n)\mathrm{e}^{-\mathrm{j}\omega n}+\sum_{n=0}^{\frac{N}{2}-1}h(N-1-n)\mathrm{e}^{-\mathrm{j}\omega(N-1-n)}$$

$$=\sum_{n=0}^{\frac{N}{2}-1}h(n)\mathrm{e}^{-\mathrm{j}\omega n}+\sum_{n=0}^{\frac{N}{2}-1}h(n)\mathrm{e}^{-\mathrm{j}\omega(N-1-n)}$$

$$=\mathrm{e}^{-\mathrm{j}\omega\left(\frac{N-1}{2}\right)}\sum_{n=0}^{\frac{N}{2}-1}2h(n)\cos\left[\omega\left(n-\frac{N-1}{2}\right)\right] \tag{4.22}$$

相位函数与 N 为奇数时相同，即

$$\varphi(\omega)=-\omega\left(\frac{N-1}{2}\right) \tag{4.23}$$

幅度函数为

$$H(\omega)=\sum_{n=0}^{\frac{N}{2}-1}2h(n)\cos\left[\omega\left(n-\frac{N-1}{2}\right)\right] \tag{4.24}$$

令 $m=n-\left(\dfrac{N}{2}-1\right)$，则式(4.24)可以改写为

$$H(\omega)=\sum_{m=0}^{-\frac{N}{2}+1}2h\left(\frac{N}{2}-1+m\right)\cos\left[\omega\left(m-\frac{1}{2}\right)\right] \tag{4.25}$$

再令 $n=1-m$，得

$$H(\omega)=\sum_{n=1}^{\frac{N}{2}}2h\left(\frac{N}{2}-n\right)\cos\left[\omega\left(\frac{1}{2}-n\right)\right]=\sum_{n=1}^{\frac{N}{2}}2h\left[N-1-\left(\frac{N}{2}-n\right)\right]\cos\left[\omega\left(n-\frac{1}{2}\right)\right] \tag{4.26}$$

从而

$$H(\omega)=\sum_{n=1}^{\frac{N}{2}}2h\left(\frac{N}{2}-1+n\right)\cos\left[\omega\left(n-\frac{1}{2}\right)\right] \tag{4.27}$$

由式(4.27)可知，$H(-\omega)=H(\omega),H(2\pi-\omega)=-H(\omega)$，因此幅度函数 $H(\omega)$ 关于 $\omega=0$ 偶对称，关于 $\omega=\pi$ 奇对称，其图像如图 4-2 所示。在这类 FIR 滤波器中，$H(\pi)=0$，因此不能用于实现 $H(\pi)\neq 0$ 的滤波器，如高通滤波器和带阻滤波器。

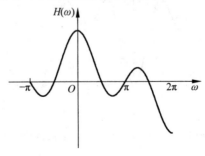

图 4-2　$h(n)$ 偶对称，N 为偶数时 FIR 滤波器的幅度平方函数

3. $h(n)$奇对称，N 为奇数

因为 $h(n)=-h(N-1-n)$，且 N 为奇数，所以 $h(n)$ 的中间项 $h\left(\dfrac{N-1}{2}\right)$ 必须等于 0。

将奇对称条件 $h(n)=-h(N-1-n)$，$0 \leqslant n \leqslant N-1$ 代入式（4.10），得

$$
\begin{aligned}
H(\mathrm{e}^{\mathrm{j}\omega}) &= \sum_{n=0}^{N-1} h(n)\mathrm{e}^{-\mathrm{j}\omega n} = \sum_{n=0}^{\frac{N-3}{2}} h(n)\mathrm{e}^{-\mathrm{j}\omega n} + \sum_{n=0}^{\frac{N-3}{2}} h(N-1-n)\mathrm{e}^{-\mathrm{j}\omega(N-1-n)} \\
&= \sum_{n=0}^{\frac{N-3}{2}} h(n)\mathrm{e}^{-\mathrm{j}\omega n} + \sum_{n=0}^{\frac{N-3}{2}} [-h(n)]\mathrm{e}^{-\mathrm{j}\omega(N-1-n)} \\
&= \mathrm{e}^{-\mathrm{j}\left[\omega\left(\frac{N-1}{2}\right)+\frac{\pi}{2}\right]} \sum_{n=0}^{\frac{N-3}{2}} 2h(n)\sin\left[\omega\left(n-\frac{N-1}{2}\right)\right]
\end{aligned}
\tag{4.28}
$$

相位函数为

$$
\varphi(\omega) = -\omega\left(\frac{N-1}{2}\right) - \frac{\pi}{2}
\tag{4.29}
$$

幅度函数为

$$
H(\omega) = \sum_{n=0}^{\frac{N-3}{2}} 2h(n)\sin\left[\omega\left(n-\frac{N-1}{2}\right)\right]
\tag{4.30}
$$

令 $m=n-\dfrac{N-1}{2}$，则

$$
H(\omega) = \sum_{m=-1}^{-\frac{N-1}{2}} 2h\left(\frac{N-1}{2}+m\right)\sin(m\omega) = \sum_{n=1}^{\frac{N-1}{2}} 2h\left(\frac{N-1}{2}-n\right)\sin(-n\omega)
\tag{4.31}
$$

利用 $h(n)$ 的奇对称特性，得

$$
H(\omega) = \sum_{n=1}^{\frac{N-1}{2}} 2h\left(\frac{N-1}{2}+n\right)\sin(n\omega)
\tag{4.32}
$$

由式（4.32）可知，$H(-\omega)=-H(\omega)$，$H(2\pi-\omega)=-H(\omega)$，因此幅度函数 $H(\omega)$ 关于 $\omega=0$ 和 $\omega=\pi$ 奇对称，其图像如图 4-3 所示。在这类 FIR 滤波器中，$H(0)=H(\pi)=0$，因此只能用于实现带通滤波器，不能用于实现低通、高通和带阻滤波器。

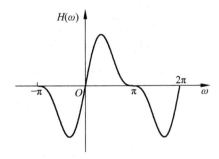

图 4-3　$h(n)$奇对称，N 为奇数时 FIR 滤波器的幅度平方函数

4. $h(n)$奇对称，N 为偶数

将奇对称条件 $h(n)=-h(N-1-n)$，$0 \leqslant n \leqslant N-1$ 代入式（4.10），得

$$H(e^{j\omega}) = \sum_{n=0}^{N-1} h(n)e^{-j\omega n} = \sum_{n=0}^{\frac{N}{2}-1} h(n)e^{-j\omega n} + \sum_{n=0}^{\frac{N}{2}-1} h(N-1-n)e^{-j\omega(N-1-n)}$$

$$= \sum_{n=0}^{\frac{N}{2}-1} h(n)e^{-j\omega n} + \sum_{n=0}^{\frac{N}{2}-1} [-h(n)]e^{-j\omega(N-1-n)}$$

$$= e^{-j\left[\omega\left(\frac{N-1}{2}\right)+\frac{\pi}{2}\right]} \sum_{n=0}^{\frac{N}{2}-1} 2h(n)\sin\left[\omega\left(n-\frac{N-1}{2}\right)\right] \tag{4.33}$$

相位函数与 N 为奇数时相同,即

$$\varphi(\omega) = -\omega\left(\frac{N-1}{2}\right) - \frac{\pi}{2} \tag{4.34}$$

幅度函数为

$$H(\omega) = \sum_{n=0}^{\frac{N}{2}-1} 2h(n)\sin\left[\omega\left(n-\frac{N-1}{2}\right)\right] \tag{4.35}$$

令 $m = n - \left(\frac{N}{2}-1\right)$,则

$$H(\omega) = \sum_{m=0}^{-\frac{N}{2}+1} 2h\left(\frac{N}{2}-1+m\right)\sin\left[\omega\left(m-\frac{1}{2}\right)\right] \tag{4.36}$$

令 $n = 1-m$,得

$$H(\omega) = \sum_{n=1}^{\frac{N}{2}} 2h\left(\frac{N}{2}-n\right)\sin\left[\omega\left(\frac{1}{2}-n\right)\right] \tag{4.37}$$

利用 $h(n)$ 的奇对称特性,得

$$H(\omega) = \sum_{n=1}^{\frac{N}{2}} 2h\left(\frac{N}{2}-1+n\right)\sin\left[\omega\left(n-\frac{1}{2}\right)\right] \tag{4.38}$$

由式(4.38)可知,$H(-\omega) = -H(\omega)$,$H(2\pi-\omega) = H(\omega)$,因此幅度函数 $H(\omega)$ 关于 $\omega=0$ 奇对称,关于 $\omega=\pi$ 偶对称,其图像如图 4-4 所示。在这类 FIR 滤波器中,$H(0)=0$,因此不能用于实现 $H(0)\neq0$ 的滤波器,如低通滤波器和带阻滤波器。

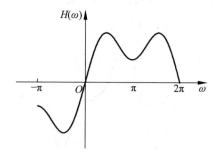

图 4-4　$h(n)$ 奇对称,N 为偶数时 FIR 滤波器的幅度平方函数

线性相位 FIR 滤波器的相频特性由 $h(n)$ 的对称性决定,幅频特性由 $h(n)$ 的值决定。在设计 FIR 滤波器时,为了得到线性相位,必须保持 $h(n)$ 的对称性。

表 4-1 总结了上述四类线性相位 FIR 滤波器的特性,包括 $h(n)$ 的对称性、相位函数的线性特性、$h(n)$ 的长度、幅度函数的对称性和可设计滤波器的类型。由表可见,第一类 FIR 滤波器的应用范围最广,可以设计任意类型的滤波器;第三类 FIR 滤波器的应用范围最窄,只能用于设计带通滤波器;这四类 FIR 滤波器都可以实现带通特性。

表 4-1 四类线性相位 FIR 滤波器的特性

$h(n)$ 的对称性与相位	N	幅度 $H(\omega)$ 的对称性		可设计滤波器的类型
		区间 $[-\pi,\pi]$	区间 $[0,2\pi]$	
$h(n)=h(N-1-n)$	奇数	$H(-\omega)=H(\omega)$	$H(2\pi-\omega)=H(\omega)$	低通、高通、带通、带阻
$\varphi(\omega)=-\omega\left(\dfrac{N-1}{2}\right)$	偶数	$H(-\omega)=H(\omega)$	$H(2\pi-\omega)=-H(\omega)$	低通、带通
$h(n)=-h(N-1-n)$	奇数	$H(-\omega)=-H(\omega)$	$H(2\pi-\omega)=-H(\omega)$	带通
$\varphi(\omega)=-\omega\left(\dfrac{N-1}{2}\right)-\dfrac{\pi}{2}$	偶数	$H(-\omega)=-H(\omega)$	$H(2\pi-\omega)=H(\omega)$	高通、带通

4.1.3 零点特性

线性相位 FIR 滤波器的单位脉冲响应 $h(n)$ 具有对称特性,即

$$h(n)=\pm h(N-1-n) \tag{4.39}$$

从而

$$H(z)=\sum_{n=0}^{N-1}h(n)z^{-n}=\pm\sum_{n=0}^{N-1}h(N-1-n)z^{-n} \tag{4.40}$$

令 $m=N-1-n$,则

$$H(z)=\pm\sum_{m=0}^{N-1}h(m)z^{-(N-1-m)}=\pm z^{-(N-1)}\sum_{m=0}^{N-1}h(m)(z^{-1})^{-m}=\pm z^{-(N-1)}H(z^{-1}) \tag{4.41}$$

于是

$$H(z^{-1})=\pm z^{(N-1)}H(z) \tag{4.42}$$

若 z_i 是 $H(z)$ 的零点,即 $H(z_i)=0$,则 $H(z_i^{-1})=\pm z_i^{(N-1)}H(z_i)=0$,因此 $H(z)$ 的零点的倒数也是 $H(z)$ 的零点。

因为单位脉冲响应 $h(n)$ 是实序列,所以

$$H(z^*)=\sum_{n=0}^{N-1}h(n)(z^*)^{-n}=\sum_{n=0}^{N-1}h^*(n)(z^*)^{-n}=\left[\sum_{n=0}^{N-1}h(n)z^{-n}\right]^*=[H(z)]^* \tag{4.43}$$

若 $H(z_i)=0$,则 $H(z_i^*)=[H(z_i)]^*=0$,$H((z_i^*)^{-1})=H((z_i^{-1})^*)=[H(z_i^{-1})]^*=0$,因此 $H(z)$ 的零点的共轭复数及零点倒数的共轭复数也是其零点。也就是说,若 z_i 是 $H(z)$ 的零点,则 z_i^{-1}、z_i^*、$(z_i^*)^{-1}$ 也是它的零点。

如图 4-5 所示,$H(z)$ 的零点 z_i 在 z 平面上的位置有四种可能的情况:

(1) 若 z_i 既不在单位圆上也不在实轴上,则四个零点是互为倒数的两组共轭复数;

(2) 若 z_i 在单位圆上但不在实轴上,则 $z_i^{-1}=z_i^*$,$(z_i^*)^{-1}=z_i$,此时两个零点是一组共轭复数;

（3）若 z_i 在实轴上但不在单位圆上，则两个零点 z_i 和 z_i^{-1} 都在实轴上；

（4）当 z_i 既在单位圆上也在实轴上时，没有与 z_i 相关的其他零点，且只有两种可能，即 $z_i = 1$ 或 $z_i = -1$。

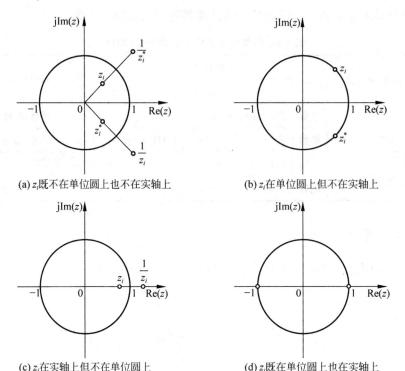

(a) z_i 既不在单位圆上也不在实轴上　　　　(b) z_i 在单位圆上但不在实轴上

(c) z_i 在实轴上但不在单位圆上　　　　(d) z_i 既在单位圆上也在实轴上

图 4-5　线性相位 FIR 滤波器的四种零点结构

4.2　窗函数法

在 FIR 滤波器设计中，一般先给定理想滤波器的频率响应 $H_d(e^{j\omega})$，然后用一个 FIR 滤波器的频率响应 $H(e^{j\omega})$ 去逼近 $H_d(e^{j\omega})$。这种逼近可以在时域进行，也可以在频域进行，前者称为窗函数法或窗口设计法，后者称为频率采样法。本节和 4.3 节分别讨论这两种 FIR 滤波器设计方法。

窗函数法在时域用 FIR 滤波器的单位脉冲响应 $h(n)$ 逼近理想滤波器的单位脉冲响应 $h_d(n)$。对 $H_d(e^{j\omega})$ 进行逆傅里叶变换，即可得到理想滤波器的单位脉冲响应 $h_d(n)$：

$$h_d(n) = \frac{1}{2\pi} \int_{-\pi}^{\pi} H_d(e^{j\omega}) e^{j\omega n} \, d\omega \tag{4.44}$$

因为 $H_d(e^{j\omega})$ 具有矩形频率特性，所以 $h_d(n)$ 一定是非因果的无限长序列。而 FIR 滤波器的单位脉冲响应 $h(n)$ 是有限长的，若要用有限长的 $h(n)$ 逼近无限长的 $h_d(n)$，就需要对 $h_d(n)$ 进行有限长截取，即截取 $h_d(n)$ 中最重要的一段，这等效于在 $h_d(n)$ 上加了一个长度为 N 的矩形窗口。本节首先讨论时域所加的矩形窗对滤波器频率响应的影响，然后介绍几种常用的窗函数，最后详述窗函数法的完整设计过程。

4.2.1　矩形窗

设理想低通滤波器通带内幅度特性为 1，线性相位的延迟常数为 α。由表 4-1 可知，当 $\varphi(\omega)=-\omega\alpha$ 时，幅度函数 $H(\omega)$ 在区间 $[-\pi,\pi]$ 上关于 $\omega=0$ 偶对称，因此截止频率为 ω_n 的理想低通滤波器的幅度函数为

$$H_{\mathrm{d}}(\omega)=\begin{cases}1, & -\omega_n\leqslant\omega\leqslant\omega_n\\[6pt]0, & \omega_n<|\omega|\leqslant\pi\end{cases}\tag{4.45}$$

理想滤波器的频率响应 $H_{\mathrm{d}}(\mathrm{e}^{\mathrm{j}\omega})$ 可以表示为 $H_{\mathrm{d}}(\omega)$ 与 $\mathrm{e}^{-\mathrm{j}\omega\alpha}$ 的乘积：

$$H_{\mathrm{d}}(\mathrm{e}^{\mathrm{j}\omega})=H_{\mathrm{d}}(\omega)\mathrm{e}^{-\mathrm{j}\omega\alpha}=\begin{cases}\mathrm{e}^{-\mathrm{j}\omega\alpha}, & -\omega_n\leqslant\omega\leqslant\omega_n\\[6pt]0, & \omega_n<|\omega|\leqslant\pi\end{cases}\tag{4.46}$$

从而

$$h_{\mathrm{d}}(n)=\frac{1}{2\pi}\int_{-\pi}^{\pi}H_{\mathrm{d}}(\mathrm{e}^{\mathrm{j}\omega})\mathrm{e}^{\mathrm{j}\omega n}\mathrm{d}\omega=\frac{1}{2\pi}\int_{-\omega_n}^{\omega_n}\mathrm{e}^{-\mathrm{j}\omega\alpha}\mathrm{e}^{\mathrm{j}\omega n}\mathrm{d}\omega=\begin{cases}\dfrac{\sin\left[\omega_n(n-\alpha)\right]}{\pi(n-\alpha)}, & n\neq\alpha\\[10pt]\dfrac{\omega_n}{\pi}, & n=\alpha\end{cases}\tag{4.47}$$

如图 4-6 所示，理想滤波器的单位脉冲响应 $h_{\mathrm{d}}(n)$ 是以 α 为对称中心的偶对称的无限长非因果序列。要得到有限长序列 $h(n)$，最简单的方法就是以 α 为对称中心，截取一段长度为 N 的序列。为了保证截得的 $h(n)$ 为因果序列，长度 N 必须满足：$N-1\leqslant2\alpha$。因为截取的 $h(n)$ 越长，其性能就越接近 $h_{\mathrm{d}}(n)$，所以相位延迟常数 α 一般设置为

$$\alpha=\frac{N-1}{2}\tag{4.48}$$

即 FIR 滤波器的延迟由其单位脉冲响应 $h(n)$ 的长度 N 决定。

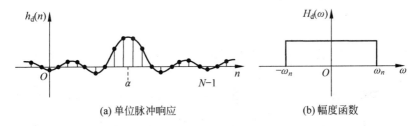

(a) 单位脉冲响应　　　　　　　　(b) 幅度函数

图 4-6　理想低通滤波器的单位脉冲响应与幅度函数

这种在时域上的直接截取相当于用一个矩形窗 $R_N(n)$ 与 $h_{\mathrm{d}}(n)$ 相乘：

$$h(n)=h_{\mathrm{d}}(n)R_N(n)=\begin{cases}h_{\mathrm{d}}(n), & 0\leqslant n\leqslant N-1\\[6pt]0, & n\text{为其他值}\end{cases}\tag{4.49}$$

显然，$h_{\mathrm{d}}(n)$ 与 $R_N(n)$ 相乘，必然对滤波器的频率响应产生影响。矩形窗的频谱为

$$W_{\mathrm{R}}(\mathrm{e}^{\mathrm{j}\omega})=\sum_{n=-\infty}^{\infty}R_N(n)\mathrm{e}^{-\mathrm{j}\omega n}=\sum_{n=0}^{N-1}\mathrm{e}^{-\mathrm{j}\omega n}=\frac{1-\mathrm{e}^{-\mathrm{j}\omega N}}{1-\mathrm{e}^{-\mathrm{j}\omega}}=\mathrm{e}^{-\mathrm{j}\omega\left(\frac{N-1}{2}\right)}\frac{\sin\left(\dfrac{\omega N}{2}\right)}{\sin\left(\dfrac{\omega}{2}\right)}\tag{4.50}$$

其幅度函数为

$$W_R(\omega) = \frac{\sin\left(\dfrac{\omega N}{2}\right)}{\sin\left(\dfrac{\omega}{2}\right)} \tag{4.51}$$

幅度函数 $W_R(\omega)$ 的图像如图 4-7 所示,其主瓣宽度(原点两侧两个第一零点之间的宽度)为 $\dfrac{4\pi}{N}$,第一旁瓣电平约为 $-13.56\mathrm{dB}$,对 FIR 滤波器的影响较大。

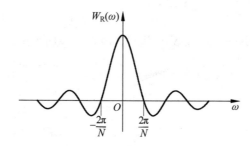

图 4-7 矩形窗频谱的幅度函数

下面求 FIR 滤波器的频率响应 $H(\mathrm{e}^{\mathrm{j}\omega})$。根据频域卷积公式,得

$$H(\mathrm{e}^{\mathrm{j}\omega}) = H_d(\mathrm{e}^{\mathrm{j}\omega}) * W_R(\mathrm{e}^{\mathrm{j}\omega}) = \frac{1}{2\pi}\int_{-\pi}^{\pi} H_d(\mathrm{e}^{\mathrm{j}\theta})W_R(\mathrm{e}^{\mathrm{j}(\omega-\theta)})\mathrm{d}\theta \tag{4.52}$$

将 $H_d(\mathrm{e}^{\mathrm{j}\omega}) = H_d(\omega)\mathrm{e}^{-\mathrm{j}\omega\alpha}$ 和 $W_R(\mathrm{e}^{\mathrm{j}\omega}) = W_R(\omega)\mathrm{e}^{-\mathrm{j}\omega\alpha}$ 代入上式,得

$$H(\mathrm{e}^{\mathrm{j}\omega}) = H_d(\mathrm{e}^{\mathrm{j}\omega}) * W_R(\mathrm{e}^{\mathrm{j}\omega}) = \frac{1}{2\pi}\int_{-\pi}^{\pi} H_d(\mathrm{e}^{\mathrm{j}\theta})W_R(\mathrm{e}^{\mathrm{j}(\omega-\theta)})\mathrm{d}\theta$$

$$= \mathrm{e}^{-\mathrm{j}\omega\alpha}\left[\frac{1}{2\pi}\int_{-\pi}^{\pi} H_d(\theta)W_R(\omega-\theta)\mathrm{d}\theta\right] \tag{4.53}$$

设 $H(\mathrm{e}^{\mathrm{j}\omega}) = H(\omega)\mathrm{e}^{-\mathrm{j}\omega\alpha}$,则其幅度函数为

$$H(\omega) = \frac{1}{2\pi}\int_{-\pi}^{\pi} H_d(\theta)W_R(\omega-\theta)\mathrm{d}\theta \tag{4.54}$$

由式(4.54)可知,FIR 滤波器的幅度函数 $H(\omega)$ 正好是理想滤波器幅度函数与矩形窗幅度函数的卷积。

式(4.54)的卷积过程可以用图 4-8 来说明。如图 4-8(a)所示,当 $\omega = 0$ 时,幅度响应 $H(0)$ 是 $W_R(-\theta)$ 在区间 $[-\omega_n, \omega_n]$ 上的积分面积。因为一般情况下都满足 $\dfrac{2\pi}{N} \ll \omega_n$,在 $[-\omega_n, \omega_n]$ 以外的部分 $W_R(-\theta)$ 已经很小,可以忽略不计,所以 $H(0)$ 可以近似看作在 $[-\pi, \pi]$ 上的 $W_R(-\theta)$ 的全部积分面积。

如图 4-8(b)所示,当 $\omega = \omega_n$ 时,$W_R(\omega-\theta)$ 的一半落在 $H_d(\theta)$ 的通带 $[-\omega_n, \omega_n]$ 以内,因此幅度响应 $H(\omega_n) = 0.5H(0)$。

如图 4-8(c)所示,当 $\omega = \omega_n - \dfrac{2\pi}{N}$ 时,$W_R(\omega-\theta)$ 的全部主瓣都在 $H_d(\theta)$ 的通带 $[-\omega_n, \omega_n]$ 以内,而右边具有负面积的第一旁瓣已经全部移出通带,所以卷积结果有最大值,即 $H\left(\omega_n - \dfrac{2\pi}{N}\right)$ 为幅度响应的最大值,幅度函数 $H(\omega)$ 出现正肩峰。

如图 4-8(d)所示,当 $\omega = \omega_n + \dfrac{2\pi}{N}$ 时,$W_R(\omega-\theta)$ 的全部主瓣都在 $H_d(\theta)$ 的通带 $[-\omega_n, \omega_n]$

之外,此时通带内的第一旁瓣起主导作用,负面积大于正面积,于是卷积结果有负方向最大值,即 $H\left(\omega_n+\dfrac{2\pi}{N}\right)$ 为负方向最大值,幅度函数 $H(\omega)$ 出现负肩峰。

当 ω 从 $\omega_n-\dfrac{2\pi}{N}$ 继续减小时,$W_R(\omega-\theta)$ 的右旁瓣将进入通带,右旁瓣的起伏导致 $H(\omega)$ 围绕 $H(0)$ 值上下波动。

当 ω 从 $\omega_n+\dfrac{2\pi}{N}$ 继续增加时,$W_R(\omega-\theta)$ 左边旁瓣的起伏部分将扫过通带,卷积值将随着 $W_R(\omega-\theta)$ 的旁瓣在通带内的面积变化而变化,因此 $H(\omega)$ 将围绕零值出现正负波动。完整的卷积结果 $H(\omega)$ 如图 4-8(e)所示。

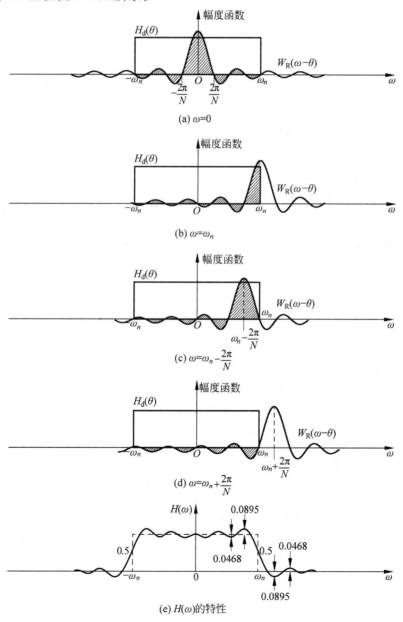

图 4-8 矩形窗的频域卷积过程

在主瓣附近,矩形窗的幅度函数为

$$W_{\mathrm{R}}(\omega) = \frac{\sin\left(\dfrac{\omega N}{2}\right)}{\sin\left(\dfrac{\omega}{2}\right)} \approx \frac{\sin\left(\dfrac{\omega N}{2}\right)}{\dfrac{\omega}{2}} = N\frac{\sin\left(\dfrac{\omega N}{2}\right)}{\dfrac{\omega N}{2}} = N\frac{\sin x}{x} \tag{4.55}$$

其中,$x = \dfrac{\omega N}{2}$。由式(4.55)可知,在主瓣附近,截取长度 N 对 $W_{\mathrm{R}}(\omega)$ 的频率进行压缩,对 $W_{\mathrm{R}}(\omega)$ 的幅度进行放大。于是,当截取长度 N 增加时,$W_{\mathrm{R}}(\omega)$ 的主瓣宽度会减小,幅度会变大,但是主瓣和旁瓣宽度只是按比例缩小,其幅度也是按比例放大,因此并不改变主瓣与旁瓣积分面积的相对比例。例如,矩形窗的最大相对肩峰值为 8.95%,当 N 增加后,$\dfrac{2\pi}{N}$ 减小,故起伏振荡变密,但主旁瓣的相对比例不变,最大肩峰总是 8.95%,这种现象称为吉布斯(Gibbs)效应。窗谱肩峰的大小会影响 $H(\omega)$ 通带的平稳和阻带的衰减,对滤波器的影响很大。

由上述分析过程可知,理想低通滤波器的单位脉冲响应经过窗函数加权后,对幅频特性的影响主要表现在下面几个方面:

(1)理想频响在截止频率 ω_n 处的间断点变成了连续曲线,从而使 $H(\omega)$ 出现了一个过渡带。过渡带宽度取决于窗函数的主瓣宽度,矩形窗 $W_{\mathrm{R}}(\omega)$ 的主瓣宽度为 $\dfrac{4\pi}{N}$。显然,增加截取长度 N,可以减小过渡带的宽度。

(2)由于窗函数旁瓣的作用,幅频特性会出现波动。旁瓣所包围的面积越大,通带波动就越大,阻带衰减就越小。

(3)增加截取长度 N,可以减小主瓣宽度,但不能改变主瓣与旁瓣的相对比例,也就不能改变肩峰的相对值。矩形窗截断产生的肩峰,增加了通带波动,减少了阻带衰减。要改善这两项性能指标,只能通过改变窗函数的形状来实现。

在窗函数法中,一般希望采用的窗函数满足以下两项要求:

(1)主瓣宽度要小,以获得较陡的过渡带。

(2)与主瓣的幅度相比,旁瓣应尽可能小,使能量尽量集中于主瓣,以减小带内、带外波动的最大幅度,从而增加通带的平稳性,并提高阻带衰减值。

一般来说,以上两点很难同时满足。实际采用的窗函数的特性往往是两者的折中,在保证主瓣宽度达到一定要求的前提下,适当牺牲主瓣宽度来换取旁瓣波动的减小,即通过增加主瓣宽度来换取对旁瓣的抑制。

4.2.2 窗函数

1. 矩形窗

矩形窗截断造成的肩峰为 8.95%,则其阻带最小衰减为 $20\lg(8.95\%) = -21\mathrm{dB}$,这个衰减量在工程上往往是不够的。而增加滤波器的阶数,只能减小过渡带宽,不能增加阻带衰减。因而在实际应用中,矩形窗很少使用。

矩形窗的主瓣宽度为 $\dfrac{4\pi}{N}$,因而其正负肩峰的角频率之差为 $\dfrac{4\pi}{N}$。但是 FIR 滤波器的通带边界频率 ω_c 和阻带边界频率 ω_r 并不在正负肩峰上,而是分别在正负肩峰中间的 $1 - 0.0895$

和 0.0895 处,因此其过渡带宽 $\Delta\omega = \omega_r - \omega_c$ 小于 $\dfrac{4\pi}{N}$,约为 $\dfrac{1.8\pi}{N}$。

由前面的讨论可知,要增加阻带衰减,只能改善窗函数的形状,即减小窗函数频谱的旁瓣电平值,但主瓣宽度会随之增加,导致滤波器的过渡带加宽。改进后的各种窗函数在时域边沿处($n=0$ 和 $n=N-1$)比矩形窗平滑,从而减小由陡峭边缘引起的旁瓣分量,增加阻带衰减。

2. 汉宁窗

汉宁(Hanning)窗也称为升余弦窗,其时域表达式为

$$w(n) = \frac{1}{2}\left[1 - \cos\left(\frac{2\pi n}{N-1}\right)\right]R_N(n) \tag{4.56}$$

下面求汉宁窗的频谱,首先将式(4.56)写为复信号的形式:

$$w(n) = 0.5R_N(n) - 0.25\left(e^{j\frac{2\pi n}{N-1}} + e^{-j\frac{2\pi n}{N-1}}\right)R_N(n) \tag{4.57}$$

然后根据 DTFT 的性质,即可得到汉宁窗的频谱:

$$
\begin{aligned}
W(e^{j\omega}) &= 0.5W_R(\omega)e^{-j\left(\frac{N-1}{2}\right)\omega} - 0.25\left[W_R\left(\omega - \frac{2\pi}{N-1}\right)e^{-j\left(\frac{N-1}{2}\right)\left(\omega - \frac{2\pi}{N-1}\right)} + \right.\\
&\quad \left. W_R\left(\omega + \frac{2\pi}{N-1}\right)e^{-j\left(\frac{N-1}{2}\right)\left(\omega + \frac{2\pi}{N-1}\right)}\right] \\
&= \left\{0.5W_R(\omega) + 0.25\left[W_R\left(\omega - \frac{2\pi}{N-1}\right) + W_R\left(\omega + \frac{2\pi}{N-1}\right)\right]\right\}e^{-j\left(\frac{N-1}{2}\right)\omega}
\end{aligned}
\tag{4.58}
$$

其幅度函数为

$$W(\omega) = 0.5W_R(\omega) + 0.25\left[W_R\left(\omega - \frac{2\pi}{N-1}\right) + W_R\left(\omega + \frac{2\pi}{N-1}\right)\right] \tag{4.59}$$

显然,汉宁窗的频谱是三个矩形窗的频谱之和。当 $N \gg 1$ 时,$N-1 \approx N$,则

$$W(\omega) \approx 0.5W_R(\omega) + 0.25\left[W_R\left(\omega - \frac{2\pi}{N}\right) + W_R\left(\omega + \frac{2\pi}{N}\right)\right] \tag{4.60}$$

汉宁窗的幅度函数 $W(\omega)$ 的图像如图 4-9 所示,三个矩形窗的频谱相加,使它们的旁瓣互相抵消,从而使能量更加集中于主瓣。因此,用汉宁窗设计的 FIR 滤波器的阻带最小衰减可增加到 44dB。但是,相对于矩形窗,其主瓣宽度增加一倍,达到 $\dfrac{8\pi}{N}$,过渡带宽约为 $\dfrac{6.2\pi}{N}$,是矩形窗的三倍多。汉宁窗的主瓣相当于矩形窗的主瓣及其左右两个第一旁瓣。

3. 海明窗

海明(Hamming)窗也称为改进的升余弦窗,其时域表达式为

$$w(n) = \left[0.54 - 0.46\cos\left(\frac{2\pi n}{N-1}\right)\right]R_N(n) \tag{4.61}$$

其频谱的幅度函数为

$$
\begin{aligned}
W(\omega) &= 0.54W_R(\omega) + 0.23\left[W_R\left(\omega - \frac{2\pi}{N-1}\right) + W_R\left(\omega + \frac{2\pi}{N-1}\right)\right] \\
&\approx 0.54W_R(\omega) + 0.23\left[W_R\left(\omega - \frac{2\pi}{N}\right) + W_R\left(\omega + \frac{2\pi}{N}\right)\right]
\end{aligned}
\tag{4.62}
$$

海明窗幅度函数的三个分量的旁瓣互相抵消,可以使 99.963% 的能量集中在幅度函数的主

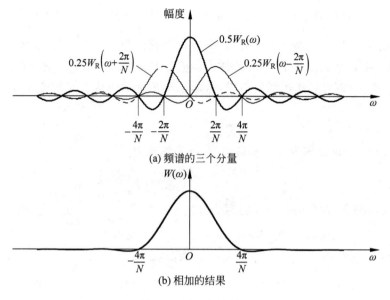

图 4-9   汉宁窗的频谱

瓣内。海明窗的主瓣宽度与汉宁窗相同,均为$\dfrac{8\pi}{N}$,过渡带宽比汉宁窗略大,约为$\dfrac{6.6\pi}{N}$。但海明窗的旁瓣幅度更小,旁瓣峰值小于主瓣峰值的1%,阻带最小衰减可达 53dB。

4. 布莱克曼窗

布莱克曼(Blackman)窗也称为二阶升余弦窗。为了进一步抑制旁瓣,可以再加上余弦的二次谐波分量,得到布莱克曼窗:

$$w(n) = \left[0.42 - 0.5\cos\left(\frac{2\pi n}{N-1}\right) + 0.08\cos\left(\frac{4\pi n}{N-1}\right) \right] R_N(n) \tag{4.63}$$

其频谱的幅度函数为

$$W(\omega) = 0.42W_R(\omega) + 0.25\left[W_R\left(\omega - \frac{2\pi}{N-1}\right) + W_R\left(\omega + \frac{2\pi}{N-1}\right) \right] +$$
$$0.04\left[W_R\left(\omega - \frac{4\pi}{N-1}\right) + W_R\left(\omega + \frac{4\pi}{N-1}\right) \right] \tag{4.64}$$

布莱克曼窗幅度函数的五个分量的旁瓣互相抵消,可以得到更小的旁瓣,阻带最小衰减可达74dB。但主瓣宽度进一步增加,达到矩形窗的三倍,即$\dfrac{12\pi}{N}$,过渡带宽约为$\dfrac{11\pi}{N}$。

5. 凯塞窗

凯塞(Kaiser)窗可以在主瓣宽度和旁瓣衰减之间自由选择,其时域表达式为

$$w(n) = \frac{I_0\left(\beta\sqrt{1 - \left(1 - \frac{2n}{N-1}\right)^2} \right)}{I_0(\beta)}, \quad 0 \leqslant n \leqslant N-1 \tag{4.65}$$

其中,$I_0(\cdot)$是第一类变形零阶贝塞尔函数;参数 β 用于调整主瓣宽度和旁瓣电平,β 值越大,窗口越窄,窗谱旁瓣越小,阻带衰减越大,但主瓣宽度也相应增加。凯塞窗的 β 值通常设置在 $4 \sim 9$ 之间,这相当于旁瓣幅度与主瓣幅度的比值由 3.1% 减小到 0.047%。当 $\beta = 0$时,凯塞窗相当于矩形窗;当 $\beta = 5.44$ 时,凯塞窗的特性接近海明窗;当 $\beta = 8.5$ 时,其特性

接近布莱克曼窗。不同 β 值的凯塞窗特性如表 4-2 所示。

表 4-2　不同 β 值的凯塞窗特性

β	过渡带宽(π/N)	通带波纹(dB)	阻带最小衰减(dB)
2.120	3.00	±0.27	−30
3.384	4.46	±0.0868	−40
4.538	5.86	±0.0274	−50
5.658	7.24	±0.00868	−60
6.764	8.64	±0.00275	−70
7.865	10.0	±0.000868	−80
8.960	11.4	±0.000275	−90
10.056	12.8	±0.000087	−100

若给定滤波器的过渡带宽 $\Delta\omega$(弧度)和阻带最小衰减 At(dB),则参数 β 和滤波器的长度 N 可由以下经验公式求得

$$\beta = \begin{cases} 0.1102(At-8.7), & At \geqslant 50\text{dB} \\ 0.5842(At-21)^{0.4}+0.07886(At-21), & 21\text{dB} < At < 50\text{dB} \\ 0, & At \leqslant 21\text{dB} \end{cases} \qquad (4.66)$$

$$N \approx \frac{At-7.95}{2.286\Delta\omega} \qquad (4.67)$$

表 4-3 总结了四种常用窗函数的特性。由表可见,矩形窗具有最窄的主瓣宽度,但旁瓣峰值也最大。汉宁窗和海明窗的主瓣稍宽,但有较小的旁瓣峰值。布莱克曼窗的旁瓣峰值最小,但主瓣也最宽。每种窗函数设计的滤波器都有固定的阻带最小衰减,与滤波器的长度 N 无关,因此要增加阻带最小衰减,只能更换窗函数。

表 4-3　常用窗函数的性能比较

窗　函　数	主瓣宽度(π/N)	过渡带宽(π/N)	旁瓣峰值(dB)	阻带最小衰减(dB)
矩形窗	4	1.8	−13	−21
汉宁窗	8	6.2	−31	−44
海明窗	8	6.6	−41	−53
布莱克曼窗	12	11	−57	−74

在实际滤波器设计中,应当根据性能指标中的阻带最小衰减值选取窗函数的类型。选取原则是在满足阻带最小衰减的前提下,使滤波器的长度 N 尽量小,以减小系统的复杂度和时域延迟。例如,若要求阻带衰减大于 40dB,则应选择汉宁窗;若要求阻带衰减大于50dB,则应选择海明窗。汉宁窗和海明窗可以在过渡带宽和阻带衰减之间取得较好的平衡,因而应用最为广泛。

例 4-1　设 FIR 滤波器的单位脉冲响应 $h(n)$ 的长度 $N=41$,用 Matlab 作出矩形窗、汉宁窗、海明窗和布莱克曼窗的时域波形和归一化幅度谱。

解：本题的 Matlab 程序如下：

```
clear;
N = 41;
```

```
n = 0:N-1;
k = 0:1024; k = k/max(k);
w1 = ones(N,1);              % 产生长度为 N 的矩形窗
w2 = hanning(N);             % 产生长度为 N 的非零汉宁窗
w3 = hamming(N);             % 产生长度为 N 的海明窗
w4 = blackman(N);            % 产生长度为 N 的布莱克曼窗
figure; plot(n,w1,'.k',n,w2,'-+r',n,w3,'-*b',n,w4,'-xm');
legend('矩形窗','汉宁窗','海明窗','布莱克曼窗');
xlabel('n'); ylabel('w(n)'); axis([0,N-1,0,1]);
W1 = abs(fft(w1,2048)); W1 = W1(1:1025); W1 = W1/max(W1);
W2 = abs(fft(w2,2048)); W2 = W2(1:1025); W2 = W2/max(W2);
W3 = abs(fft(w3,2048)); W3 = W3(1:1025); W3 = W3/max(W3);
W4 = abs(fft(w4,2048)); W4 = W4(1:1025); W4 = W4/max(W4);
figure; plot(k,20*log10(W1));
xlabel('\omega/\pi'); ylabel('幅度/dB'); axis([0,1,-140,0]); grid;
figure; plot(k,20*log10(W2));
xlabel('\omega/\pi'); ylabel('幅度/dB'); axis([0,1,-140,0]); grid;
figure; plot(k,20*log10(W3));
xlabel('\omega/\pi'); ylabel('幅度/dB'); axis([0,1,-140,0]); grid;
figure; plot(k,20*log10(W4));
xlabel('\omega/\pi'); ylabel('幅度/dB'); axis([0,1,-140,0]); grid;
```

在程序中,分别用 ones(N,1)、hanning(N)、hamming(N)和 blackman(N)产生长度为 N 的矩形窗、汉宁窗、海明窗和布莱克曼窗,产生的数组均为列向量。其中,hanning(N)产生的是非零汉宁窗,即先生成长度为 $N+2$ 的普通汉宁窗,再去除第一个和最后一个元素。若要生成长度为 N 的普通汉宁窗,则可以调用 hann(N)函数。程序运行产生的四种窗函数的时域波形如图 4-10 所示,三种升余弦窗在边界处($n=0$ 和 $n=N-1$)比矩形窗平滑,因此可以减小由陡峭边缘引起的旁瓣分量,增加阻带衰减。

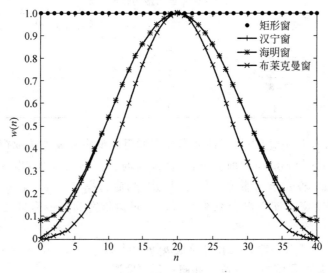

图 4-10 四种常用窗函数的时域波形

这四种窗函数的归一化幅度谱如图 4-11 所示。由图可见,矩形窗的旁瓣峰值最高,约为 -13dB;汉宁窗的旁瓣峰值次之,约为 -31dB;海明窗的旁瓣峰值更低,约为 -41dB;布

莱克曼窗的旁瓣峰值最低,约为-57dB。矩形窗的主瓣宽度最窄;汉宁窗和海明窗的主瓣宽度是矩形窗的两倍;布莱克曼窗的主瓣宽度是矩形窗的三倍。

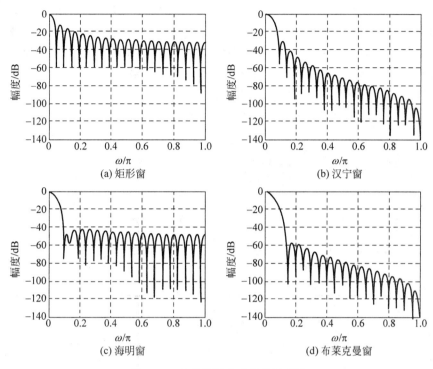

图 4-11　四种常用窗函数的幅度谱

例 4-2　设 FIR 滤波器的单位脉冲响应 $h(n)$ 的长度 $N=41$,分别用矩形窗、汉宁窗、海明窗和布莱克曼窗设计理想截止频率为 0.5π 的低通滤波器,用 Matlab 作出四种滤波器的幅频响应。

解:用四种窗函数分别与式(4.47)的理想单位脉冲响应 $h_d(n)$ 相乘,即可得到相应的低通 FIR 滤波器,Matlab 程序如下:

```
clear;
N = 41;
n = 0:N - 1;
a = (N - 1)/2;
wn = 0.5 * pi;
hd = sin(wn * (n - a))./(pi * (n - a)); hd(a + 1) = wn/pi;
w1 = ones(1,N); h1 = w1. * hd; [H1,w] = freqz(h1,1);
figure; plot(w/pi, 20 * log10(abs(H1)));
xlabel('\omega/\pi'); ylabel('幅度/dB'); axis([0 1 - 100 0]); grid;
w2 = hanning(N)'; h2 = w2. * hd; [H2,w] = freqz(h2,1);
figure; plot(w/pi, 20 * log10(abs(H2)));
xlabel('\omega/\pi'); ylabel('幅度/dB'); axis([0 1 - 100 0]); grid;
w3 = hamming(N)'; h3 = w3. * hd; [H3,w] = freqz(h3,1);
figure; plot(w/pi, 20 * log10(abs(H3)));
xlabel('\omega/\pi'); ylabel('幅度/dB'); axis([0 1 - 100 0]); grid;
w4 = blackman(N)'; h4 = w4. * hd; [H4,w] = freqz(h4,1);
```

```
figure; plot(w/pi, 20 * log10(abs(H4)));
xlabel('\omega/\pi'); ylabel('幅度/dB'); axis([0 1 -100 0]); grid;
```

四种窗函数设计的低通 FIR 滤波器的幅频特性如图 4-12 所示。由图可见,在滤波器的阶数相同的情况下,用矩形窗设计的滤波器的过渡带最窄,但阻带最小衰减也最差,仅为 -21dB;用布莱克曼窗设计的滤波器的阻带最小衰减最大,高达 -74dB,但过渡带最宽,约为矩形窗的六倍。用汉宁窗和海明窗设计的滤波器的阻带最小衰减分别为 -44 和 -53dB,它们的过渡带宽介于矩形窗和布莱克曼窗之间。

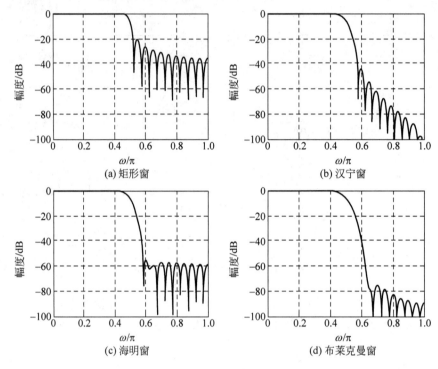

图 4-12 四种窗函数设计的低通滤波器的幅频特性

例 4-3 用凯塞窗设计一个 FIR 低通滤波器,性能指标如下:通带边界频率 $\omega_c = 0.4\pi$,阻带边界频率 $\omega_r = 0.6\pi$,阻带衰减 At 不小于 40dB。

解:首先根据通带和阻带边界频率求理想低通滤波器的截止频率 ω_n 和过渡带宽 $\Delta\omega$:

$$\omega_n \approx \frac{\omega_c + \omega_r}{2} = \frac{0.4\pi + 0.6\pi}{2} = 0.5\pi$$

$$\Delta\omega = \omega_r - \omega_c = 0.6\pi - 0.4\pi = 0.2\pi$$

其次,根据式(4.67)估计滤波器的长度 N,并计算相位延迟常数 α:

$$N \approx \frac{At - 7.95}{2.286\Delta\omega} = \frac{40 - 7.95}{2.286 \times 0.2\pi} \approx 22$$

$$\alpha = \frac{N - 1}{2} = \frac{22 - 1}{2} = 10.5$$

将 ω_n 和 α 代入式(4.47),即可得到理想单位脉冲响应 $h_d(n)$:

$$h_d(n) = \frac{\sin[\omega_n(n - \alpha)]}{\pi(n - \alpha)} = \frac{\sin[0.5\pi(n - 10.5)]}{\pi(n - 10.5)}$$

然后,根据式(4.66)估计凯塞窗的参数 β:

$$\beta = 0.5842 (40 - 21)^{0.4} + 0.07886(40 - 21) \approx 3.3953$$

最后,将参数 β 代入凯塞窗,并与 $h_d(n)$ 相乘,即可得到 FIR 低通滤波器的单位脉冲响应 $h(n)$。因为凯塞窗的时域表达式比较复杂,所以上述过程用 Matlab 实现。在 Matlab 中,可以用 kaiser 函数产生凯塞窗序列,其格式如下:

$$w = \text{kaiser}(N, \text{beta})$$

其中,N 是窗口长度；beta 就是凯塞窗的参数 β；w 是 N 点凯塞窗序列。

完整的 Matlab 程序如下:

```
clear;
N = 22;
n = 0:N - 1;
hd = sin(0.5 * pi * (n - 10.5))./(pi * (n - 10.5));
win = kaiser(N, 3.3953); %产生 N 点凯塞窗
h = win'. * hd;
figure; stem(n, h);
axis([0 21 - 0.1 0.6]);
xlabel('n');
ylabel('h(n)');
grid;
[H, w] = freqz(h, 1);
figure; plot(w/pi, 20 * log10(abs(H)));
axis([0 1 - 80 0]);
xlabel('\omega/\pi');
ylabel('幅度/dB');
grid;
```

FIR 低通滤波器的幅频特性如图 4-13(a)所示。由图可见,滤波器在阻带边界频率 0.6π 处的衰减值略小于 40dB,不满足性能指标的要求。这是因为窗口长度 N 的估计偏小,所以过渡带宽偏大,从而使实际阻带边界频率大于 0.6π。此时只需要适当增加 N 的值,就可以使边界频率处的衰减值符合要求。图 4-13(b)是将窗口长度 N 增加到 24 时的幅频响应,其阻带边界频率满足性能指标的要求。

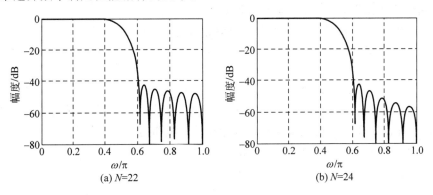

图 4-13　用凯塞窗设计的低通滤波器的幅频特性

窗函数法的优点是设计简单,有闭合形式的解析公式可以套用。其缺点是边界频率不易控制,窗口长度 N 也难以一次决定,通常需要反复几次才能得到满足性能指标的单位脉冲响应 $h(n)$。

4.2.3 窗函数法的设计实例

用窗函数法设计 FIR 滤波器,就是在时域用一个长度为 N 的窗函数 $w(n)$ 截取理想滤波器的单位脉冲响应 $h_d(n)$,窗函数的类型和窗口长度 N 的选择是设计的关键,前者由阻带最小衰减决定,后者由窗口类型和过渡带宽共同决定。

窗函数法的设计步骤如下:

(1) 根据阻带最小衰减的要求,确定窗函数的类型。窗函数的选取原则是在满足阻带最小衰减的前提下,选择过渡带宽最小的窗函数。

(2) 根据窗函数的过渡带宽公式,估计窗口长度 N,并计算相位延迟常数 α。窗函数的阻带最小衰减和过渡带宽可以参考表 4-3。

(3) 根据表 4-1 的对称性,将理想频率响应 $H_d(e^{j\omega})$ 的幅度函数 $H_d(\omega)$ 从区间 $[0,\pi]$ 延拓到区间 $[-\pi,\pi]$,并加上线性相位条件 $\varphi(\omega) = -\omega\alpha$ 或 $\varphi(\omega) = -\omega\alpha - \dfrac{\pi}{2}$,得到 $H_d(e^{j\omega})$。

(4) 对想频率响应 $H_d(e^{j\omega})$ 进行逆离散时间傅里叶变换(IDTFT),得到理性单位脉冲响应 $h_d(n)$:

$$h_d(n) = \text{IDTFT}[H_d(e^{j\omega})] = \frac{1}{2\pi}\int_{-\pi}^{\pi} H_d(e^{j\omega})e^{j\omega n}\,d\omega \tag{4.68}$$

(5) 用选取的窗函数 $w(n)$ 与 $h_d(n)$ 相乘,即可得到 FIR 滤波器的单位脉冲响应 $h(n)$:

$$h(n) = w(n)h_d(n) \tag{4.69}$$

(6) 求滤波器的频率响应 $H(e^{j\omega})$,检查其在边界频率处的衰减值是否满足性能指标的要求。如果阻带边界频率处的衰减不够,那么适当增大 N 值,重复上述步骤,直到满足性能指标的要求为止。

例 4-4 用窗函数法设计一个线性相位 FIR 高通滤波器,性能指标如下:通带边界频率为 0.6π,阻带边界频率为 0.4π,要求阻带衰减不小于 40dB,窗函数从矩形窗、汉宁窗、海明窗和布莱克曼窗中选取,且要求滤波器的阶数最小。

解:首先根据通带和阻带边界频率求理想低通滤波器的截止频率 ω_n 和过渡带宽 $\Delta\omega$:

$$\omega_n \approx \frac{\omega_c + \omega_r}{2} = \frac{0.6\pi + 0.4\pi}{2} = 0.5\pi$$

$$\Delta\omega = \omega_c - \omega_r = 0.6\pi - 0.4\pi = 0.2\pi$$

其次,确定窗函数的类型、窗口长度和相位延迟常数 α。因为滤波器的阻带衰减不小于 40dB,所以选择汉宁窗。将过渡带宽代入汉宁窗的过渡带宽公式,得

$$N = \frac{6.2\pi}{\Delta\omega} = \frac{6.2\pi}{0.2\pi} = 31$$

从而

$$\alpha = \frac{N-1}{2} = 15$$

然后,求理想滤波器的单位脉冲响应 $h_d(n)$:

$$h_{\mathrm d}(n) = \frac{1}{2\pi}\left[\int_{-\pi}^{-\omega_n} \mathrm e^{\mathrm j\omega(n-\alpha)}\,\mathrm d\omega + \int_{\omega_n}^{\pi} \mathrm e^{\mathrm j\omega(n-\alpha)}\,\mathrm d\omega\right] = \begin{cases} \dfrac{\sin[(n-\alpha)\pi] - \sin[(n-\alpha)\omega_n]}{\pi(n-\alpha)}, & n \neq \alpha \\[3mm] 1 - \dfrac{\omega_n}{\pi}, & n = \alpha \end{cases}$$

最后,将汉宁窗与 $h_{\mathrm d}(n)$ 相乘,即可得到 FIR 高通滤波器的单位脉冲响应 $h(n)$:

$$h(n) = \begin{cases} \left[0.5 - 0.5\cos\left(\dfrac{\pi n}{15}\right)\right] \cdot \dfrac{\sin[(n-15)\pi] - \sin[(n-15)0.5\pi]}{\pi(n-15)} \cdot R_{31}(n) & n \neq 15 \\[3mm] 0.5 & n = 15 \end{cases}$$

例 4-5 用窗函数法设计一个线性相位 FIR 带通滤波器,性能指标如下:采样频率为 20kHz,通带边界频率为 4kHz 和 6kHz,阻带边界频率为 2kHz 和 8kHz,要求阻带衰减不小于 50dB,窗函数从矩形窗、汉宁窗、海明窗和布莱克曼窗中选取,且要求滤波器的阶数最小。

解:首先,求理想带通滤波器的边界频率 ω_1、ω_2 和过渡带宽 $\Delta\omega$:

$$\omega_{\mathrm c1} = 2\pi\frac{f_{\mathrm c1}}{f_{\mathrm s}} = 0.4\pi, \quad \omega_{\mathrm c2} = 2\pi\frac{f_{\mathrm c2}}{f_{\mathrm s}} = 0.6\pi, \quad \omega_{\mathrm r1} = 2\pi\frac{f_{\mathrm r1}}{f_{\mathrm s}} = 0.2\pi, \quad \omega_{\mathrm r2} = 2\pi\frac{f_{\mathrm r2}}{f_{\mathrm s}} = 0.8\pi$$

$$\omega_1 \approx \frac{\omega_{\mathrm c1} + \omega_{\mathrm r1}}{2} = 0.3\pi, \quad \omega_2 \approx \frac{\omega_{\mathrm c2} + \omega_{\mathrm r2}}{2} = 0.7\pi, \quad \Delta\omega = \omega_{\mathrm r2} - \omega_{\mathrm c2} = \omega_{\mathrm c1} - \omega_{\mathrm r1} = 0.2\pi$$

其次,确定窗函数的类型、窗口长度和相位延迟常数 α。因为滤波器的阻带衰减不小于 50dB,所以选择海明窗。将过渡带宽代入海明窗的过渡带宽公式,得

$$N = \frac{6.6\pi}{\Delta\omega} = \frac{6.6\pi}{0.2\pi} = 33$$

从而

$$\alpha = \frac{N-1}{2} = 16$$

然后,求理想滤波器的单位脉冲响应 $h_{\mathrm d}(n)$:

$$h_{\mathrm d}(n) = \frac{1}{2\pi}\left[\int_{-\omega_2}^{-\omega_1} \mathrm e^{\mathrm j\omega(n-\alpha)}\,\mathrm d\omega + \int_{\omega_1}^{\omega_2} \mathrm e^{\mathrm j\omega(n-\alpha)}\,\mathrm d\omega\right] = \begin{cases} \dfrac{\sin[(n-\alpha)\omega_2] - \sin[(n-\alpha)\omega_1]}{\pi(n-\alpha)}, & n \neq \alpha \\[3mm] \dfrac{\omega_2 - \omega_1}{\pi}, & n = \alpha \end{cases}$$

最后,将海明窗与 $h_{\mathrm d}(n)$ 相乘,即可得到 FIR 带通滤波器的单位脉冲响应 $h(n)$:

$$h(n) = \begin{cases} \left[0.54 - 0.46\cos\left(\dfrac{\pi n}{16}\right)\right] \cdot \dfrac{\sin[(n-16)0.7\pi] - \sin[(n-16)0.3\pi]}{\pi(n-16)} \cdot R_{33}(n), & n \neq 16 \\[3mm] 0.4, & n = 16 \end{cases}$$

例 4-6 用窗函数法设计一个线性相位 FIR 带阻滤波器,性能指标如下:采样频率为 8000Hz,通带边界频率为 1200Hz 和 2800Hz,阻带边界频率为 1600Hz 和 2400Hz,要求阻带衰减不小于 40dB,窗函数从矩形窗、汉宁窗、海明窗和布莱克曼窗中选取,且要求滤波器的阶数最小。

解:首先,求理想带阻滤波器的边界频率 ω_1、ω_2 和过渡带宽 $\Delta\omega$:

$$\omega_{\mathrm c1} = 2\pi\frac{f_{\mathrm c1}}{f_{\mathrm s}} = 0.3\pi, \quad \omega_{\mathrm c2} = 2\pi\frac{f_{\mathrm c2}}{f_{\mathrm s}} = 0.7\pi, \quad \omega_{\mathrm r1} = 2\pi\frac{f_{\mathrm r1}}{f_{\mathrm s}} = 0.4\pi, \quad \omega_{\mathrm r2} = 2\pi\frac{f_{\mathrm r2}}{f_{\mathrm s}} = 0.6\pi$$

$$\omega_1 \approx \frac{\omega_{\mathrm c1} + \omega_{\mathrm r1}}{2} = 0.35\pi, \quad \omega_2 \approx \frac{\omega_{\mathrm c2} + \omega_{\mathrm r2}}{2} = 0.65\pi, \quad \Delta\omega = \omega_{\mathrm c2} - \omega_{\mathrm r2} = \omega_{\mathrm r1} - \omega_{\mathrm c1} = 0.1\pi$$

其次,确定窗函数的类型、窗口长度和相位延迟常数 α。因为滤波器的阻带衰减不小于 50dB,所以选择汉宁窗。因为设计的是带阻滤波器,所以窗口长度 N 必须为奇数,从而

$$N = \frac{6.2\pi}{\Delta\omega} + 1 = \frac{6.2\pi}{0.1\pi} + 1 = 63$$

于是

$$\alpha = \frac{N-1}{2} = 31$$

然后,求理想滤波器的单位脉冲响应 $h_d(n)$:

$$h_d(n) = \frac{1}{2\pi}\left[\int_{-\pi}^{-\omega_2} e^{j\omega(n-\alpha)}\,d\omega + \int_{-\omega_1}^{\omega_1} e^{j\omega(n-\alpha)}\,d\omega + \int_{\omega_2}^{\pi} e^{j\omega(n-\alpha)}\,d\omega\right]$$

$$= \begin{cases} \dfrac{\sin\left[(n-\alpha)\pi\right] + \sin\left[(n-\alpha)\omega_1\right] - \sin\left[(n-\alpha)\omega_2\right]}{\pi(n-\alpha)}, & n \neq \alpha \\[3mm] \dfrac{\pi + \omega_1 - \omega_2}{\pi}, & n = \alpha \end{cases}$$

最后,将汉宁窗与 $h_d(n)$ 相乘,即可得到 FIR 带阻滤波器的单位脉冲响应 $h(n)$:

$$h(n) = \begin{cases} \left[1 - \cos\left(\dfrac{\pi n}{31}\right)\right] \cdot \dfrac{\sin\left[(n-31)\pi\right] + \sin\left[(n-31)0.35\pi\right] - \sin\left[(n-31)0.65\pi\right]}{2\pi(n-31)} \cdot R_{63}(n), & n \neq 31 \\[3mm] 0.7, & n = 31 \end{cases}$$

在 Matlab 中,可以用 fir1 函数实现窗函数法,其格式如下:

```
b = fir1(M, Wn, 'ftype', window)
```

其中,b 是 FIR 滤波器的系数,即单位脉冲响应;M 是 FIR 滤波器的阶数,等于窗口长度减去 1;Wn 是一组归一化边界频率,只能在 0~1 之间取值,1 对应数字角频率 π 或奈奎斯特频率;'ftype'表示滤波器类型;window 是窗口类型,默认为海明窗。输入参数 Wn 与'ftype'组合,可以设计各种 FIR 滤波器,它们的关系如表 4-4 所示。

表 4-4   fir1 的滤波器类型

Wn 的元素个数	'ftype'	滤波器类型	通　　带	阻　　带
1 $0 < \omega_n < 1$	默认	低通滤波器	$[0, \omega_n]$	$[\omega_n, 1]$
	'high'	高通滤波器	$[\omega_n, 1]$	$[0, \omega_n]$
2 $\omega_1 < \omega_2$	默认	带通滤波器	$[\omega_1, \omega_2]$	$[0, \omega_1], [\omega_2, 1]$
	'stop'	带阻滤波器	$[0, \omega_1], [\omega_2, 1]$	$[\omega_1, \omega_2]$
3 个及以上 $\omega_1 < \omega_2 < \omega_3$	'DC-0'	多带滤波器	$[\omega_1, \omega_2], [\omega_3, 1]$	$[0, \omega_1], [\omega_2, \omega_3]$
	'DC-1'	多带滤波器	$[0, \omega_1], [\omega_2, \omega_3]$	$[\omega_1, \omega_2], [\omega_3, 1],$

值得注意的是,fir1 函数不支持实际滤波器的通带和阻带边界频率,一般取相邻通带和阻带边界频率的中点作为理想滤波器的边界频率,即参数 Wn。

例 4-7　用 fir1 函数设计一个线性相位多带滤波器,性能指标如下:理想滤波器的通带为 $[0.2\pi, 0.5\pi]$ 和 $[0.8\pi, \pi]$,阻带为 $[0, 0.2\pi]$ 和 $[0.5\pi, 0.8\pi]$,滤波器的类型为海明窗,窗口

长度 $N=67$。

解：本题的 Matlab 程序如下：

```
clear;
N = 67;
n = 0:N-1;
wn = [0.2, 0.5, 0.8];
h = fir1(N-1, wn, 'DC-0', hamming(N));
figure; stem(n, h);
axis([0 N-1 -0.4 0.6]);
xlabel('n');
ylabel('h(n)');
grid;
[H,w] = freqz(h,1);
figure; plot(w/pi, 20 * log10(abs(H)));
axis([0 1 -80 20]);
xlabel('\omega/\pi');
ylabel('幅度/dB');
grid;
```

图 4-14 给出了该多带滤波器的单位脉冲响应和幅频特性。如果性能指标中给出的是实际滤波器的通带和阻带边界频率，那么同样可以用所选窗函数的过渡带宽公式估计滤波器的窗口长度 N。

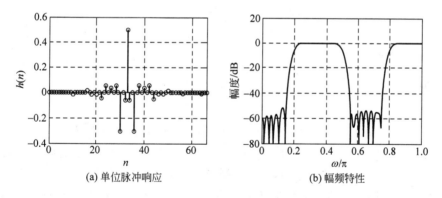

(a) 单位脉冲响应　　　　　(b) 幅频特性

图 4-14　用 fir1 函数设计的多带滤波器

4.3　频率采样法

频率采样法在频域用 FIR 滤波器的频率响应逼近理想滤波器的频率响应，即用理想频响 $H_d(e^{j\omega})$ 的等间隔采样 $H_d(k)$ 作为 FIR 滤波器频响的离散样本 $H(k)$：

$$H(k) = H_d(k) = H_d(e^{j\omega})\,|_{\omega=\frac{2\pi}{N}k}, \quad k = 0,1,\cdots,N-1 \qquad (4.70)$$

对 $H(k)$ 进行 IDFT，即可求得 FIR 滤波器的单位脉冲响应：

$$h(n) = \frac{1}{N}\sum_{k=0}^{N-1} H(k)e^{j\frac{2\pi}{N}kn}, \quad k = 0,1,\cdots,N-1 \qquad (4.71)$$

下面考查 FIR 滤波器的频率响应 $H(e^{j\omega})$ 与理想滤波器的频率响应 $H_d(e^{j\omega})$ 之间的关

系。对 FIR 滤波器的单位脉冲响应 $h(n)$ 进行 $\mathcal{Z}$ 变换,得

$$
\begin{aligned}
H(z) &= \sum_{n=0}^{N-1} h(n) z^{-n} = \sum_{n=0}^{N-1} \left[\frac{1}{N} \sum_{k=0}^{N-1} H(k) e^{j\frac{2\pi}{N}kn} \right] z^{-n} \\
&= \frac{1}{N} \sum_{k=0}^{N-1} H(k) \left[\sum_{n=0}^{N-1} e^{j\frac{2\pi}{N}kn} z^{-n} \right] \\
&= \frac{1}{N} \sum_{k=0}^{N-1} H(k) \frac{1-z^{-N}}{1-e^{j\frac{2\pi}{N}k} z^{-1}}
\end{aligned} \tag{4.72}
$$

令 $z = e^{j\omega}$,得

$$
H(e^{j\omega}) = \frac{1}{N} \sum_{k=0}^{N-1} H(k) \frac{1-e^{-j\omega N}}{1-e^{-j\left(\omega-\frac{2\pi}{N}k\right)}} = \frac{1}{N} \sum_{k=0}^{N-1} H(k) \frac{\sin\left(\frac{\omega N}{2}\right)}{\sin\left[\frac{1}{2}\left(\omega-\frac{2\pi}{N}k\right)\right]} e^{-j\left(\frac{N-1}{2}\omega+\frac{k\pi}{N}\right)} \tag{4.73}
$$

为了便于分析,引入内插函数:

$$
\varphi_k(e^{j\omega}) = \frac{1}{N} \frac{\sin\left(\frac{\omega N}{2}\right)}{\sin\left[\frac{1}{2}\left(\omega-\frac{2\pi}{N}k\right)\right]} e^{-j\left(\frac{N-1}{2}\omega+\frac{k\pi}{N}\right)} \tag{4.74}
$$

则 $H(e^{j\omega})$ 可以表示为

$$
H(e^{j\omega}) = \sum_{k=0}^{N-1} H(k) \varphi_k(e^{j\omega}) \tag{4.75}
$$

在每个采样点上,即当 $\omega = \frac{2\pi}{N}(i=0,1,\cdots,N-1)$ 时

$$
\varphi_k(e^{j\frac{2\pi}{N}i}) = \begin{cases} 1, & i=k \\ 0, & i \neq k \end{cases} \tag{4.76}
$$

由式(4.76)可知,在每个采样点上,实际滤波器的频率响应 $H(e^{j\omega})$ 就等于理想滤波器的采样值 $H(k) = H_d(k)$。而采样点之间的频响 $H(e^{j\omega})$ 则由各采样值 $H(k)$ 的内插函数叠加而成,与理想频响存在一定误差。显然,增加采样点数 N,可以减小这种误差。

对线性相位 FIR 滤波器,采样值 $H(k)$ 的幅度和相位必须满足线性相位约束条件。由表 4-1 可知,第一类线性相位 FIR 滤波器的幅度函数 $H(\omega)$ 在区间 $[0,2\pi]$ 以 $\omega=\pi$ 为中心偶对称,即 $H(2\pi-\omega)=H(\omega)$,因而频响采样值 $H(k)$ 的幅度 H_k 也需要满足偶对称条件:

$$
H_{N-k} = H_k \tag{4.77}
$$

而相位 θ_k 则满足线性相位条件:

$$
\theta_k = -\left(\frac{N-1}{2}\right)\left(\frac{2\pi}{N}\right)k = -\frac{(N-1)k\pi}{N} \tag{4.78}
$$

从而

$$
H(k) = H_k e^{j\theta_k} = H_k e^{-j\frac{(N-1)k\pi}{N}} \tag{4.79}
$$

对第二类线性相位 FIR 滤波器,其幅度函数 $H(\omega)$ 在区间 $[0,2\pi]$ 以 $\omega=\pi$ 为中心奇对称,即 $H(2\pi-\omega)=-H(\omega)$,因而频响采样值 $H(k)$ 的幅度 H_k 也需要满足奇对称条件:

$$H_{N-k} = -H_k \qquad (4.80)$$

其相位 θ_k 仍满足式(4.78)。

对第三类线性相位 FIR 滤波器，$H(k)$ 的幅度 H_k 满足式(4.80)，而相位 θ_k 则满足：

$$\theta_k = -\frac{(N-1)k\pi}{N} - \frac{\pi}{2} \qquad (4.81)$$

于是

$$H(k) = H_k e^{j\theta_k} = H_k e^{-j\left[\frac{(N-1)k\pi}{N} + \frac{\pi}{2}\right]} \qquad (4.82)$$

对第四类线性相位 FIR 滤波器，$H(k)$ 的幅度 H_k 满足式(4.77)，相位 θ_k 满足式(4.81)。

频率采样法的设计步骤如下：

(1) 对理想滤波器的频率响应 $H_d(e^{j\omega})$ 进行采样，得到频响采样值 $H(k)$ 的幅度 H_k。

(2) 根据式(4.77)或式(4.80)，将 H_k 从区间 $[0, \pi]$ 延拓到 $[0, 2\pi]$ 上。

(3) 根据式(4.79)或式(4.82)，得到频响采样值 $H(k)$。

(4) 对 $H(k)$ 进行 IDFT，得到 FIR 滤波器的单位脉冲响应 $h(n)$。此过程的运算量较大，一般用计算机完成。

(5) 求 FIR 滤波器的频率响应 $H(e^{j\omega})$，检查其在边界频率处的衰减值是否满足性能指标的要求。如果阻带边界频率处的衰减不够，那么适当增大 N 的值，重复上述步骤，直到满足性能指标的要求为止。

频率采样法没有估计滤波器长度 N 的经验公式，因而其边界频率和阻带衰减更难控制。在实际滤波器设计中，可以先取通带边界频率和阻带边界频率的中点，生成理想滤波器的性能指标，然后预估一个 N 值，根据设计的 FIR 滤波器的幅频响应，调整 N 值的大小。

为了减小在通带边缘由于采样点的突然变化而引起的起伏振荡，可以在理想频率响应的间断点的边缘加上一个或多个过渡采样点，过渡点的值为 $0 \sim 1$，这相当于扩大了过渡带。过渡采样点越多，阻带衰减就越大，但过渡带也就越宽。如果需要过渡带宽保持不变，只增加阻带衰减，可以将采样点数 N 增加一倍，这样过渡带上的采样点也会增加一倍，可以获得相同的阻带衰减效果。增加采样点数 N，虽然可以在不扩展过渡带的前提下增加阻带衰减，但会使计算量成倍增加，因此过渡点不是越多越好，一般有三个过渡点就可以取得很好的阻带衰减效果。

例 4-8 用频率采样法设计一个线性相位 FIR 低通滤波器，理想滤波器频率响应的截止频率 $\omega_n = 0.5\pi$，分别求下列采样点数时的频响采样值 $H(k)$ 和幅频响应 $|H(e^{j\omega})|$。

(1) $N = 33$；

(2) $N = 66$。

解：(1) 因为 $\frac{2\pi}{33} \times 8 < 0.5\pi < \frac{2\pi}{33} \times 9$，所以理想边界频率 ω_n 为 $8 \sim 9$。因为 N 为奇数，且设计的是低通滤波器，所以属于第一类线性相位滤波器，其幅度函数在 $0 \sim 2\pi$ 上以 π 为中心呈偶对称分布，因此频响采样值 $H(k)$ 的幅度为：

$$H_k = \begin{cases} 1, & 0 \leqslant k \leqslant 8 \\ 0, & 9 \leqslant k \leqslant 24 \\ 1, & 25 \leqslant k \leqslant 32 \end{cases}$$

而频响采样值 $H(k)$ 的相位为

$$\theta_k = -\frac{(N-1)k\pi}{N} = -\frac{32}{33}\pi k$$

所以频响采样值 $H(k)$ 为

$$H(k) = H_k e^{j\theta_k} = \begin{cases} e^{-j\frac{32}{33}\pi k}, & 0 \leqslant k \leqslant 8 \\ 0, & 9 \leqslant k \leqslant 24 \\ e^{-j\frac{32}{33}\pi k}, & 25 \leqslant k \leqslant 32 \end{cases}$$

(2) 因为 $\frac{2\pi}{66} \times 16 < 0.5\pi < \frac{2\pi}{66} \times 17$，所以理想边界频率 ω_n 为 $16 \sim 17$。因为 N 为偶数，且设计的是低通滤波器，所以属于第二类线性相位滤波器，其幅度函数在 $0 \sim 2\pi$ 上以 π 为中心呈奇对称分布，因此频响采样值 $H(k)$ 的幅度为

$$H_k = \begin{cases} 1, & 0 \leqslant k \leqslant 16 \\ 0, & 17 \leqslant k \leqslant 49 \\ -1, & 50 \leqslant k \leqslant 65 \end{cases}$$

而频响采样值 $H(k)$ 的相位为

$$\theta_k = -\frac{(N-1)k\pi}{N} = -\frac{65}{66}\pi k$$

所以频响采样值 $H(k)$ 为

$$H(k) = H_k e^{j\theta_k} = \begin{cases} e^{-j\frac{65}{66}\pi k}, & 0 \leqslant k \leqslant 16 \\ 0, & 17 \leqslant k \leqslant 49 \\ -e^{-j\frac{65}{66}\pi k}, & 50 \leqslant k \leqslant 65 \end{cases}$$

得到频响采样值 $H(k)$ 后，就可以用 Matlab 求单位脉冲响应 $h(n)$ 和频率响应 $H(e^{j\omega})$，程序如下：

```
clear;
N = 33;
k = 0:N-1;
Hk = [ones(1,9) zeros(1,16) ones(1,8)];
h1 = real(ifft(Hk.*exp(-j*pi*(N-1)*k/N)));
[H1,w] = freqz(h1,1);
figure; plot(w/pi,20*log10(abs(H1)),'-b');
xlabel('\omega/\pi');
ylabel('幅度/dB');
axis([0 1 -60 10]);
grid;
set(gca,'xtick',0:0.1:1);
N = 66;
k = 0:N-1;
Hk = [ones(1,17) zeros(1,33) -ones(1,16)];
h2 = real(ifft(Hk.*exp(-j*pi*(N-1)*k/N)));
[H2,w] = freqz(h2,1);
figure; plot(w/pi,20*log10(abs(H2)),'-b');
xlabel('\omega/\pi');
ylabel('幅度/dB');
```

```
axis([0 1 - 60 10]);
grid;
set(gca,'xtick',0:0.1:1);
```

滤波器的幅频特性如图 4-15 所示。由图可见，当 $N=33$ 时，过渡带宽为 $\dfrac{2\pi}{33}$，而阻带最

小衰减不到 20dB；将采样点数 N 增加到 66 后，过渡带宽减小为 $\dfrac{\pi}{33}$，但阻带最小衰减基不

变，仍然不到 20dB。要增加阻带最小衰减，必须设置过渡采样点。

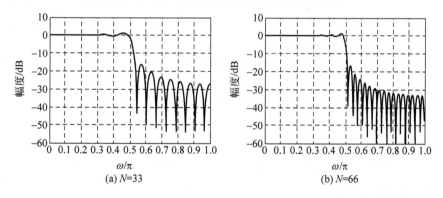

图 4-15　用频率采样法设计的低通滤波器的幅频响应

例 4-9　对例 4-8 设计的滤波器，分别按如下方式增加过渡采样点，写出增加采样点后
的采样值幅度 H_k，并画出幅频响应。

(1) 当 $N=33$ 时，过渡带设一个采样点，采样点幅度为 0.4；

(2) 当 $N=33$ 时，过渡带设两个采样点，采样点幅度分别为 0.6 和 0.1；

(3) 当 $N=66$ 时，过渡带设两个采样点，采样点幅度分别为 0.6 和 0.1。

解：(1) 当 $N=33$ 时，若过渡带设一个采样点：$H_k=0.4$，则采样值的幅度为

$$H_k=\begin{cases}1, & 0\leqslant k\leqslant 8\\ 0.4, & k=9\\ 0, & 10\leqslant k\leqslant 23\\ 0.4, & k=24\\ 1, & 25\leqslant k\leqslant 32\end{cases}$$

(2) 当 $N=33$ 时，若过渡带设两个采样点：$H_k=0.6$，$H_{k+1}=0.1$，则采样值的幅度为

$$H_k=\begin{cases}1, & 0\leqslant k\leqslant 8\\ 0.6, & k=9\\ 0.1, & k=10\\ 0, & 11\leqslant k\leqslant 22\\ 0.1, & k=23\\ 0.6, & k=24\\ 1, & 25\leqslant k\leqslant 32\end{cases}$$

（3）当 $N=66$ 时，若过渡带设两个采样点：$H_k=0.6$，$H_{k+1}=0.1$，则采样值的幅度为

$$H_k = \begin{cases} 1, & 0 \leqslant k \leqslant 16 \\ 0.6, & k=17 \\ 0.1, & k=18 \\ 0, & 19 \leqslant k \leqslant 47 \\ -0.1, & k=48 \\ -0.6, & k=49 \\ -1, & 50 \leqslant k \leqslant 65 \end{cases}$$

幅频特性如图 4-16 所示。由图可见，当 $N=33$ 时，若设置一个过渡采样点，则可以将阻带最小衰减从不到 20dB 增加到 40dB，但过渡带宽也增加一倍，达到 $\frac{4\pi}{33}$；若设置两个过渡采样点，则阻带最小衰减达到 60dB，而过渡带宽也增加一倍，达到 $\frac{2\pi}{11}$。当 $N=66$ 时，设置两个过渡采样点，相对于 $N=33$，一个过渡采样点的情况，过渡带宽并没有增加，而阻带最小衰减可以超过 60dB。但是随着采样点数的增加，滤波器的运算量和时域延迟也随之增加。值得注意的是，过渡采样点的值对滤波器阻带最小衰减的影响很大，可以通过多次实验，选择一个较为理想的过渡采样值。

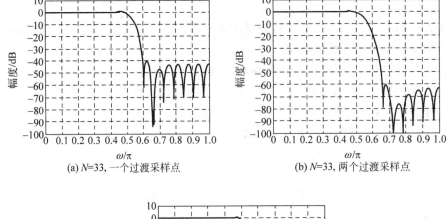

(a) $N=33$，一个过渡采样点　　　　　　　(b) $N=33$，两个过渡采样点

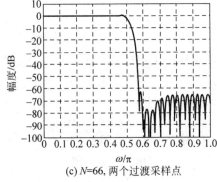

(c) $N=66$，两个过渡采样点

图 4-16　不同过渡采样点时低通滤波器的幅频响应

例 4-10　用频率采样法设计一个线性相位 FIR 带通滤波器，理想滤波器频率响应的截止频率 $\omega_1=0.3\pi$，$\omega_2=0.7\pi$，采样点数 $N=32$，过渡带设置一个采样点，幅度为 0.5，求频响

采样值的幅度 H_k 和幅频响应 $|H(\mathrm{e}^{j\omega})|$。

解：由于 $\dfrac{2\pi}{32}\times 4<0.3\pi<\dfrac{2\pi}{32}\times 5$，$\dfrac{2\pi}{32}\times 11<0.7\pi<\dfrac{2\pi}{32}\times 12$，因此 ω_1 为 4～5，ω_2 为 11～

12。因为 N 为偶数，且设计的是带通滤波器，所以属于第二类线性相位滤波器，其幅度函数在 0～2π 上以 π 为中心呈奇对称分布，因此频响采样值 $H(k)$ 的幅度为

$$H_k=\begin{cases}0, & 0\leqslant k\leqslant 3\\ 0.5, & k=4\\ 1, & 5\leqslant k\leqslant 11\\ 0.5, & k=12\\ 0, & 13\leqslant k\leqslant 19\\ -0.5, & k=20\\ -1, & 21\leqslant k\leqslant 27\\ -0.5, & k=28\\ 0, & 29\leqslant k\leqslant 31\end{cases}$$

Matlab 程序如下：

```
clear;
N = 32;
k = 0:N-1;
Hk = [zeros(1,4) 0.5 ones(1,7) 0.5 zeros(1,7) -0.5 -ones(1,7) -0.5 zeros(1,3)];
h1 = real(ifft(Hk.*exp(-j*pi*(N-1)*k/N)));
[H1,w] = freqz(h1,1);
figure;plot(w/pi,20*log10(abs(H1)),'-b');
axis([0 1 -80 10]); grid; set(gca,'xtick',0:0.1:1); set(gca,'ytick',-80:10:10);
h2 = hamming(N)'.*h1;
[H2,w] = freqz(h2,1);
figure;plot(w/pi,20*log10(abs(H2)),'-b');
axis([0 1 -80 10]); grid; set(gca,'xtick',0:0.1:1); set(gca,'ytick',-80:10:10);
```

滤波器的幅频特性如图 4-17 所示。由图可见，过渡带设置一个采样点，只能使阻带最小衰减达到 30dB。在时域，对 IDFT 得到的 $h(n)$ 乘以海明窗，可以使阻带最小衰减进一步增加，达到 50dB 以上，但是付出的代价是过渡带宽将增加近一倍。

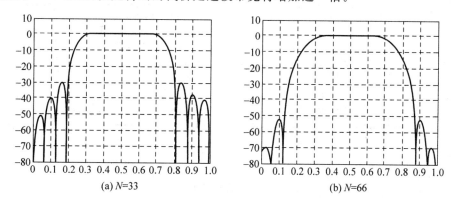

图 4-17 用频率采样法设计的带通滤波器的幅频响应

在 Matlab 中,可以用 fir2 函数实现频率采样法,其格式如下:

```
b = fir2(M, f, m, window)
```

其中,b 是 FIR 滤波器的系数,即单位脉冲响应;M 是 FIR 滤波器的阶数,等于窗口长度减去 1;f 为一组归一化频率,第一个元素必须为 0,最后一个元素必须为 1(对应奈奎斯特频率),中间的元素按升序排列;m 的维数与 f 相同,指明 f 中每个频率上的理想幅度;window 是窗口类型,默认为海明窗。因为在每个频带上,可以任意指定幅度,即可以指定 0 和 1 以外的幅度值,所以 fir2 函数可以实现任意幅度特性的滤波器。

例 4-11 用 fir2 函数设计一个 70 阶线性相位多带滤波器,性能指标如下:理想滤波器在通带 $[0.2\pi, 0.5\pi]$ 上的幅度为 1,在通带 $[0.8\pi, \pi]$ 上的幅度为 0.9,在阻带为 $[0, 0.2\pi]$ 和 $[0.5\pi, 0.8\pi]$ 上的幅度为 0.01,滤波器的类型为海明窗。

解:本题的 Matlab 程序如下:

```
clear;
N = 71;
n = 0:N - 1;
f = [0, 0.2, 0.2, 0.5, 0.5, 0.8, 0.8, 1];
m = [0.01, 0.01, 1, 1, 0.01, 0.01, 0.9, 0.9];
h = fir2(N - 1, f, m, hamming(N));
figure; stem(n, h);
axis([0 N - 1 - 0.4 0.5]); xlabel('n'); ylabel('h(n)');
grid; set(gca,'xtick',0:10:70); set(gca,'ytick', - 0.4:0.1:0.5);
[H,w] = freqz(h,1);
figure; plot(w/pi, 20 * log10(abs(H)));
axis([0 1 - 45 5]); xlabel('\omega/\pi'); ylabel('幅度/dB');
grid; set(gca,'xtick',0:0.1:1); set(gca,'ytick', - 45:5:5);
```

图 4-18 给出了该多带滤波器的单位脉冲响应和幅频特性。由图可见,在滤波器的通带 $[0.2\pi, 0.5\pi]$ 上,频响幅度约为 $20\lg(0.9) = -0.9dB$;在阻带 $[0, 0.2\pi]$ 和 $[0.5\pi, 0.8\pi]$ 上,频响幅度约为 $20\lg(0.01) = -40dB$,且在 $-40dB$ 附近振荡。采样点数 N 越大,实际滤波器的过渡带宽就越小,性能就越接近理想滤波器。

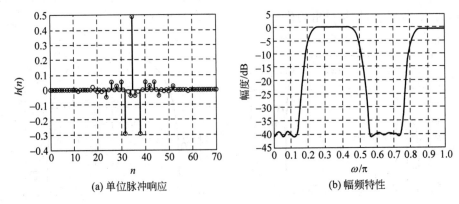

(a) 单位脉冲响应　　　　　　(b) 幅频特性

图 4-18　用 fir2 函数设计的多带滤波器

4.4　IIR 与 FIR 数字滤波器的比较

上面已经讨论了 IIR 滤波器和 FIR 滤波器的设计方法,为了便于在实际应用中合理地选择这两种滤波器,下面对它们的系统结构、相位特性、滤波速度和设计方法进行简单的比较。

IIR 滤波器采用递归结构,存在对输出的反馈,所以可以用较低的阶数实现给定的性能指标(幅频特性),因而需要的存储单元少,计算量小,较为经济。这是 IIR 滤波器相对于 FIR 滤波器的主要优点。但是,IIR 滤波器的反馈有时会导致系统不稳定,运算中的四舍五入有可能引起寄生振荡,因此 IIR 滤波器对运算精度的要求比较高。而 FIR 滤波器采用非递归结构,没有内部反馈,除 z 平面的原点外,不存在其他极点,因而系统总是稳定的,有限精度误差也较小。缺点是滤波器的阶数很高,在同等性能指标下,往往比 IIR 滤波器的阶数高 5~10 倍,这不仅增加了成本,还导致信号的输出延迟变大。

FIR 滤波器可以实现严格的线性相位,而 IIR 滤波器无法做到这一点。这是 FIR 滤波器对于 IIR 滤波器的另一个优点。IIR 滤波器的频率选择性越好,相位的非线性就越严重。如果要 IIR 滤波器实现线性相位,就需要加全通网络进行相位补偿,这又会大大增加滤波器的阶数和复杂度。

FIR 滤波器的单位脉冲响应是有限长的,因而可以用快速傅里叶变换(FFT)减少计算量,提高运算速度,而 IIR 滤波器则不能这样计算。

从设计工作看,IIR 滤波器设计可以借助原型模拟滤波器中已有的闭合公式、数据和表格,因而计算量较小,对计算工具要求不高,方便手工实现。而 FIR 滤波器一般没有现成的公式可以套用,需要借助计算机完成设计工作。特别是频率采样法,除非频响采样值只有少数几个非零值,否则手工计算 IDFT 是非常困难的。而且,FIR 滤波器的边界频率很难控制,这就需要反复调整滤波器的长度,以达到幅频特性的要求。如果没有计算机帮助作出频率响应,设计工作也难以顺利完成。此外,IIR 滤波器主要用于实现频率特性为分段常数的滤波器,如低通、高通、带通和带阻滤波器。而 FIR 滤波器则可以实现任意频率特性。

从以上比较可以看出,IIR 和 FIR 滤波器各有优点和缺点,在实际应用中,应考虑多个方面的因素,综合选择。

习题

4-1　用长度为 N 的矩形窗设计一个线性相位 90°移相带通滤波器,理想滤波器的频率响应为

$$H_d(e^{j\omega}) = \begin{cases} -je^{-j\omega a}, & \omega_1 \leqslant \omega \leqslant \omega_2 \\ 0, & 0 \leqslant \omega \leqslant \omega_1, \omega_2 \leqslant \omega \leqslant \pi \end{cases}$$

(1) 确定 N 与延迟常数 α 之间的关系;

(2) 求该带通滤波器的单位脉冲响应 $h(n)$。

4-2　用长度为 N 的矩形窗设计一个线性相位 90°移相高通滤波器,理想滤波器的频率

响应为

$$H_d(e^{j\omega}) = \begin{cases} -je^{-j\omega\alpha}, & \omega_n \leqslant \omega \leqslant \pi \\ 0, & 0 \leqslant \omega \leqslant \omega_n \end{cases}$$

(1) 窗口长度 N 需要满足什么要求？

(2) 求该高通滤波器的单位脉冲响应 $h(n)$。

4-3　用窗函数法设计一个线性相位低通滤波器,性能指标如下:采样频率 $f_s=8000\text{Hz}$,通带边界频率 $f_c=2000\text{Hz}$,阻带边界频率 $f_r=2800\text{Hz}$,要求阻带衰减不小于 50dB,窗函数从矩形窗、汉宁窗、海明窗和布莱克曼窗中选取,且要求滤波器的阶数最小。

(1) 求理想低通滤波器的边界频率 ω_n 和过渡带宽 $\Delta\omega$;

(2) 求窗口长度 N 和线性相位延迟常数 α;

(3) 求该滤波器单位脉冲响应 $h(n)$ 的解析式。

4-4　用窗函数法设计一个线性相位高通滤波器,性能指标如下:采样频率 $f_s=2000\text{Hz}$,通带边界频率 $f_c=500\text{Hz}$,阻带边界频率 $f_r=400\text{Hz}$,要求阻带衰减不小于 40dB,窗函数从矩形窗、汉宁窗、海明窗和布莱克曼窗中选取,且要求滤波器的阶数最小。

(1) 求理想高通滤波器的边界频率 ω_n 和过渡带宽 $\Delta\omega$;

(2) 求窗口长度 N 和线性相位延迟常数 α;

(3) 求该滤波器单位脉冲响应 $h(n)$ 的解析式。

4-5　用窗函数法设计一个线性相位 FIR 带阻滤波器,性能指标如下:通带边界频率为 0.3π 和 0.8π,阻带边界频率为 0.5π 和 0.7π,要求阻带衰减不小于 50dB,窗函数从矩形窗、汉宁窗、海明窗和布莱克曼窗中选取,且要求滤波器的阶数最小。

(1) 求理想带阻滤波器的边界频率 ω_1、ω_2 和过渡带宽 $\Delta\omega$;

(2) 求窗口长度 N 和线性相位延迟常数 α;

(3) 求该滤波器单位脉冲响应 $h(n)$ 的解析式。

4-6　已知一个线性相位带通滤波器的频率响应为 $H_{BP}(e^{j\omega})=H_{BP}(\omega)e^{-j\omega\alpha}$,其中 $H_{BP}(\omega)$ 是实数幅度函数。

(1) 求证:一个线性相位带阻滤波器的频率响应可表示为 $H_{BR}(e^{j\omega})=[1-H_{BP}(\omega)]e^{-j\omega\alpha}$;

(2) 用带通滤波器的单位脉冲响应 $h_{BP}(n)$ 表示带阻滤波器的单位脉冲响应 $h_{BR}(n)$。

4-7　用频率采样法设计一个采样点数 $N=31$ 的线性相位低通滤波器,频响采样值的幅度为

$$H_k = \begin{cases} 1, & k=0 \\ 0.5, & k=1,30 \\ 0, & 2 \leqslant k \leqslant 29 \end{cases}$$

(1) 求频响采样值的相位 θ_k;

(2) 求该滤波器的单位脉冲响应 $h(n)$。

4-8　用频率采样法设计一个采样点数 $N=33$ 的线性相位高通滤波器,理想滤波器频率响应的截止频率 $\omega_n=0.6\pi$,过渡带设置一个采样点,幅度为 0.5。

(1) 求频响采样值的幅度 H_k;

(2) 求该滤波器的频响采样值 $H(k)$。

4-9　用频率采样法设计一个采样点数 $N=34$ 的线性相位带通滤波器,理想滤波器频

率响应的截止频率为 $\omega_1=0.4\pi,\omega_2=0.8\pi$,过渡带设置一个采样点,幅度为 0.39。

（1）求频响采样值的幅度 H_k;

（2）求该滤波器的频响采样值 $H(k)$。

4-10　用频率采样法设计一个采样点数 $N=41$ 的线性相位带阻滤波器,理想滤波器频率响应的截止频率为 $\omega_1=0.3\pi,\omega_2=0.6\pi$,过渡带设置一个采样点,幅度为 0.4。

（1）求频响采样值的幅度 H_k;

（2）求该滤波器的频响采样值 $H(k)$。

4-11　用频率采样法设计一个线性相位 90°移相带通滤波器,理想滤波器频率响应的截止频率为 $\omega_1=0.3\pi,\omega_2=0.7\pi$,过渡带设置一个采样点,幅度为 0.5,滤波器的单位脉冲响应的长度 $N=35$。

（1）求频响采样值的相位 θ_k;

（2）求该滤波器的频响采样值 $H(k)$。

4-12　用频率采样法设计一个采样点数 $N=33$ 的线性相位低通滤波器,理想滤波器频率响应的截止频率为 0.05π,过渡带设置一个采样点,幅度为 0.39。

（1）求该滤波器的频响采样值 $H(k)$;

（2）求该滤波器的单位脉冲响应 $h(n)$。

第 5 章

数字滤波器的结构

本章内容提要

本章主要讲解数字滤波器的结构,包括 IIR 滤波器的结构和 FIR 滤波器的结构。数字滤波器的系统函数 $H(z)$ 有各种不同的等效形式,如直接计算、分解为多个有理函数相乘、分解为多个有理函数相加等。不同的等效形式对应不同的数字滤波器结构。运算结构对数字滤波器的实现非常重要,不同结构所需的存储单元和乘法次数是不同的。前者影响系统的复杂度和实现成本,后者影响运算速度。此外,数字系统是有限字长系统,不能表示任意实数,在运算过程中必然带来一定误差。对滤波器的系数进行量化,也会带来误差。在有限精度情况下,不同运算结构的误差和稳定性也是不同的。

5.1 数字网络的信号流图

数字滤波器是一种离散线性时不变系统,其输入 $x(n)$ 与输出 $y(n)$ 之间的关系可以用常系数差分方程来描述:

$$y(n) = \sum_{i=0}^{M} b_i x(n-i) + \sum_{i=1}^{N} a_i y(n-i) \tag{5.1}$$

其中 M、N 都是整数,且一般满足 $M \leqslant N$。与式(5.1)对应的数字滤波器的系统函数为

$$H(z) = \frac{\sum_{i=0}^{M} b_i z^{-i}}{1 - \sum_{i=1}^{N} a_i z^{-i}} \tag{5.2}$$

由式(5.1)可知,数字滤波器的输出是当前输入、过去 M 点输入的线性组合与过去 N 点输出的线性组合之和。数字滤波器的基本运算单元包括加法器、常数乘法器和单位延时器。这些基本运算单元有两种表示方法,即方框图法和信号流图法,如图 5-1 所示。相应地,一个数字滤波器的运算结构也有两种表示方法。用方框图表示,明显直观,可以清楚地看到系统中各个运算单元的数量、乘法运算和加法运算的次数;而用信号流图表示,则更简洁,方便作图。信号流图与方框图是等效的,没有本质区别,只是符号表示上有差异。

下面以一个二阶数字滤波器为例,说明这两种表示方法。数字滤波器的差分方程为

$$y(n) = b_0 x(n) + b_1 x(n-1) + b_2 x(n-2) + a_1 y(n-1) + a_2 y(n-2) \tag{5.3}$$

式(5.3)可以用图 5-2 的方框图和图 5-3 的信号流图来表示。信号流图由若干个节点及各

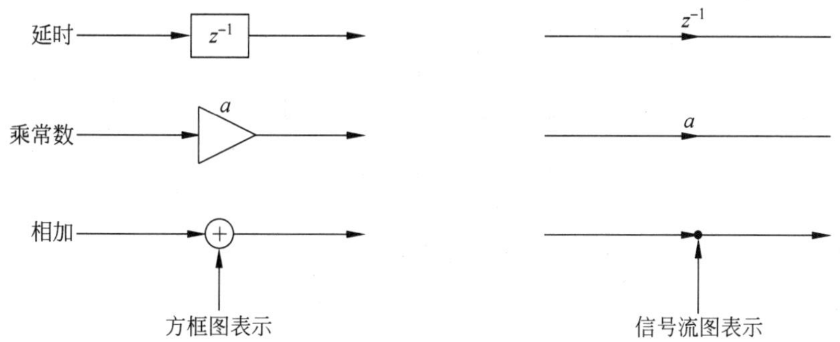

延时 ————→ z^{-1} ————→　　　　　　　　 z^{-1} ————→

乘常数 ————→ a ————→　　　　　　　　 a ————→

相加 ————⊕————→　　　　　　　　 •————→

方框图表示　　　　　　　　　　　　　　　信号流图表示

图 5-1　基本运算单元的方框图表示和信号流图表示

节点之间的有向支路组成。每个节点可能有多条输入支路和多条输出支路,节点的信号值等于所有输入支路的信号之和;节点的每个输出都等于该节点的信号变量值,即该节点的所有输入之和。输入支路的信号值等于这一支路起点处的节点信号值乘以支路上的传输系统或节点信号值的单位延时。若支路上不标传输系数值或延迟标识,则认为其传输系数为1。只有输出支路,没有输入支路的节点称为输入节点或源节点,如图 5-3 中的节点①;只有输入支路,没有输出支路的节点称为输出节点或阱节点,如图 5-3 中的节点⑨;既有输入支路,又有输出支路的节点称为混合节点,如图 5-3 中的节点②～⑦。本章采用信号流图来分析数字滤波器的结构。

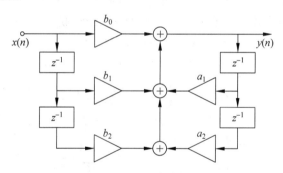

图 5-2　二阶数字滤波器的方框图结构

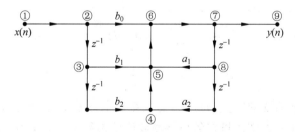

图 5-3　二阶数字滤波器的信号流图结构

信号流图的转置定理:对于只有单个输入和单个输出的系统,通过反转网络中全部支路的方向,且将其输入和输出互换,得到的流图具有与原流图同样的系统函数。

将图 5-3 的信号流图转置,可以得到图 5-4 的信号流图,这相当于将图 5-3 中 FIR 子系统和 IIR 子系统互换位置。图 5-3 和图 5-4 的信号流图就是式(5-3)描述的数字滤波器的

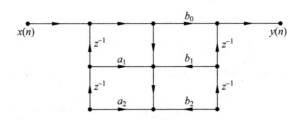

图 5-4　图 5-3 的信号流图的转置形式

两种不同结构。

5.2　IIR 滤波器的结构

IIR 滤波器的当前输出不仅与现在和以前的输入有关,而且还与以前的输出有关,在结构上存在从输出到输入的反馈,属于递归型结构。

IIR 滤波器的系统函数 $H(z)$ 有多种等效形式,如分解为多个子系统函数的乘积,因而有各种不同的结构形式。IIR 滤波器的基本结构包括直接 I 型、直接 II 型、级联型和并联型四种。

1. 直接 I 型

对 IIR 滤波器,在式(5.1)和式(5.2)中,至少有一个 $a_i \neq 0, i = 1, 2, \cdots, N$,此时系统函数 $H(z)$ 可以分解为两个独立子系统 $H_1(z)$ 和 $H_2(z)$ 的级联:

$$H(z) = H_1(z) H_2(z) \tag{5.4}$$

其中,

$$H_1(z) = \frac{W(z)}{X(z)} = \sum_{i=0}^{M} b_i z^{-i} \tag{5.5}$$

$$H_2(z) = \frac{Y(z)}{W(z)} = \frac{1}{1 - \sum_{i=1}^{N} a_i z^{-i}} \tag{5.6}$$

其中,$W(z)$ 是中间变量 $w(n)$ 的 $\mathcal{Z}$ 变换。$w(n)$ 是子系统 $H_1(z)$ 的输出,是子系统 $H_2(z)$ 的输入,即

$$w(n) = \sum_{i=0}^{M} b_i x(n-i) \tag{5.7}$$

$$y(n) = w(n) + \sum_{i=1}^{N} a_i y(n-i) \tag{5.8}$$

显然,$H_1(z)$ 实现系统的零点,$H_2(z)$ 实现系统的零点。这种先用 FIR 子系统实现零点,再用全极点 IIR 子系统实现极点的数字滤波器结构称为直接 I 型,如图 5-5 所示。从图中可以看出,这种结构需要 $N+M$ 级延时单元。

2. 直接 II 型

对一个线性时不变系统,若交换其级联子系统的次序,系统函数是不变的,即总的输入输出关系不变。交换图 5-5 中子系统 $H_1(z)$ 和 $H_2(z)$ 的次序,即可得到如图 5-6 所示的结构,即让输入信号 $x(n)$ 先经过全极点反馈网络 $H_2(z)$,输出中间变量 $u(n)$;再将 $u(n)$ 输入

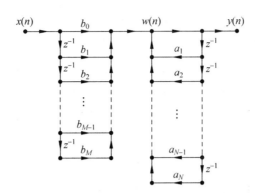

图 5-5　实现 N 阶差分方程的直接 I 型结构

FIR 子系统 $H_1(z)$，得到系统的最终输出 $y(n)$：

$$u(n) = x(n) + \sum_{i=1}^{N} a_i u(n-i) \tag{5.9}$$

$$y(n) = \sum_{i=0}^{M} b_i u(n-i) \tag{5.10}$$

在图 5-6 中，对中间变量 $u(n)$ 进行延时的两条延时链上的对应节点（同一水平线上的两个节点）具有相同的输入，所以它们可以共用一组延时单元，因而可以将这两条延时链合并，得到如图 5-7 所示的直接 II 型结构，也称为正准型结构或典范型结构。显然，这种结构只需要 N 个延时单元，比直接 I 型结构少 M 个延时单元（一般满足 $M \leqslant N$）。这可以节省存储单元（软件实现）或寄存器（硬件实现），因此直接 II 型优于直接 I 型。

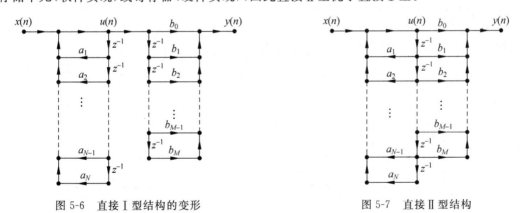

图 5-6　直接 I 型结构的变形　　　　　　　　图 5-7　直接 II 型结构

在 FIR 滤波器的各种直接结构中，系数 b_i 中一个系数的变化将会影响全部零点的分布，系数 a_i 中一个系数的变化也会影响全部极点的分布，因此对系数 a_i 和 b_i 的精度要求比较高，从而对字长变化比较敏感，容易导致系统不稳定或产生较大误差。直接结构一般只适用于低阶 IIR 系统；对高阶 IIR 系统，很少采用直接形式，而是将高阶 IIR 系统变换为若干低阶（一阶或二阶）系统的级联或并联来实现。

3. 级联型

将式（5.2）$H(z)$ 的分子和分母分别按零、极点进行因式分解，将 $H(z)$ 表示为零、极点的形式：

$$H(z) = \frac{\sum\limits_{i=0}^{M} b_i z^{-i}}{1 - \sum\limits_{i=1}^{N} a_i z^{-i}} = A \frac{\prod\limits_{i=1}^{M}(1 - d_i z^{-1})}{\prod\limits_{i=1}^{N}(1 - c_i z^{-1})} \tag{5.11}$$

其中，c_i 和 d_i 分别是 $H(z)$ 的极点和零点；A 是增益（实数）。因为 a_i 和 b_i 均为实系数，所以极点 c_i 和零点 d_i 要么是实根，要么是共轭复根。将每一对共轭因子合并，就可以构成一个实系数的二阶因子，从而

$$H(z) = A \frac{\prod\limits_{i=1}^{M_1}(1 - g_i z^{-1}) \prod\limits_{i=1}^{M_2}(1 + b_{1i} z^{-1} + b_{2i} z^{-2})}{\prod\limits_{i=1}^{N_1}(1 - p_i z^{-1}) \prod\limits_{i=1}^{N_2}(1 - a_{1i} z^{-1} - a_{2i} z^{-2})} \tag{5.12}$$

如果设 $M = N$，即 $b_{M+1} = b_{M+2} = \cdots = b_N = 0$，且将两个实系数一阶因子组合成一个实系数二阶因子，那么 $H(z)$ 就可以完全分解为 L 级实系数二阶子网络级联的形式：

$$H(z) = A \prod\limits_{i=1}^{L} H_i(z) = A \prod\limits_{i=1}^{L} \frac{1 + b_{1i} z^{-1} + b_{2i} z^{-2}}{1 - a_{1i} z^{-1} - a_{2i} z^{-2}} \tag{5.13}$$

其中，$L = \dfrac{N}{2}$（N 为偶数）或 $L = \dfrac{N+1}{2}$（N 为奇数）；二阶子网络 $H_i(z)$ 也称为二阶节，其一般形式为

$$H_i(z) = \frac{1 + b_{1i} z^{-1} + b_{2i} z^{-2}}{1 - a_{1i} z^{-1} - a_{2i} z^{-2}} \tag{5.14}$$

对每个二阶节 $H_i(z)$，都用直接 II 型（正准型）实现。这样，整个滤波器就是 L 级二阶节 $H_i(z)$ 的级联，如图 5-8 所示。在级联型结构中，分子、分母中二阶因子配合成的二阶节有 $L!$ 种，而各个二阶节的排列次序也有 $L!$ 种，这些排列方案都表示同一个系统函数 $H(z)$，因此同一个系统函数有若干种级联形式。在数字系统的有限字长条件下，每种方案产生的误差是不一样的。因此，对二阶因子的配对和二阶节的排列次序，就存在最优化的问题，即寻找零、极点的最佳配对方案和二阶节的最佳排序。

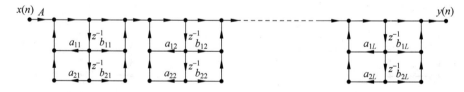

图 5-8 IIR 滤波器的级联型结构

　　级联型结构的优点是实现简单，用一个二阶网络，通过变换系数即可实现整个系统，此外，零极点可单独控制，调整 a_{1i} 和 a_{2i}，可单独调整第 i 对极点；调整 b_{1i} 和 b_{2i}，可单独调整第 i 对零点。级联型结构的缺点是各级相互影响，前一级的运算误差会被累计到下一级，影响运算精度。因此，在二阶节的排序中，尽量将误差小的二阶节放在前面，将误差大的二阶节放在后面。

4. 并联型

　　设 $M \leqslant N$，则系统函数 $H(z)$ 表示为如下部分分式展开式的形式：

$$H(z) = \frac{\sum_{i=0}^{M} b_i z^{-i}}{1 - \sum_{i=1}^{N} a_i z^{-i}} = A_0 + \sum_{i=1}^{N} \frac{A_i}{(1 - c_i z^{-1})} \tag{5.15}$$

其中,c_i 是 $H(z)$ 的第 i 个极点;A_i 是分子系数。然后,将其中的共轭复根成对合并为二阶实系数,得到实系数部分分式:

$$H(z) = A_0 + \sum_{i=1}^{K} \frac{A_i}{1 - p_i z^{-1}} + \sum_{i=1}^{L} \frac{b_{0i} + b_{1i} z^{-1}}{1 - a_{1i} z^{-1} - a_{2i} z^{-2}} \tag{5.16}$$

其中,A_0 是增益。这样系统函数 $H(z)$ 就分解为 K 个一阶子网络、L 个二阶子网络和一个增益常数的并联形式,如图 5-9 所示。在并联型结构中,可以单独调整每对极点的位置,但不能像级联型结构那样单独调整零点的位置。但是,并联型结构的各一阶子网络和二阶子网络互不影响,总误差比级联型小,对字长要求低。此外,并联型结构的各个子网络可以并行计算,运算速度比级联型快。因此,在要求有准确的传输零点的场合下,宜采用级联型结构;其他情况下,宜采用并联型结构。

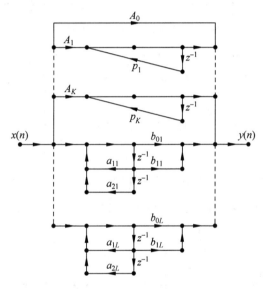

图 5-9 IIR 滤波器的并联型结构

5.3 FIR 滤波器的结构

FIR 滤波器的当前输出只与现在和以前的输入有关,与以前的输出有关,属于非递归型结构。设 FIR 滤波器的单位脉冲响应 $h(n)$ 是一个长度为 N 的因果序列,$0 \leqslant n \leqslant N-1$,则滤波器的系统函数为

$$H(z) = \sum_{n=0}^{N-1} h(n) z^{-n} \tag{5.17}$$

差分方程为

$$y(n) = \sum_{i=0}^{N-1} h(m) x(n-m) \tag{5.18}$$

显然，FIR滤波器的系统函数 $H(z)$ 只在 z 平面的原点 $z=0$ 处有1个 $(N-1)$ 阶极点，在 z 平面的其他地方不存在极点；有 $(N-1)$ 个零点，可以分布在有限 z 平面的任何位置，这取决于 $h(n)$ 的具体值。

1. 横截型

横截型也称为直接型或卷积型，直接由式(5.18)的卷积关系得出，即输出序列 $y(n)$ 是单位脉冲响应 $h(n)$ 与输入序列的 $x(n)$ 的线性卷积，如图 5-10 所示。利用转置定理，可以得到如图 5-11 所示横截型结构的等效形式，相当于对输入先乘系数，再延时。

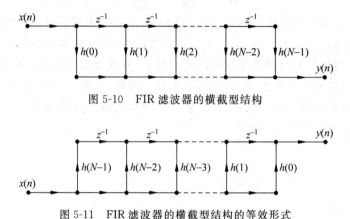

图 5-10　FIR滤波器的横截型结构

图 5-11　FIR滤波器的横截型结构的等效形式

2. 级联型

当需要控制 FIR 滤波器的零点时，可以将其系统函数 $H(z)$ 分解为二阶实系数因式乘积的形式：

$$H(z) = \sum_{n=0}^{N-1} h(n)z^{-n} = \prod_{i=1}^{L} (b_{0i} + b_{1i}z^{-1} + b_{2i}z^{-2})\qquad(5.19)$$

这样，就可以用 L 个二阶网络级联构成 FIR 滤波器，如图 5-12 所示。在级联型结构中，每个二阶网络控制一对零点，因而可以在需要控制零点时采用这种结构。级联型结构所需的系数比横截型多，因此乘法运算量也比较大。

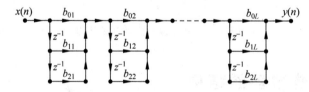

图 5-12　FIR滤波器的级联型结构

3. 线性相位型

FIR 滤波器的一个重要特点是可以实现严格的线性相位。线性相位 FIR 滤波器的单位脉冲响应 $h(n)$ 满足偶对称条件 $h(n)=h(N-1-n)$ 或奇对称条件 $h(n)=-h(N-1-n)$。下面以 $h(n)$ 偶对称为例，介绍 FIR 滤波器的线性相位型结构。

当 $h(n)$ 偶对称，N 为奇数时，

$$H(z) = h\left(\frac{N-1}{2}\right)z^{-\frac{N-1}{2}} + \sum_{n=0}^{\frac{N-1}{2}-1} h(n)\left[z^{-n} + z^{-(N-1-n)}\right]\qquad(5.20)$$

式(5.20)的结构如图 5-13 所示。显然,当 N 为奇数时,线性相位型结构只需要进行 $\dfrac{N+1}{2}$ 次乘法,少于横截型的 N 次,计算量减少近一半。

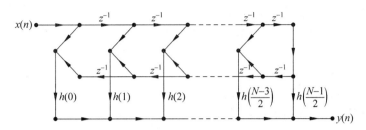

图 5-13　N 为奇数时的线性相位 FIR 滤波器结构

当 $h(n)$ 偶对称,N 为偶数时,

$$H(z) = \sum_{n=0}^{\frac{N}{2}-1} h(n) \left[z^{-n} + z^{-(N-1-n)} \right] \tag{5.21}$$

式(5.21)的结构如图 5-14 所示。当 N 为偶数时,线性相位型结构只需要进行 $\dfrac{N}{2}$ 次乘法,少于横截型的 N 次,计算量减少一半。

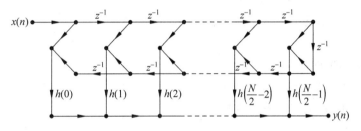

图 5-14　N 为偶数时的线性相位 FIR 滤波器结构

对第三类和第四类线性相位滤波器,因为 $h(n)$ 奇对称,即 $h(n)=-h(N-1-n)$,所以只需要在图 5-13 和图 5-14 中将 $x(N-1-n)$ 的传输系数(斜向左上方的箭头)设置为 -1。值得注意的是,只有线性相位 FIR 滤波器才能设计为线性相位结构,非线性相位 FIR 滤波器没有线性相位结构。

FIR 滤波器还有一种含有递归子网络的频率采样型结构,有兴趣的读者可以参阅相关参考文献。

习题

5-1　如下图,写出该数字滤波器的差分方程和系统函数。

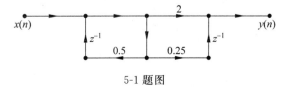

5-1 题图

5-2 用直接 I 型和直接 II 型结构实现下列系统函数：

$$H(z) = \frac{2 + 1.2z^{-1} + 0.8z^{-2}}{1 - 0.7z^{-1} + 0.1z^{-1}}$$

5-3 已知 IIR 滤波器的系统函数

$$H(z) = \frac{3(z + 0.5)(z^2 + 0.4z + 0.13)}{(z - 0.2)(z^2 - 0.6z + 0.25)}$$

(1) 用级联型结构实现 $H(z)$；

(2) 一共能构成多少种级联型网络？

5-4 已知 IIR 滤波器的系统函数

$$H(z) = \frac{7 + 3.8z^{-1} + 0.41z^{-2} - 0.068z^{-2}}{(1 - 0.2z^{-1})(1 + 0.8z^{-1} + 0.17z^{-2})}$$

(1) 将 $H(z)$ 分解为部分分式的形式；

(2) 用并联型结构实现系统函数 $H(z)$。

5-5 已知 FIR 滤波器的系统函数

$$H(z) = \left(1 + \frac{1}{3}z^{-1}\right)(1 - 4z^{-1})(1 + 3z^{-1})\left(1 - \frac{1}{4}z^{-1}\right)(1 + z^{-1})$$

(1) 求该滤波器的单位脉冲响应 $h(n)$；

(2) 用横截型结构实现系统函数 $H(z)$。

5-6 已知 FIR 滤波器的单位脉冲响应

$$h(n) = \delta(n) + 0.5\delta(n - 1) + \delta(n - 2) - 0.75\delta(n - 3)$$

(1) 求该滤波器的系统函数 $H(z)$；

(2) 用级联型结构实现系统函数 $H(z)$。

5-7 已知 FIR 滤波器的系统函数

$$H(z) = 0.2 + 0.7z^{-1} + 1.2z^{-2} + 1.2z^{-3} + 0.7z^{-4} + 0.2z^{-5}$$

(1) 用线性相位结构实现系统函数 $H(z)$；

(2) 求该滤波器在单位圆上 $\omega = \pi$ 处的频率响应 $H(e^{j\pi})$。

5-8 已知数字滤波器的单位脉冲响应

$$h(n) = 0.4^n R_8(n)$$

(1) 求该滤波器的系统函数 $H(z)$；

(2) 用级联型结构实现系统函数 $H(z)$。

参 考 文 献

[1] 吴镇杨. 数字信号处理[M]. 3 版. 北京：高等教育出版社,2016.

[2] 程佩青. 数字信号处理教程[M]. 4 版. 北京：清华大学出版社,2013.

[3] Ingle V K. 数字信号处理(Matlab 版)[M]. 2 版. 刘树棠,译. 西安：西安交通大学出版社,2008.

[4] Smith S W. 实用数字信号处理：从原理到应用[M]. 张瑞锋,詹敏晶,译. 北京：人民邮电出版社,2010.

[5] 李昌利,沈玉利. 连续时间 LTI 系统冲激响应求解法的商榷[J]. 理工高教研究,2008,27(2)：300-301.

[6] 李昌利,沈玉利. 有限长序列卷积和求解法[J]. 电气电子教学学报,2008,30(1)：63-65.

[7] 李昌利. "信号与系统"及相关课程一体化改革[J]. 电气电子教学学报,2011,33(4)：27-28.

[8] 李昌利,霍冠英. "数字信号处理"中重叠保留法的证明[J]. 电气电子教学学报,2011,33(6)：31-32.

[9] 李昌利. "数字信号处理"中循环卷积的简单计算方法[J]. 电气电子教学学报,2012,34(6)：31-34.

[10] 李昌利,霍冠英. 信号与系统[M]. 北京：中国水利水电出版社,2012.

[11] 于凤芹,张志刚,李昌利. 数字信号处理简明教程[M]. 北京：科学出版社,2011.

[12] 张旭东,崔晓伟,王希勤. 数字信号分析和处理[M]. 北京：清华大学出版社,2014.

[13] 门爱东,苏菲,王雷,等. 数字信号处理[M]. 2 版. 北京：科学出版社,2005.

[14] Oppenheim A V. 信号与系统[M]. 刘树棠,译. 西安：西安交通大学出版社,1985.

[15] Dinia P S R,da Silva E A B,Netto S L. 数字信号处理：系统分析与设计[M]. 门爱东,杨波,全子一,译. 北京：电子工业出版社,2004.

[16] Proakis J G,Manolakis D G. 数字信号处理[M]. 方艳梅,刘永清,等,译. 4 版. 北京：电子工业出版社,2007.

[17] Mitra S K. 数字信号处理——基于计算机的方法[M]. 孙洪,等,译. 3 版. 北京：电子工业出版社,2006.

[18] Lathi B P. 线性系统与信号[M]. 刘树棠,译. 2 版. 西安：西安交通大学出版社,2006.

[19] 管致中,夏恭恪. 信号与线性系统[M]. 3 版. 北京：高等教育出版社,1992.

[20] 郑君里,应启珩,杨为理. 信号与系统[M]. 2 版. 北京：高等教育出版社,2000.

[21] Roberts M J. 信号与系统[M]. 胡剑凌,等,译. 北京：机械工业出版社,2006.

[22] 吴大正. 信号与线性系统分析[M]. 3 版. 北京：高等教育出版社,1998.

[23] Ambardar A. 信号、系统与信号处理[M]. 冯博琴,等,译. 北京：机械工业出版社,2001.

[24] Oppenheim A V,Schafer R W. 数字信号处理[M]. 董士嘉,译. 北京：科学出版社,1981.

[25] Oppenheim A V,Schafer R W,Buck J R. 离散时间信号处理[M]. 刘树棠,黄建国,译. 西安：西安交通大学出版社,2001.

[26] Proakis J G,Manolakis D G. 数字信号处理：原理、算法与应用[M]. 张晓林,译. 北京：电子工业出版社,2004.

图书资源支持

感谢您一直以来对清华版图书的支持和爱护。为了配合本书的使用，本书提供配套的资源，有需求的读者请扫描下方的"清华电子"微信公众号二维码，在图书专区下载，也可以拨打电话或发送电子邮件咨询。

如果您在使用本书的过程中遇到了什么问题，或者有相关图书出版计划，也请您发邮件告诉我们，以便我们更好地为您服务。

我们的联系方式：

教学交流、课程交流

地　　址：北京市海淀区双清路学研大厦 A 座 701

邮　　编：100084

电　　话：010－62770175－4608

资源下载：http://www.tup.com.cn

客服邮箱：tupjsj@vip.163.com

QQ：2301891038（请写明您的单位和姓名）

清华电子

扫一扫，获取最新目录

用微信扫一扫右边的二维码，即可关注清华大学出版社公众号"清华电子"。